Wildflowers of Beijing

北京野花

杨 斧 杨 菁 编著

北京大学出版社
PEKING UNIVERSITY PRESS

图书在版编目(CIP)数据

北京野花 / 杨斧，杨菁编著 . — 北京：北京大学出版社，2019.3
ISBN 978-7-301-30212-5

Ⅰ . ①北… Ⅱ . ①杨… ②杨… Ⅲ . ①野生植物 – 花卉 – 北京 – 图集
Ⅳ . ① Q949.4-64

中国版本图书馆 CIP 数据核字 (2019) 第 001292 号

书　　名	北京野花 BEIJING YEHUA
著作责任者	杨　斧　杨　菁　编著
责任编辑	周志刚
标准书号	ISBN 978-7-301-30212-5
出版发行	北京大学出版社
地　　址	北京市海淀区成府路 205 号　100871
网　　址	http://www.pup.cn　　新浪微博：@ 北京大学出版社
微信公众号	科学与艺术之声（微信号：sartspku）
电子信箱	zyl@pup.pku.edu.cn
电　　话	邮购部 010-62752015　发行部 010-62750672　编辑部 010-62753056
印 刷 者	天津图文方嘉印刷有限公司
经 销 者	新华书店
	787 毫米 ×1092 毫米　16 开本　27.5 印张　460 千字
	2019 年 3 月第 1 版　2019 年 3 月第 1 次印刷
定　　价	128.00 元

前　言

在当今人类社会的文明进程中，人与自然的关系已经成为举世瞩目的敏感问题。关爱自然，倡导生态文明，保护生物多样性又是诸多环境问题中的重中之重。一个地区的野花资源和受关注程度与上述重大问题相比，看似微不足道，却是其中不可或缺的组成部分。尤其对于普通民众来说，从司空见惯而又时常显得弱小无助的野花中，不仅可以感受到大自然向我们传递的诸多自然信息，更可以提升我们对地球美好生态环境的关注程度。可以说，认识和爱护野花是公民的基本文化素养之一，也是生态文明的基础。

我们自幼生长在北京，曾一次次远望着西山落日的霞光遐想着大自然的美丽景色。当我们成年后，行进在城区花团锦簇的街道上，望着绿油油的人工草坪时，也向往着北京山林的幽静和野花特有的绚丽景致。而展现北京野花的丰富多彩和无穷魅力，更是我们多年来的诉求。为此，我们一次次在北京的山林原野中追寻野花的足迹，用数码相机记录下它们的神奇和美丽。今天在北京大学出版社的支持和帮助下，《北京野花》一书终于如愿出版了，我们感到十分欣慰。

在此需要说明的是：我们这本书的主要读者对象是植物爱好者，人们常说的“野花”一词，并非出自植物学的概念。为了提高《北京野花》的科学性，在介绍每一种野花时，我们采用了植物分类工具书按科排列顺序的方式（本书基本按克郎奎斯特系统排列科的顺序和设定科的范围），并在植物种的特征描述上没有特意精简。为了便于读者查找相关植物和阅读，我们在第一部分对书中所涉及的科做了主要识别特征和野外识别经验的介绍，并对植物描述的一些形态术语附上了简单的图解。

俗话说：吃水不忘挖井人。我们之所以能依据数码照片鉴定出所摄植物的名称及其所隶属的分类单位，并附上较详细的形态描述，均是在前人最近二百多年的工作成果的基础上完成的。其中最辉煌的北京植物发现时期是19世纪，当时中国植物分类学尚未萌芽，但借助于“帝都”的优势，许多外国的植物发现者在北京采集植物，发表了不少新种。到了 20 世纪初，中国植物分类学开始起步，以后成立的静生生物调查所和北平研究院植物研究所，和以它们为前身的中国科学院植物研究所，均在北京及周边地区进行了不少的植物采集和研究工作；位于北京的一些大学的生物系或相关专业也十分重视北京的植物标本收集和研究。20 世纪中期以后出版的《北京植物志》，对北京植物的分类和教学做出了显著贡献，基本展示了北京植物的家底，至今仍是认识北京植物的基本工具书；再加上 1959 年开始编著的《中国植物志》，20 世纪 70 年代出版的《中国高等植物图鉴》和 90 年代末开始出版的《中国高等植物》，目前北京地区自然分布的两千多种高等植物均有据可查。为了表示对先贤们的敬仰，我们在有限的篇幅中均保留了植物学名中或可以省略的定名人部分，并在适当的植物介绍中提及定名人和 / 或发现者以及发表新种所依据的模式标本产地。

我们还要记住北京大学的汪劲武教授，正是他半个多世纪以来对于普及植物知识的执着和对于北京植物的大力推介，为包括我们在内的众多植物爱好者如何认识植物指出了方向，也为我们编写《北京野花》奠定了基础。

由于我们植物分类知识的不足和数码相机拍摄的局限性，书中某些物种的鉴定可能有误；书中展示的野花只有 460 种左右，远非全面；尤其一些爱好者们近年来所发现的新分布于北京的野花，在本书中还有遗漏，有待进一步完善和补充。

本书的错误和不足之处敬请广大读者批评指正！

编著者

2018 年 12 月于北京

目　录

第一部分　走进北京野花的世界

第二部分　北京野花的家庭成员

[第一部分]

走进北京野花的世界

“野花”是一个带有民俗色彩的传统词汇，并不是一个植物学上的术语。如果与现代植物学相联系，可以解释为野生被子植物中花或花序以及果实等较耐观赏的种类。因此，“野花”是人类文化与物种的自然属性相结合而产生的名词。被子植物又称为有花植物，是目前植物界中演化地位最高的类群，也是植物界中最庞大的家族，有 20 万种以上，均隶属于被子植物门。因此要观察和认知北京野花，首先要知道北京范围内自然分布着多少种被子植物。据有关文献记载，北京有自然生长的被子植物约 1540 种（含亚种和变种）以上，其中本土植物约 1440 种，其余的为“入侵种”、归化种和逸生种。在总面积 16800 平方千米内自然分布着如此众多的被子植物，其中的野花种类自然十分丰富。这也是北京得天独厚的自然环境所赋予我们的宝贵财富。

一、追寻北京野花的踪迹

北京位于华北大平原的西北缘，北纬 40 度线从城区北部穿过，西部和北部群山连绵不断，东南部是地势平缓的平原地带，其中山地约占总面积的 62%。从气候带上来说，北京主要位于暖温带（平原和浅山地区）和温带（北部山区），个别海拔较高的山体上部具有寒温带的气候特点。受西北寒冷气流和东南暖湿气流的共同影响，北京的年降水量在 450～700 毫米之间，四季分明，冬季较寒冷干燥，夏季炎热多雨。由于平原和山地的汇聚，北京的地形较为复杂：海拔从 40 米到 2303 米，高差达 2263 米；位于华北大平原以北的燕山山脉，自东向西横亘在北京北部，在西北部的八达岭一带与南西—北东走向的太行山脉交汇；山间沟谷纵横，时有小盆地出现；几条较大的河流多自西北向东南流经北京。

北京北部的燕山山地（2009 年 5 月 29 日摄于云蒙山）

北京的原生植被在中低海拔山地主要是由油松和壳斗科栎属树种组成的针阔混交林，在较高海拔山地主要分布着由松科云杉属的白杆、青杆和落叶松属的华北落叶松等组成的针叶林。由于北京是一座历史名城，有三千余年的建城历史，八百多年的建都历史，人类活动频繁，战乱不断，森林植被破坏严重，原始森林早已荡然无存。目前在较高海拔山地还残存有少量的以桦树和山杨等为主的天然次生林，此外就是森林植被被反复破坏后形成的灌草丛和被称为“草甸”的草地；在北部深山区的中低海拔山地形成了由多种阔叶树种组成的天然杂木林；此外就是众多的人工林和以耐旱的灌木与小乔木组成的荒山植被。

百花山的山顶植被（摄于 2014 年 6 月 12 日）

1 春天：平原和山区涌动的野花潮

由于北京野花出自被子植物门的近 90 个科，具有极为丰富的生物学性状和生态习性，因此在植物的生长季节，形形色色的野花随时随地都可能出现在我们的面前，彰显生命的力量，给我们带来自然的信息和美的享受。

早春，当北京北部深山的冰雪还没有完全融化时，伴着缓缓流动的清澈溪水，款冬的头状花序就绽开了黄色的花朵，而侧金盏花则在湿润的山坡上一丛丛地发出耀眼的金光。由于这两种野花开得早，又隐藏在深山中，一般人很难见到。

北京城郊开得早的“大众野花”中，蒲公英的名气最大，而且路边和草地上到处都可能出现，也最好认，尤其是它花后很快就结出带毛的果实，就像一个个小伞兵乘风而去，为自己的新一代寻找落脚之地的特征，令人赞赏。与蒲公英前后脚出现的野花中，地黄的名气也不小，它利用自己肉质根状茎中蕴藏的力量，在干燥的山坡上和岩石、墙壁的缝隙中，伸出毛茸茸的身体，绽放出一寸多长的喇叭形花朵，

在北京故宫墙头上盛开的地黄（王泓 2009 年 4 月 15 日摄）

为春天的野花们吹响了起床号。斑种草、点地梅、早开堇菜、紫花地丁、米口袋、糙叶黄芪、抱茎苦荬菜、夏至草……在北京城乡和低山地带随处可见，一丛丛、一片片地开着各式各样的花朵，为民众传递着春天的自然信息。到 4 月中旬，二月蓝的盛开使北京城郊的春季野花潮达到了高峰。

山桃虽然在城市园林中已普遍栽培，但要想欣赏山桃花海的盛景，还要走出城市到山里转转。在北京西山，山桃是开得最早的木本野花之一。从 3 月中旬开始，由山脚到山腰，一片片淡粉色的山桃花犹如略施粉黛的云霞，覆盖着冷静的山坡和沟谷，让登山者感到浓浓的春意。由山桃盛花开始，众多木本野花随之花潮涌动，山杏、欧李、毛樱桃、榆叶梅等蔷薇科的小乔木和灌木，纷纷趁着树叶尚未完全萌发之际展开 5 片白色或淡粉红色的花瓣，充分享受着阳光的青睐。

在 4 月中旬，有两种在北京地区颇为珍贵，但身材低矮的木本野花，深得植物专家和爱好者的关注：被列为北京市一级保护植物的槭叶铁线莲，主要分布于北京西南部房山和门头沟一带的石灰岩山地，往往扎根于岩壁的石缝中，白色或略带粉红色的花朵直径可达 5 厘米，开放时给暗灰色的岩壁带来勃勃生机。蚂蚱腿子是北京等地唯一的菊科木本植物，虽然身高仅一米左右，但往往在海拔高几百米的阴坡或半阴坡成片分布，盛花时，

门头沟峡谷岩壁上盛开的槭叶铁线莲

由淡紫色或白色的小花组成的头状花序十分抢眼。

在这里我们还应提及许多在北京城乡和山区不可或缺的重要乡土树种：杨树、桑树、栎树、桦树、榛树、核桃楸等，由于在长期的演化过程中形成了适应风传送花粉的特性，多在早春叶片尚未萌发或初展时迎风开花，花的结构也发生了很大变化，失去了招引昆虫的花瓣、气味和蜜腺，往往许多雄性小花聚在一起形成了易于随风摇摆而散布花粉的“柔荑花序”，让人很难与美丽芳香的鲜花相联系，因此，传统上被排除在“野花”阵营之外。但如果我们多走走、看看，也会在这些早春的“柔荑花序类群”中感悟到“自然之美”的真谛。而在这一群体中柳树虽然也失去了花瓣，但却再现了为传粉昆虫准备的美食——花蜜，而且聚在一起的花药颜色醒目，早春开花时也能引来小虫的光顾。其中的中国黄花柳，虽然身材不高，却在早春盛花时表现得异常精彩。

4月中旬的北京低山地带，由于春天的“习惯性干旱”，绝大多数草本植物还是一片枯黄，此时开放的草本野花都有各自的耐旱本领：白头翁靠着地下粗壮的根状茎和地上植株密被长柔毛的保水抗旱本领，在向阳的干山坡上迎着骄阳绽放出蓝紫色的大花。矮紫苞鸢尾（又称紫石蒲）、桃叶鸦葱等身体尽量贴近地面，以便缩短水分输送的距离，长条形叶片在强光照射时向中轴卷起，以减少水分的散失。娇小可爱的小药八旦子，栖身于山谷的疏林下避开强光的照射，靠深入地下的球形块茎所贮存的水分为矮小的身体解渴。

顽强的耐旱野花鸦葱（2007年4月22日摄于鹫峰附近）

在4月下旬，随着天气的转暖和偶然的春雨滋润，西山和北部山区中的野花野草也活跃起来，在山路旁、山坡上、疏林下，不仅有平原地区常见的地黄、蒲公英、紫花地丁、点地梅、米口袋、糙叶黄芪、刺儿菜、二月蓝、牻牛儿苗等“大众野花”在开放，裂叶堇菜、斑叶堇菜、大丁草、多种委陵菜、蚓果芥、糖芥、祁州漏芦等低山区常见野花更是异常活跃。在松山保护区海拔700～800

松山保护区路边的珠果黄堇（摄于2007年4月27日）

米的路边多石草地上，在阳光照耀下成片的珠果黄堇那金灿灿的花朵鲜艳夺目。在新疆北部被称为“短命植物”的泡囊草，突然现身于海坨山南麓深邃山谷的小路旁，十几朵蓝紫色漏斗状的花朵竞相开放，在短暂的生长期内尽显生命的辉煌。

进入5月，在一些较湿润的山谷中和溪水边，花形奇特的耧斗菜、黄堇、短茎马先蒿、齿瓣延胡索和清雅的玉竹、银线草、鸡腿堇菜、异花假繁缕、笔龙胆等都会让植物爱好者感到阵阵惊喜。在山坡的杂木林下，偶尔还能见到花朵最大的北京野花——草芍药。但这些草本野花毕竟身材低矮，在地形复杂的山中难成震撼的景观效果。此时山花的主流是多种花灌木。

迎红杜鹃是难得分布在北京的两种杜鹃花之一（另一种为照山白），由于它的淡紫红色漏斗形花冠较大，又是先叶开放，十分显眼，但这种杜鹃花性喜凉爽湿润的环境，不耐强光和干燥，多生长在北部和西北部深山阴坡和半阴坡的林缘和疏林中，而不见于较低海拔的干燥山坡。大花溲疏是北京山区最常见的花灌木之一，盛花期从4月下旬至5月中旬，花朵较大，洁白绚丽，喜光、耐旱，常在山坡路旁、林缘，甚至岩壁上成片生长。小花溲疏花期晚一些，一般在大花溲疏开过后才显露头角，它的花朵比大花溲疏小，但花序中花多而密，盛开时观赏，别有一番风味。蔷薇科绣线菊属的三裂绣线菊、土庄绣线菊、毛花绣线菊等虽然花朵更小，但组成多花的伞形花序，5—6月盛花时较低矮的植株上花团锦簇，如覆瑞雪，令冷漠的山体充满生机。如今城市园林中虽已引种，但无法与山中的壮丽景观相比。5月下旬进入盛花期的太平花，在北京山区分布也十分普遍，但对干旱的耐受力不如绣线菊，往往在海拔几百米高的山体阴坡成片生长。由于它的花朵洁白芳香，出名又早，园林和宅院中常见栽培。

东灵山西坡 1400 米处绣线菊盛开的景观（摄于 2008 年 6 月 12 日）

2 夏天：深山里野花的华彩乐章

进入 6 月，平原和低山区的气温明显升高，虽然常在傍晚前突降雷阵雨，但雨后仍十分燥热，开花的野花已经日渐稀少。然而在较高海拔的山地，野花潮方兴未艾，尤其在一些植被相对保存较好的深山区，从阴湿的峡谷到阳光明媚的山坡，形色各异的野花令人目不暇接。

华北耧斗菜、紫斑风铃草是初夏山坡林缘草地上或山谷溪水边最亮丽的草花，不仅花大，而且花朵形状如名所示，让人过目难忘。喜生于阴湿林下和溪畔的一把伞南星，更是株形如名，作为姿态优美的传统草药，与人参等一起荣登中国药用植物邮票的画面。类似的情形在北重楼、舞鹤草、茖葱、铃兰、二叶舌唇兰、七瓣莲这些同样喜欢较湿润环境的野花身上也显而易见。由于对光照、气温、土壤等其他生态因子的喜好不同，栖息环境也不尽相同，加上它们的身材和花朵相对弱小，要想与其一一相见，还需在百花山、东灵山、海坨山、黄草梁、云蒙山、密云坡头等地的深山中静心寻找。许多野花由于果实和种子不具有远行传播的能力，或靠地下茎或根繁殖，往往聚在一起成丛、成片分布，目标并不难发现。

华北耧斗菜

紫斑风铃草

一把伞南星

在海拔1000米左右的深山中，这一时期开花的木本野花也不少。身高可达10米的小叶椴是著名的蜜源植物，当它由长舌形大型苞片护持的淡黄白色小花盛开时，释放出阵阵浓郁的香气，令蜜蜂等传粉昆虫如醉如痴。照山白是北京地区罕见的常绿灌木，盛花时众多乳白色的小花在革质绿叶的衬托下显得十分靓丽。鸡树条荚蒾与开花稍晚一些的东陵八仙花，虽然出自两个亲缘关系较远的科，但在较宽展的花序周边都具有白色的大型不育边花，对传粉昆虫同样具有吸引作用，在植物爱好者眼里颇有魅力。近些年鸡树条荚蒾已在北京的园林绿地中大量栽培，但野花爱好者们更希望在深山中一睹它的芳容。与此类似的心情，在丁香属植物身上可能表现得更强烈：不论栽培的丁香在城市园林中对居民有多大的吸引力，都难以与在山林中见到野生种类时的心情相比。北京虽然不是丁香属植物的重要产地，但北京丁香、暴马丁香、毛叶丁香（巧玲花）、红丁香等盛开时的景色，仍使山坡、幽谷的丛林和山顶多石的灌丛为之动容。

暴马丁香（2008年6月18日摄于海坨山南麓山谷）

在北京海拔大约1500米以上的山地，虽然天然林仍有少量分布，但视野开阔的山坡或山脊是野花最丰富的天然大花园。由于光照较充足，又具有早晚冷凉、湿度较高的生态环境，使这里汇聚了众多北温带的山地植物，毛茛科、菊科、石竹科、蔷薇科、蝶形花科、忍冬科、报春花科、蓼科、柳叶菜科、景天科、罂粟科、龙胆科、紫草科、唇形科、兰科、百合科、玄参科、牻牛儿苗科、桔梗科、伞形科、禾本科等的种类层出不穷。北京最艳丽、最著名和最珍稀的野花多数都出自这里。由于海拔较高，生长季只有短短的3～4个月，5月中旬还只是山花潮的开始，9月一过就只有蓄芳到来年了。因此在有限的生长季节内，野花们都尽量抓紧时间，在最适合自己生态习性的繁殖期内，迅速开花结果，完成繁衍后代的任务。而且这种特点随着海拔的升高，表现得越明显。对于植物爱好者来说，要想多见识高海拔山地野花的芳容，就必须一次次地攀登，如果今年错过了，就只有明年再来……

这里还要说明的是，虽然多数记载植物的志书和手册上都能查到有花植物的花期，但这只是一种植物在分布区内的大致情况，随着物种所在地的地理位置、生态因子和观察时的具体年份的物候变化，差别往往较大。

北京境内海拔超过1500米的山峰有十几座以上，但能到达2000米的只有西部与河北省交界处的海拔2303米的东灵山、海拔2241米的海坨山和海拔2043米的百花山（白草畔）。它们都属于太行山脉。燕山主峰雾灵山（海拔2118米）和第二高峰云雾山（海拔2047米）虽与北京接壤，但最高峰都在河北省境内。因此要见识北京高山野花的风采，一定要适时去这几座山观察和采风。

百花山——野花的古往今来

百花山是历史上就很出名的北京西部高山，由于山中盛产野花，山脊比较平坦，又被称为百花陀。据说对自然风光十分青睐的金章宗曾到过百花山欣赏百花盛开的美景。在近现代北京植物的发现历史上，百花山也有很重要的地位，是北京重要的模式标本产地之一，在记载北京植物的志书中数种以百花山命名的植物跃然纸上。百花山植物种类的丰富，得益于以下因素：山体的高大为植物的生存繁衍扩大了空间，地形的复杂造成了生态因子的多变，东北一西南走向的山体使南、北坡光照强度和湿度变化显著，为适应不同生态环境的植物提供了多样的选择。虽然历史上天然林屡遭破坏，一些以发育良好的天然林为依托的野花逐渐失去了生存繁衍的机会，由常见变为罕见，但去百花山观赏和认识野花仍是自然爱好者最佳的选择之一。

目前，百花山南麓有公路分别由四马台和史家营直达山体西南的白草畔和东北的瑞云寺附近；北麓有公路直通百花山森林公园的大门和距瑞云寺较近的黄安坨；在山脊上有长达十余千米的栈道与小路贯通。因此百花山是北京高海拔山地观赏山顶野花最便捷的去处。

初夏，在海拔 2000 米左右的白草畔一带，银莲花、华北大黄、卷耳、瓣蕊唐松草、叉歧繁缕、铃兰、银露梅、鸡腿堇菜、小花草玉梅等白色调为主的野花，在林间草地上十分繁盛，时而与阵阵云雾浑然一体，时而在骄阳下银光闪烁，自然天成。在这些白色山花的映衬下，毛茛、双花黄堇菜、野罂粟、金莲花、小黄花菜等黄色调的靓丽花朵，更显得鲜艳夺目。其中，花期长、花朵硕大的野罂粟是这里众花中的明星，也是北京西北部适生的高山花卉，在海拔 1800～1900 米以上的山坡和林间草地上十分常见，但在北京东北部的高山上却了无踪影。

野罂粟

毛茛

铃兰

卷耳

如果从白草畔沿着木制的栈道向下行走，首先经过一片落叶松林，路边林缘和林下长满了有毒植物高乌头，它那暗紫红色如戴高帽的奇形花朵，虽不靓丽，却也让人记忆尤深。告别了落叶松和高乌头的领地，栈道陡然下坡，在沿途残存的阔叶林下和山坡上，可以看到开着星星点点白色小花的种阜草、长叶繁缕、球茎虎耳草、舞鹤草等娇小的野花；如果细心观察，或许还能找到颇为珍稀的紫点杓兰和北重楼。在路旁和林间的灌草丛中，大瓣铁线莲、山刺玫、巧玲花（毛叶丁香）、华北耧斗菜、狭叶红景天、花荵、毛蕊老鹳草、缬草等在阳光下伴着晶莹的露珠绽放着各色花朵。

百花山落叶松林缘的高乌头（2014 年 6 月 25 日摄于白草畔）

经过两座小山峰，木栈道就下降到了百花山马鞍形的山体中部，这里海拔大约一千七百多米，视野开阔、草地平坦，是许多既喜欢光照较充足，又喜欢凉爽湿润环境的野花适生的佳境，有“百花草甸”之称，也是百花山森林公园游人最集中的地带。但令人深感遗憾的是，近些年众多爱“美”之人随手采摘和离开木栈道肆意践踏，使往昔夏季百花盛开的美景已不复存在。原本这里的特色景观“金莲花海”，只能从照片中欣赏了。北京野花中的佼佼者手参、大花杓兰等国家重点保护植物（兰科的所有野生种都受国家保护），虽然还没有从这里彻底消失，但已相见不易。由此可见，在植物的生态因子中，包括人类在内的生

百花山瑞云寺前繁盛的野花（2014 年 8 月 5 日摄）

百花山瑞云寺附近的盛夏野花潮（2014年8月5日摄）

物因子对于野花的兴衰往往具有举足轻重的作用。

如果再向山体的东北端前行，经过几千米的林间小路就可以到达海拔1900米左右的瑞云寺一带。这里有较为平坦、开阔的空间，既有充足的光照条件，又凉爽、湿润。在盛夏时节，牛扁、柳兰、翠雀、细叶沙参、狭长花沙参、狭苞橐吾、紫菀、野罂粟、藜芦、紫苞风毛菊、叉分蓼、拳蓼、返顾马先蒿、瞿麦、粗根老鹳草、花葱、华北蓝盆花、绢茸火绒草、蓍草等各类山花汇聚，热闹非凡；尤其是植株较高大的短毛独活等伞形科野花，其大型的复伞形花序上成了各类传粉昆虫活动的大舞台；连荫生鼠尾草、北乌头、银背风毛菊这类通常栖身林下的野花也在周边的林缘一展风采，令“百花山”名不虚传。如果进入林中的小路，还可以见到大花剪秋萝、兴安升麻等不轻易露面的靓丽野花。

东灵山——西来北往的野花之路

东灵山不像百花山那样有公路直达山顶，体力充沛的“驴友”和自然爱好者多选择从西坡沿着逶迤的山脊小路登顶。109国道旁的“喘气坡”是这条小路的起点。一路上要断断续续经过由多种桦树和山杨等落叶阔叶树种组成的较年轻的天然次生林和灌草丛，虽然植被经过了历年的反复破坏，但仍能看到不少可爱的野花。从初夏到初秋，从山脚到山顶，沿途的野花在变换着不同的面孔。

6月初，在低山区花期已过的小花溲疏、三裂绣线菊、祁州漏芦等，在海拔1300米左右的东灵山脚下正在怒放。直立黄芪、牛扁、有斑百合、美蔷薇、大瓣铁线莲、小黄花菜、毛蕊老鹳草、铃兰、双花黄堇菜、缬草、华北耧斗菜、银莲花、华北大黄等，从山脚路旁到山脊林缘或林下次第展现着各自的风采。

随着海拔的升高，在北京其他山地难得见到的短花梗黄芪、百里香、狭叶红景天、红景天、白苞筋骨草等，也出现在时隐时现的小路旁。当胭脂花、北京假报春、银露梅、野罂粟和狼毒出现时，意味着海拔已到达1900米左右。胭脂花是报春花

双花黄堇菜

短花梗黄芪

科报春花属植物，6 月初盛花时，北京的城郊早已春去夏来，但在东灵山接近顶峰的山坡上仍凉风阵阵，让登山者不愿驻足，然而遍地胭脂花盛开时红霞罩山的美景，又让人难舍难分。狼毒的名字已揭示了这种植物剧毒的特性。但它开花时红白相映成趣的景象却颇为诱人，尤其在登山小路旁较陡的山坡上大片分布，让人称奇，“狼毒坡”之名不胫而走，成了登东灵山“驴友”中自产自销的地名。

东灵山与百花山北南相望，原生植被有很大的相似性，但高出百花山近 300 米的山体，使东灵山顶峰附近出现了几种独特的野花。其中颇受登山者关注的鬼箭锦

白苞筋骨草

狼毒

鸡儿，成为从西坡登顶的“拦路虎”。在海拔 2100 米左右开始出现的这种被又长又尖的硬刺武装起来的低矮灌木，成丛成片地分布在多石的草地上，少不了让刚告别“狼毒坡”急于登顶而误入其“领地”的人，吃些苦头。鬼箭锦鸡儿又俗称“鬼见愁”，广泛分布于从青海到山西和河北北部的高寒草地上，在北京只有东灵山上才能见到。它的刺是宿存的羽状复叶叶轴干燥硬化形成的，是一种防止食草兽类啃食的护身武器。与“鬼见愁”领地相距不远处可以见到来自西伯利亚的长筒滨紫草婀娜的身影，它的花期和鬼箭锦鸡儿开花的时间几乎同时，都在 6 月中下旬。届时细长的天蓝色花朵会告诉登山者：顶峰就在眼前。

鬼箭锦鸡儿

鬼箭锦鸡儿的“领地”

东灵山顶峰附近裸岩和碎石随处可见，也是岩生植物的汇聚地。这些与岩石为伍的植物依靠发达的根和地下茎，在岩石的缝隙或风化的石块间寻找生存的空间，积累宝贵的水分和营养物质，有时岩石的凹陷处又成了它们的“避风港”，许多矮小的植株紧紧地挤在一起，共同唱响生命的旋律。小丛红景天、灯心草蚤缀就是北京高山上与岩石不离不弃的著名野花。如果在 6 月底至 7 月初攀登东灵山顶峰，就可以看到它们开花的奇景。

进入盛夏，北京的低山区是荆条和酸枣的天下，这两种著名的蜜源植物花朵虽小，却极受蜜蜂和其他传粉昆虫的青睐。但追随野花足迹的自然爱好者，此时却更

小丛红景天的“岩石大合唱”（2007年7月8日摄于东灵山西坡海拔2100米处）

加关注高山上众多异乎寻常的奇花异草，其中喜欢徒步的人自然会首选东灵山作为热门去处。

还是那条由“喘气坡”开始的山脊小路，但路旁的野花多数都是新面孔，菊科、蝶形花科、唇形科、桔梗科、玄参科、龙胆科的种类逐渐增多：狭苞橐吾的花序在叶丛中高高跃起，将排成总状的众多头状花序举到空中，远远看去犹如草丛中耸起的一座座金黄色的小宝塔。蓝刺头的圆球形复头状花序在微风中轻摇，就像飘在空中的一个个蓝色的小魔球。蓝花棘豆则低调地将身体贴近地面，开满红紫色或蓝紫色蝶形小花的总状花序在周围羽状复叶的护持下，如扇面般地展开，静候着传粉昆虫的到来。在多石的草地上成片生长的岩青兰和孤芳自赏的穗花马先蒿虽然出自不同的家门，但在各自的花朵上都为自空中而来的传粉昆虫准备了宽阔的降落平台——两唇形花冠的下唇。

穗花马先蒿花朵伸出宽展的下唇迎候空降的传粉媒人（2007年7月29日摄于东灵山西坡）

中国马先蒿

花锚

秦艽

当山路上升到一千八百多米时，在一片小树林前的草丛中出现了对凉爽湿润环境依赖性更强的中国马先蒿，它那具有长达 5 厘米细长花冠管的淡黄色花朵，令人印象深刻。到过青海西宁的人或许在郊外路边的水沟旁见过这种野花大片分布的奇景。在距中国马先蒿不远的草地上，花锚的出现会令博物爱好者情不自禁地细心观察一番。这种龙胆科野花上颇似小船锚的花朵，向四面伸出 4 条含有蜜腺的细长花距，人们不禁要问：花锚花距中的蜜汁又是为哪些传粉昆虫准备的美食呢？接下来出现的碧蓝色的翠雀，也是一种具有花距的野花，而且花萼的距套在 2 枚花瓣距的外面，这其中又有什么玄机呢？不细心观察和研究难下结论。在海拔超过两千米、接近顶峰的草地上，秦艽（大叶龙胆）是此时最耀眼的野花。它那湛蓝色含苞欲放的花朵在强光的照射下，犹如镶嵌在绿叶丛中的蓝宝石，显得异常华贵。

登上东灵山绝顶后，如果不走回头路，可以选择从东坡向江水河方向下山。这一路比较好走，有专为游客修的水泥台阶，但植被相对较差，除在山坡的下部有小片的白桦林外，基本是灌草丛植被，野花种类明显少于西坡和北坡。但在海拔两千两百多米处较平坦的草地上，出现了在北京较为罕见的成片生长的华北乌头，也很有特色。华北乌头的身体直立，高可达 1 米以上，在顶部的总状花序上排列着许多像戴了一顶头盔似的蓝紫色花朵，十分醒目。乌头属汇聚了众多剧毒植物，华北乌头也不例外。与鬼箭锦鸡儿叶轴刺的物理防护异曲同工，华北乌头体内的有毒化学物质也是趋避食草兽类的有力武器。依靠在东灵山放牧的马、牛等的“自然选择”，华北乌头战胜了许多竞争生存空间的对手，成了这里的优势种。

华北乌头

从“百花谷”到小海坨梁——野花伴你行

在北京第二高峰海坨山南麓，有一条长约5千米的山谷，穿过它，爬上大约1700～1800米左右的小海坨梁后，再通过一片落叶松林边缘多石的小路，就可以到达海坨山较平缓的山顶草地。这条山路的起点是一座名叫西大庄科的山村。村庄位于海拔900米左右的山谷台地上，依山傍水，环境优雅，附近山坡上的弃耕地已被天然林覆盖。松山国家级自然保护区的建立，使这一带的植被受到三十多年的保护。在村庄周围的山坡上、道路旁、溪水边，山桃、山杏、榆叶梅、中国黄花柳、迎红杜鹃、蚂蚱腿子、红花锦鸡儿、山荆子、核桃楸等木本野花，使山村的春天沉浸在花团锦绣之中；而白头翁、矮紫苞鸢尾、鸦葱、地丁草、珠果黄堇、黄堇、西伯利亚远志、狗舌草、小顶冰花、山丹、红纹马先蒿、白首乌、穿龙薯蓣、景天三七等草本野花在村旁的灌草丛中或疏林下，从春到夏花开不断。

山谷中的小路从西大庄科村头核桃楸林中溯溪而进。山谷时宽时窄，小路迂回曲折，始终与溪水相伴。从4月中下旬到9月初，沿途不用费力攀爬和在林中搜寻，就可以在路边见到百余种野花：白头翁、鸦葱、矮紫苞鸢尾、马蔺、斑叶堇菜、短茎马先蒿、泡囊草、银线草、齿瓣延胡索、林繁缕、狗舌草、乳浆大戟（猫眼草）、祁州漏芦、白花碎米荠、紫花碎米荠、鸡腿堇菜、蛇莓、山楂叶悬钩子、玉竹、黄精、兔儿伞、北五味子、雀儿舌头、三裂绣线菊、土庄绣线菊、大花溲疏、小花溲疏、太平花、接骨木、蒙古荚蒾、金花忍冬、细叶小檗、山荆子、毛叶丁香、暴马丁香、照山白、六道木、东陵八仙花、竹灵消、狼尾花、鳞叶龙胆、黄堇、小黄紫堇、白屈菜、牛蒡、紫斑风铃草、一把伞南星、有斑百合、山丹、水杨梅、水金凤、二叶舌唇兰、小叶椴、大山黧豆、落新妇、糖芥、小黄花菜、山野豌豆、歪头菜、牛扁、北乌头、细叶婆婆纳、毒芹、短毛独活、兴安白芷、辽藁本、细叶藁本、水芹、牛泷草、糙苏、阴行草、黄花龙牙、白首乌、短尾铁线莲、木本香薷、胡枝子、

盛夏的小海坨梁——落叶松林缘的柳兰和叉分蓼（2007 年 7 月 26 日摄）

荫生鼠尾草、柳穿鱼、北鱼黄草、日本菟丝子、狗娃花、阿尔泰狗娃花、苍术、风毛菊、篦苞风毛菊、银背风毛菊、绒背蓟、续断、华北蓝盆花、藜芦、三籽两型豆、大叶铁线莲、竹叶子、球序韭、翠菊、小红菊、瓦松、钝叶瓦松、松蒿……如此多的山花聚于一条山谷，在北京地区实属罕见，因此我们雅称其为“百花谷”。

当“百花谷”快到尽头时，海拔开始迅速升高，溪流已不见踪影，小路也渐渐消失在蓊密的杂木林中，旅者只能借助树木的枝干奋力攀爬。在海拔升至 1600 米左右时，林木渐稀，最终被茂盛的灌草丛取代，不久小海坨梁就到了。这里视野开阔，向北方望去，在蓝天白云下是形如金字塔的海坨山顶峰。眼前的多石草地上，汇聚了许多既喜较强的阳光，又不耐高温酷暑的野花。如果在初夏，可以看到成丛成片的胭脂花、野罂粟、长毛银莲花、狼毒、金露梅在阳光下盛开；六道木、瘤糖茶藨子等灌木，散发出阵阵幽香。盛夏，这里的野花格外繁盛，黄芩、山蚂蚱草（旱麦瓶草）、有斑百合、紫斑风铃草、棉团铁线莲、山刺玫这些在较低海拔广泛分布的野花也爬上山梁凑热闹，粗根老鹳草、瞿麦、叉分蓼、拳蓼、地榆、绢茸火绒草、白苞筋骨草、柳兰、翠雀、岩青兰、黑柴胡、穗花马先蒿、野罂粟、手参在山路旁竞相开放，在接近顶峰的岩石旁还能看到银露梅洁白的花朵。初秋，天气渐凉爽，山脊上开花的植物渐少，但华北八宝、花锚、蓝刺头、紫苞风毛菊、梅花草、狭长花沙参、多歧沙参、华北蓝盆花、小红菊、翠菊、山牛蒡等仍在开花，此时再次登上小海坨梁，就能领略到它们的风采。

小海坨梁上的山牛蒡，从左至右分别摄于 2007 年 7 月 26 日、8 月 25 日和 9 月 5 日

3 秋天：野花从山中走来

8 月中旬，随着伏天的结束，北京中低海拔山区的野花又开始活跃了起来。在路边的林缘和岩石上，许多喝足了盛夏雨水的野花纷纷绽放出形色各异的花朵，迎候传粉昆虫的光临：花期从 6 月开始的薄皮木，此时仍在乐此不疲地开放着淡红色漏斗形小花；糙叶败酱和异叶败酱的黄色花朵虽然不及黄豆粒大，但众多小花聚在一起，在岩壁上金黄一片，十分醒目；一丛丛野鸢尾在多石的向阳山坡上或岩石的顶部，开出或粉红或白色带有紫褐色斑纹的大花，向远处的传粉者传递美食的信息。多成片分布的胡枝子、多花胡枝子、杭子梢等，在山坡上、山路旁纷纷伸出开满紫红色蝶形花冠的枝条，使荒山充满生机；河朔荛花虽然不像胡枝子、杭子梢那样成片分布，但满树的长筒形黄色小花盛开时，也能使寂静的灌丛热闹一阵。

薄皮木

野鸢尾

此时到湿润的山谷中探访，又会有一些让人惊喜的发现。在门头沟火村附近的双龙峡，山谷幽深，溪水涌流。8 月在溪边的岩壁和林缘的草地上，可以看到被列为北京市保护植物的中华秋海棠和党参花朵的倩影。正在开花的水金凤、旋蒴苣苔、竹叶子、北乌头、篦苞风毛菊、山马兰、薄皮木等也在路边、溪畔时隐时现。

中华秋海棠

党参

水金凤

西山的凤凰岭是秋天观赏山野花的佳境。9月初，从山脚到半山腰，在山路旁的岩石上、草丛中，茜草、鸭跖草、异叶败酱、糙叶败酱、多花胡枝子、杭子梢、河朔荛花、多歧沙参、歪头菜、东亚唐松草、山莴苣、莴苣、大叶铁线莲、卷萼铁线莲、篦苞风毛菊、野鸢尾、白屈菜、藿香、石生蝇子草、齿翅蓼、杠板归、短尾铁线莲、三褶脉紫菀、阴山胡枝子、假贝母、旋蒴苣苔等尽收眼底。如果景区的管理者不排斥野花，它们的生息繁衍将为自然爱好者提供一处美好的“自然课堂”。

9月中旬以后，随着气温的降低，深山里开花的野花越来越少，但在海拔1000米以上，仍有一些喜欢凉爽干燥和短日环境的野花正值花期。在百花山北坡天高气爽的黄安坨，龙胆科的扁蕾、北方獐牙菜，菊科的旋覆花、风毛菊，蝶形花科的达乌里黄芪，桔梗科的多歧沙参，兰科的绶草，景天科的瓦松等，虽然来自被子植物的几个家庭，但对开花环境因子要求的相似性，使它们在山路旁结成了“山花联盟”。

绶草

北方獐牙菜

达乌里黄芪

许多菊科野花属于短日植物，因此在秋天渐短的日照下异常活跃，在北京郊区的一些浅山地带，三叶鬼针草、鬼针草、甘菊、小红菊、狗娃花等，直到10月中下旬仍在开花。而在平原地区，蒲公英、刺儿菜、阿尔泰狗娃花等甚至能将花期延续到11月初。

除了这些菊科野花外，在平原和浅山地带分布极广的牵牛花（圆叶牵牛和裂叶牵牛）也是秋季野花中的佼佼者，它们不仅花期长，而且花色多变，可高可低，随遇而安，与甘菊、小红菊、阿尔泰狗娃花等菊科野花一起，陪伴我们度过美好的秋天。

花色多变的圆叶牵牛

二、如何认知北京野花

当我们在山林原野中见到一种不认识的野花时，往往要驻足观察或拍下影像资料再在手机或电脑的屏幕上观看。通过观察它们的形态特征，根据已有的知识或工具书上相应植物的比对，找到它们的名称和归属，就初步认识了一种野花。但大自然博大精深，野花的种类繁多，在认识这些野花的过程中，我们往往因观察不全面，尤其是没有注意到关键部位，再加上欠缺相关知识，尤其是对描述植物的形态术语感到生疏，因而常常无从下手或产生烦恼。因此在认知野花时，掌握基本的观察方法和读懂描述植物的形态术语至关重要。

1 形态观察是认知的开始

形态特征是每一种植物个性的表现，人们正是通过观察这种个性的表现入手，再通过个性之间的比较和总结而逐渐认识了形形色色、种类繁多的植物。

菊科植物飞廉的茎上有纵条棱和带刺的绿色翅

卫矛科灌木卫矛的枝上有木栓质翅

（1）茎叶的特征不能忽视

在自然界中当我们见到一种植物时，首先要看看它的茎的质地和状态：是乔木、灌木还是草本；如果是不能直立的植物，要区别是缠绕、攀缘还是匍匐生长。此外，还要看茎的形状、颜色以及是否被毛和有刺或翅等特征。例如唇形科、马鞭草科和玄参科的许多草本种类的茎呈方形（四棱形）；蔷薇科蔷薇属和悬钩子属植物的茎上有皮刺；菊科野花飞廉的茎上有条棱和带利刺的绿色翅，卫矛科灌木卫矛的枝上有木栓质翅；忍冬科灌木六道木茎干上有六条纵棱。对于某些类群，茎结的形态也十分重要，例如石竹科和蓼科的许多植物具有茎节膨大的特征。

相对于茎来说，叶的形态较为复杂，有互生、对生、轮生、簇生等不同的着生方式，还有单叶和复叶之分，在复叶中又有多种类型，这些往往是鉴别植物时的关键形态。例如：石竹科植物的叶均为对生，而蓼科植物的叶均为互生。具体到一片叶，其形状和边缘的齿或裂复杂多变，就是同一种植物也会有几种叶形和分裂的情况，尤其是对于木本植物来说，外界环境和自身的生长年龄等都可能导致叶片的形态变异，在观察时需多下些功夫。另外，在某些类群中，叶片的脉序、毛被等也往往是识别时较重要的特征，例如禾本科的叶具有平行脉，而伞形科柴胡属植物的叶脉为近于平行的弧形；菊科风毛菊属植物银背风毛菊的叶片下面被银白色密绵毛。叶柄相对简单一些，但其形态、上面的附属物及在叶片上的着生方式有时也很关键，例如防己科植物蝙蝠葛的叶柄在叶片上盾状着生。托叶在许多植物类群中因早落而在识别时已不起作用，但一些托叶宿存的类群，其形态特征也很重要，例如：蓼科的托叶通常膜质，鞘状或叶状，包茎或贯茎；蝶形花科野豌豆属的托叶多为箭头形。

（2）花的特征是主要观察对象

相对于茎叶等营养器官来说，花和果实受环境和生长时段及年龄影响很小，是形态特征相对稳定的器官，类群和物种的个性表现得最明显，因此是形态观察中最主要的对象。尤其是花，在漫长的生物演化进程中，为了适应以昆虫为首的多种媒介的异花授粉，演化出了形色各异的花朵类型，使有花植物成为植物界中最为庞大的家族。在认知野花的过程中，花的形态特征往往使初入其门的自然爱好者难以很快掌握。但如果理解了“花为谁开”的科学道理，逐步掌握花与传粉媒介的适应关系，就能较快找到识花规律。

被子植物花的传粉媒介可以分为生物媒介和非生物媒介两大类。生物媒介主要是昆虫、蜘蛛等节肢动物和鸟类以及蝙蝠、鼠类等小型兽类，其中昆虫是最主要的传粉者，在温带地区尤其如此。非生物媒介是气流和水流，在温带的森林和草原生态系统中主要是风。因此我们周围常见的被子植物基本可以分为虫媒花和风媒花两大类。这两类花在形态上有很大差别，容易区分。在给被子植物分家时，分类学家都注意到了这一点，除个别科外，基本不会混搭。

虫媒花——与传粉昆虫协同进化

虫媒花形态特征的丰富多彩，是在与传粉昆虫协同进化中形成和发展的。这类花一般具有显著的花被，花被色彩较鲜艳，多有蜜腺，一些种类具有香气或其他诱虫气味，以及花期与传粉昆虫活动期同步等适应特征。据统计，虫媒花约占被子植物种类的 70% 以上，从原始的木兰科到较进化的唇形科、菊科（多数属）、兰科等都是典型的虫媒花家庭。一些因适应昆虫传粉而有些“怪异”的类群，如天南星科、马兜铃科马兜铃属等，都因“怪”而特性明显，易于识别。

虫媒花中花朵由辐射对称到两侧对称的变化，是一次十分有意义的形态“变革”。变化后，原本面向大众的花朵变得逐渐“小气了”，特异传粉者的出现，使虫媒花与昆虫的协同进化达到了最高的境界，最终演化出了兰科花朵与传粉昆虫精准配合、尽善尽美的和谐关系。例如，较原始的罂粟科具有辐射对称花，而与其亲缘关系较近的紫堇科则演化为两侧对称花；在单子叶植物（百合纲）中较原始的百合科为辐射对称花，而演化地位最高的兰科则为两侧对称花。

罂粟科野罂粟

紫堇科小药八旦子

百合科山丹

兰科大花杓兰

风媒花——简单实用的追求

风媒花的花被一般很小，不具鲜明的色彩，甚至有些类群花被完全退化，成为无被花；同时也无吸引“媒人”的蜜腺和气味。风媒花花粉的传递是随机的，因此需要散布大量的花粉才能获得成功的机会。为了便于风的传送，花粉粒小而光滑；雄蕊花丝细长，花药大而易于随风摆动。在靠风传粉的植物中，一些较高的树木，往往多花集成易随风晃动、快速散出花粉的柔荑花序；而且落叶树种多选择在早春树叶尚未萌发时开花，以避免因树叶的遮挡而降低传粉的效率。在草本植物中，也有一些家庭主要是由风传送花粉的，出产我们人类主要粮食作物的禾本科，就是最大的风媒传粉家庭。

花序——提高传粉效率的组合

自然界中花朵“孤芳自赏，单打独斗”的现象并不普遍，多数被子植物都选择了将花朵集合成花序的方式面对传粉媒介。花序的类型不多，与各个家庭之间的关系较为简单，而且各类花序之间的联系和演化过程易于理解，尤其在一些科的识别上，花序往往至关重要。例如：十字花科植物普遍具有总状花序；伞形科植物基本为复伞形花序；菊科植物均具有头状花序；五加科植物常为伞形花序；紫草科植物多为聚伞花序；天南星科植物为具有佛焰苞的肉穗花序；许多木本的风媒花类群具有柔荑花序。因此，初学者切忌养成只重视花朵，不注意观察花序的习惯。

（3）果实的特征稳定但较难掌握

种子外由果皮包被而形成果实，是被子植物的重要特征。果实不仅对种子有保护作用，而且可以更有效地利用风、水和动物等生态因子和自身的动力为后代在自然界中广泛分布创造条件。因此，各类被子植物的果实和种子也在与生态因子的适应过程中演变得形态纷呈；而且各个类群在适应同一生态因子时，既异曲同工又个性分明，往往令初学者感到不易掌握。但通过持续地观察和比较、总结，尤其与花的特征相联系，找到类群中的共性，就能为认知野花奠定一定的基础。例如：菊科蒲公英和毛茛科白头翁的果实都靠风传布，但带着果实迎风而飞的毛来源不同，形态也迥异。蒲公英的毛来自变态的花萼，白头翁的毛则来自宿存的花柱。

毛茛科白头翁一朵花（上）和菊科蒲公英头状花序（下）由花到果的发育过程比较

俗话说：春华秋实。温带地区的许多植物，开花后要隔一段时间果实才能成熟，因此我们在野外观察和记录正在开花的植物时，往往见不到发育成熟的果实，造成花与果的形态特征不能同步观察的现象，以至于当我们见到一种果实即将成熟的植物时，与以往已通过对花的观察而熟知的种类对不上号。如此一来，就忽略了果实的特征，使认知不完整。

2 读懂描述植物的形态术语

形态描述是传统植物学最基本的表达方法，所使用的专业语言就是形态术语。到目前为止，植物分类学仍沿袭这种方法，在植物志书、图鉴和手册类文献中都用这种语言解说植物的类群。其实，植物学上的形态术语许多都来源于日常生活中的常用词汇，并不难理解，例如描述叶片形状的术语：椭圆形、卵形、圆形、心形、条形、针形；描述花冠的形态术语：十字形、蝶形、唇形、漏斗形、钟形、坛状等。但也有不少需要根据字面加以引申的形态术语，主要是花序的形态术语和果实的形态术语。其中果实的形态术语最难掌握，好在数量不大，而且一些术语在通用的《现代汉语词典》中就能查到释义，例如蓇葖果、荚果、角果、蒴果、瘦果、颖果、聚合果等，但缺憾的是，该书对释义中的关键词“心皮”没有解释。作为构成被子植物雌蕊的单位，心皮的数量和组合，对于雌蕊的结构和果实的类型至关重要。因此为了真正了解果实的来历和各类果实之间的关系，还需要查阅更专业一些的工具书。当然，如果手中有一本大专院校的《植物学》教科书，通用的植物形态术语基本都能找到解释。

花冠的几种类型图解：

十字形花冠

蝶形花冠

唇形花冠

漏斗形花冠

钟形花冠

宽钟形花冠

花序的主要类型图解 1. 无限花序

总状花序： 在花序轴上有多个具近等长花柄的花朵自下而上顺序开放。

毛茛科牛扁

十字花科糖芥

柳叶菜科柳兰

报春花科狼尾花

穗状花序： 在一个花序轴上有多个无花柄或近于无花柄的花朵自下而上顺序开放。

蓼科拳蓼

蔷薇科地榆

玄参科穗花马先蒿

苋科青葙

柔荑花序：多为下垂的穗状花序，一般均由单性雄花组成，以适应风传送花粉。

榛科榛

胡桃科胡桃楸

桑科构树

杨柳科中国黄花柳

伞房花序（伞形总状花序）：在花序轴上有多个花柄不等长的花，下部花的花柄长，先开，向上花柄渐短，使整个花序的花近于排在一个平面上。

绣球科小花溲疏

蔷薇科杜梨

蔷薇科花楸树（复伞房花序）

伞形花序：着花的花序轴缩至一点，各花的花柄等长，外部的花先开，中部的花后开。

五加科刺五加

百合科野韭

蔷薇科山荆子

复伞形花序： 伞形花序的每一个分枝不是形成一朵花，而是再次形成一个伞形花序。

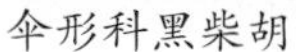

伞形科黑柴胡

伞形科毒芹

伞形科短毛独活

头状花序： 花序轴浓缩成较膨大的短轴，凹陷、凸出或扁平状，多朵无柄花生于短轴顶端。

瑞香科狼毒

川续断科华北蓝盆花

菊科翠菊

菊科魁蓟

花序的主要类型图解 2. 有限花序

聚伞花序： 花序轴顶端先行成花，且先开放，开花顺序是自上而下或自中心向周围。这类花序依据花轴分枝不同，又可分为单歧聚伞花序（一侧分枝）、二歧聚伞花序（对生分枝）、多歧聚伞花序（数个侧枝）和轮伞花序（花序生于对生叶的叶腋、花序轴及花梗极短，呈轮状排列）几种。

紫草科长筒滨紫草（单歧聚伞花序）

石竹科内弯繁缕（二歧聚伞花序）

萝藦科杠柳（二歧聚伞花序）

大戟科乳浆大戟（多歧聚伞花序）

唇形科筋骨草（轮伞花序）

唇形科益母草（轮伞花序）

花序的主要类型图解 3.

聚伞圆锥花序：在无限花序轴上由若干聚伞花序分枝形成。

木樨科巧玲花（毛叶丁香）

无患子科栾树

3 科是认识野花的引路者

目前虽然世界上已记录在案的被子植物有 25 万种左右（不包括栽培变种），但它们所隶属的科却只有 383 个（克郎奎斯特系统，1981 年修订版），具体到一个地方，所拥有的被子植物的科就更少了。因此首先确定一种野花所在的科，查找起来就容易得多了。对于初学者来说，这种按科“索骥”的方法可能有一定难度，但却是一种科学合理的方法，为以后成为识别植物的“老手”打下了基础。

科是被子植物分类学中一个十分重要的阶层单位，目前从《中国植物志》到地方植物志及《中国树木志》《中国高等植物图鉴》《中国高等植物》等工具书，都是以科作为单位编制的。科的拉丁文名称 familia，即表明它所代表的生物类群就像一个家庭一样，成员间的关系密切，亲如手足。

我国著名的植物分类学家和科普作家，北京大学教授汪劲武在《植物的识别》一书中指出："如果你发现一种开花的植物，经过现场观察，马上就能判断它是哪一个科的话，说明你有了一定的识别植物的能力。达到这种程度非一日之功，而是不断接触植物，多看多积累的结果。同一个科的植物往往具有一些关键的共同特征，抓住了科的关键特征，识别属、种就省劲些了。"因此他将"科"比喻为"识别植物的引路者"。

（1）北京野花一些主要科的识别特征

毛茛科：多为草本。叶掌状或羽状分裂，或为一至多回三出复叶。花常两性；整齐；花部分离；萼片和花瓣均为三至多数；雄蕊多数；心皮通常多数，离生，常螺旋排列在突起的花托上。

罂粟科：多为草本，常有乳白色或黄色汁液。叶多互生。花两性，辐射对称；单花顶生或组成花序；萼片 2～3，早落；花瓣多为 4～6；雄蕊多数；花柱短或无。蒴果瓣裂或顶孔开裂。

紫堇科：草本。茎生叶多互生，常分裂。花两性，两侧对称；通常为总状花序；萼片 2，小；花瓣 4，2 列，外列的有距；雄蕊 6，2 列。果不开裂或为 2 瓣裂的蒴果。

石竹科：草本。茎节膨大。单叶对生。花两性；整齐；组成聚伞花序或单生；花瓣 4～5；子房上位，1 室，特立中央胎座。

蓼科：草本。茎节常膨大。单叶互生，全缘；托叶通常膜质，鞘状或叶状，包茎或贯茎。花多两性；花被花瓣状，裂片 3～6；子房上位，1 室。果三棱形或凸镜形，包于宿存花被内。

十字花科：多为草本。叶互生。花两性；总状花序；花瓣 4，十字形排列；雄蕊 6，4 长、2 短。角果。

绣球科：木本，直立或攀缘状。叶对生或互生，稀轮生。花两性，花瓣 4～10；雄蕊五至多数。蒴果，顶部开裂。

景天科：多年生肉质植物。单叶。常为聚伞花序；花两性；4～5 基数，辐射对称；花部分离；雄蕊常为花瓣的 2 倍；心皮分离。蓇葖果。

虎耳草科：草本。叶通常互生。花两性，辐射对称；萼片通常5；花瓣与花萼同数或缺；雄蕊5～10，着生于花瓣上。蒴果。

蔷薇科：叶互生，稀对生。花两性；辐射对称；周位花；花瓣5，分离；雄蕊常多数。

蝶形花科：羽状复叶或三出复叶，稀单叶。花冠两侧对称，蝶形；雄蕊10，常为2体雄蕊：9+1或5+5；心皮1，子房上位，1室，边缘胎座。荚果。

牻牛儿苗科：草本。花两性；花瓣5。蒴果，通常有长喙，室间开裂，成熟时果瓣带种子自基部向上翻卷。

大戟科：常含乳汁。花单性；有花盘或腺体；雌蕊常3心皮合生，子房上位，3室，中轴胎座。

伞形科：草本。含挥发油。茎有棱。叶互生；羽状分裂或复叶；叶柄基部膨大成鞘状。复伞形花序；花小；5基数。双悬果。

报春花科：草本，常有腺点和白粉。花两性，辐射对称；花冠合瓣；雄蕊与花冠裂片同数而对生。蒴果。

旋花科：多为不能直立的草本。花两性，辐射对称；花冠漏斗状或高脚碟状，常具5条瓣中带，冠檐近全缘或5裂。

紫草科：多为草本，常被毛。单叶，茎生叶多互生。多为聚伞花序；花两性，多辐射对称；花冠合瓣，冠檐（4）5裂，喉部或筒部多具5个附属物；雄蕊5。

唇形科：多为草本。有芳香气味。茎四棱形。叶对生。唇形花冠；雄蕊4，2长、2短（二强）；或雄蕊2。4小坚果。

龙胆科：草本。叶对生，全缘。聚伞花序或花单生。花两性；花冠合瓣，辐射对称，裂片4～5；雄蕊4～5，生于花冠管上；子房上位，2心皮。蒴果2裂。

萝藦科：草本、藤本或灌木。常具乳汁。叶多对生。多为聚伞花序。花两性；5数；花冠合瓣，具副花冠；雄蕊5，与雌蕊粘合成合蕊柱，花粉粒联合成花粉块；雌蕊由2个分离的心皮组成。果为2个蓇葖；种子有种毛。

葫芦科：草质藤本。有卷须。单叶互生；掌状裂。花单性，雌雄同株或异株；花冠5裂；雄蕊5或3；子房下位，3心皮合生，1室。瓠果，稀蒴果。

桔梗科：草本。有乳汁。花两性；花冠合瓣，辐射对称，多钟形，裂片5；雄蕊4～6；子房多下位，中轴胎座。蒴果或浆果。

忍冬科：多为灌木。叶对生，单叶或羽状复叶。花两性；合瓣，辐射对称或两侧对称；雄蕊 4～5；雌蕊 2～5 心皮合生，中轴胎座，子房下位。浆果、核果或蒴果。

茄科：多为草本。单叶或羽状复叶，互生。花两性；花冠合瓣，辐射对称，裂片 5；雄蕊 5，生于花冠筒部；子房上位，中轴胎座。浆果或蒴果。

木樨科：木本。叶对生，很少互生或轮生，单叶或羽状复叶。花辐射对称，多为两性；常组成圆锥花序或聚伞花序；花冠合瓣，4（～12）裂；雄蕊多为 2 枚；子房上位，2 室。

玄参科：多为草本。单叶，多对生。花两性，两侧对称；花冠合瓣，4～5 裂；雄蕊生于花冠筒上，多为 4，2 强，稀 2 或 5；心皮 2，中轴胎座。蒴果。

菊科：多为草本。头状花序单生或再排成各类花序；花萼退化，常变态成毛状、刺毛状或鳞片状；雄蕊 5，聚药雄蕊；心皮 2，合生，子房下位，1 室，1 胚珠。果为连萼瘦果。

天南星科：草本或木质藤本。有根状茎或块茎。花小，排成肉穗花序，外包佛焰苞。果实通常为浆果。

百合科：通常为草本。具地下茎。花两性；辐射对称；花被 6 片，2 轮排列，花瓣状；雄蕊 6，2 轮；雌蕊心皮 3，合生，中轴胎座。蒴果或浆果。

兰科：草本。单叶互生。花两侧对称；花被片 6，2 轮：外轮 3 片为萼片；内轮两侧的为花瓣，中央一片特化为唇瓣，内有（或无）蜜腺；雄蕊和雌蕊的花柱及柱头合生成蕊柱；花粉常结合为花粉块。蒴果。种子小，无胚乳。

禾本科：地上茎有显著的节和节间。单叶互生，2 列；每一叶分为叶鞘、叶片和叶舌三部分；叶片具平行脉。花序以小穗为基本单位。颖果。

有了这些科的主要识别特征，我们就可以通过一定的路径，帮助绝大多数北京野花找到它们的家门。

参考阅读　科的划分因分类系统的不同而有所差异

自然分类系统是 19 世纪生物进化论建立后产生的，学者们力图以此客观反映生物界各类群之间的亲缘关系和演化顺序。但由于研究者的认识角度和所依据的论据不同，分类系统之间有所差异。下面是现代几个主要的被子植物分类系统：恩格勒系统，1892 年编制，1897—1915 年正式发表，1964 年修订的被子植物门包括：2纲，62目，343科。哈钦松系统，1926—1934年发表，1959年修订的被子植物门包括：2纲，111目，411科。塔赫他间系统，1942年发表，1954年起多次修订，1997年修订的被子植物门包括：2纲，17亚纲，71超目，232目，591科。克郎奎斯特系统，1957年发表，1981年修订的被子植物门包括：2纲，11亚纲，83目，383科。

在这些分类系统中，科的数量有很大差别，初学者往往搞不清楚：为什么同一种植物，在不同的植物分类工具书中会隶属于不同的科。例如北京常见的大花溲疏，在《中国植物志》《北京植物志》和《中国高等植物图鉴》等书中属于虎耳草科，而在《中国树木志》中则属于山梅花科。如果再深入了解，就会发现：原本属于虎耳草科的溲疏属、山梅花属、绣球属、茶藨子属等，在《中国树木志》中都另立门户，被提升为山梅花科、绣球科、茶藨子（醋栗）科。其原因其实很简单，《中国植物志》等书是依据恩格勒被子植物分类系统编制的；而《中国树木志》则依据的是哈钦松被子植物分类系统。这种因分类系统而异的现象，不仅表现在科这个分类阶层上，其他阶层亦有所差异。

（2）寻找北京野花家门的路径

在分类学上，利用检索表查找植物由来已久，它可以帮助人们通过形态特征比对的方法，逐级缩小范围，最终找到检索目标所在的类群。但一些工具书中编制的植物检索表，对于非专业人群来说检索起来往往有一定难度。因为编制检索表的人并不知道查表人都掌握了哪些植物的形态特征，他们所选取的是植物标本馆中标本上所有能够表现出的形态特征，有些特征甚至超出了标本的范围，对于只凭现场观察、记录和影像资料识别植物的初学者和业余爱好者来说，检索的过程很难圆满完成。下面我们根据自己的经验，介绍几种查找北京野花主要科的路径。

第一种方法：首先根据茎的最基本特征——草本和木本，分为两条路线查找；再根据叶的着生方式——互生、对生和轮生，分别进入第二级分支路线；然后根据花和花序的形态及果实的特征再次分支……最后找到野花所在的科。这种查找方法所需要的形态特征，在上面所介绍的北京野花主要科的识别特征中，已基本包含。

第二种方法：对于花、花序和果实特征突出或特有的一些科，可以根据这些特征方便快捷地查找。例如：蝶形花科——两侧对称的蝶形花冠，结荚果；蔷薇科——5个花瓣辐射对称，雄蕊数量较多，周位花；十字花科——总状花序，花瓣4枚，雄蕊6枚，且4长2短；菊科——具有具总苞的头状花序，雄蕊5，花药聚合；伞形科——具有复伞形花序，花小，5基数；天南星科——具有佛焰苞的肉穗花序；百合科——花两性，辐射对称，花被6片，同形，两轮排列，雄蕊6枚；兰科——花两侧对称，花瓣中的一枚特化为唇瓣。如果通过上述的快捷方法没有找到野花所隶属的科，可以排除这些科后再按第一种方法在其他科中继续查找，范围就缩小了不少。

蔷薇科欧李（示周位花）

十字花科二月蓝

蝶形花科红花锦鸡儿

天南星科一把伞南星

百合科有斑百合

兰科二叶舌唇兰

第三种方法：花冠相似特征归类查找法。例如将辐射对称花和两侧对称花分为两大类，在辐射对称花中将 5 数花和非 5 数花分成两类，在两侧对称花中再将唇形花冠和非唇形花冠分为两类，然后再根据其他特征逐一查找。

总之，由于北京的地域有限，野生植物种类相对较少，又有《北京植物志》等工具书所记载的本地植物资源作为基础资料，通过大量的观察实践和经验的积累总结，成为识别北京野花的高手指日可待。

4 野花名称中的认知信息

在野花的认知过程中，植物的名称也是十分有用的信息源，一些在现场不易观察到的信息，也可以在野花的名称中得到。

（1）形态特征的信息

根据植物外观的形象给植物命名的现象十分普遍，尤其在地方俗名中，例如：点地梅、榆叶梅、金莲花、金露梅、银露梅、石竹、玉竹、风毛菊、手参、白头翁、柳穿鱼、狼尾花、狗尾草、舞鹤草、蛇莓、蝙蝠葛、老鹳草、乌头、雀儿舌头、鹿蹄草、花锚、耧斗菜、宝铎草、铃兰、风铃草、杓兰、重楼等等。这些名称都来自人们所熟知的事物，包含了其他生物、用具、星座、建筑……可谓雅俗共赏，充分表现出命名者的智慧。当人们与这些野花晤面时，其名称所表达的灵动信息，不仅愉悦了观察者的心灵，也加深了对名称所表达的野花形象的记忆，有些名称细细咀嚼起来很有味道。在一些由植物学家赋予的名称中，形态特征想象的成分少，一般较直白，而且多与属的中文名称组合，例如：大花杓兰、紫点杓兰、二叶舌唇兰、双花黄堇菜、裂叶堇菜、斑叶堇菜、大叶铁线莲、黄花铁线莲、黄花油点草、紫斑风铃草、有斑百合、叉歧繁缕、白花碎米荠、紫花碎米荠、二色棘豆、毛蕊老鹳草、穗花马先蒿、红纹马先蒿、泡囊草、白苞筋骨草、雪白委陵菜、紫苞风毛菊、银背风毛菊、篦齿风毛菊、三裂绣线菊、三叶鬼针草、狭叶珍珠菜、狭叶红景天、细叶沙参、细叶小檗、槭叶铁线莲、轮叶贝母、抱茎苦荬菜、短茎马先蒿等，都反映出物种的某些显著的形态特征，在识别野花时十分有用。

（2）产地和生境的信息

在植物的名称中，冠以模式种产地的地名或分布地域的范围，在拉丁学名和中文名称中都很常见，例如：北京野花中的中国马先蒿、华马先蒿、中华秋海棠、北京假报春、北京丁香、北京黄芩、北京锦鸡儿、百花山花楸、雾灵沙参、五台忍冬、五台金腰、太行铁线莲、党参、祁州漏芦、华北耧斗菜、华北大黄、华北蓝盆花、华北八宝、华北乌头、华北马先蒿、华北忍冬、华北白前、秦艽、热河黄精、蒙古绣线菊、蒙古荚蒾、西伯利亚远志、阴山胡枝子、达乌里黄芪、达乌里龙胆、兴安升麻、兴安白芷、贝加尔唐松草、东亚唐松草、阿尔泰狗娃花、北乌头、北马兜铃、北鱼黄草、北重楼、北方獐牙菜等。在植物的名称中我们也可以得到一些物种的生境信息，例如水毛茛、水金凤、水杨梅、泽芹、水芹、河朔荛花、山蚂蚱草、山牛蒡、山野豌豆、山刺玫、山莴苣、山马兰、照山白、石沙参、石生蝇子草、岩生报春、岩青兰、林荫千里光、荫生鼠尾草、林繁缕、林泽兰、藓生马先蒿、田旋花、通泉草等。这些信息对于了解野花的地理分布和生态适应性，因地制宜地保护和利用野花资源有很大帮助。

（3）资源价值的信息

在野花野草中，药用植物资源十分丰富，有些植物的名称中就反映出其药用取向，例如：接骨木、续断、白首乌、活血丹、透骨草、鹿药等；而更多的中文名称则来自历代文献中的草药名或与其相关的名称，例如黄芩、黄精、秦艽、党参、藿香、益母草、兴安白芷（白芷）、短毛独活（独活）、黑柴胡（柴胡）、刺五加（五加）、曼陀罗、杠板归、地黄、苍术、款冬、五味子、北马兜铃（马兜铃）、北乌头（乌头）、华北大黄（大黄）、青葙、龙牙草、苦参、葛藤、徐长卿、刘寄奴、天南星、掌叶半夏（半夏）等。有些野花的名称带有香字，说明其体内含有芳香化学成分，例如：香青兰、百里香、藿香、香薷、木本香薷、暴马丁香、香青等。有的名称还反映出一些植物不易被观察到的物质和应用价值，例如败酱科的野花糙叶败酱、异叶败酱等，表现出其根部具有产生腐败酱味的化学物质；菊科植物鳢肠，表明其体内含有似鳢鱼（又称黑鱼）肠子样的黑色汁液；茜草科的茜草名称表明其根部黄赤色，可制作红色染料。

（4）不可取用的信息

由于植物名称的确定并无一定的准则，地方俗名中有时鱼龙混杂，出现了一些不可取或不准确的信息，尤其表现在食用上。例如罂粟科植物白屈菜，全草含白屈菜碱等多种有毒物质，鲜食会引起中毒，不可因其名称中的“菜”字而盲目食用；百合科植物小黄花菜、北黄花菜，可以做黄花菜食用，但全株含秋水仙碱等多种有毒物质，要经过晾晒和蒸煮后才可食用，切不可鲜食；百合科植物藜芦，在有些产地被称为山葱，由于全株有剧毒，食用少量后即可引起严重中毒，以至死亡；毛茛科植物茴茴蒜，全草有毒，食用后会引起较严重的胃肠反应。在北京野花中还有一些名称中带有“菜”字的种类，例如：菊科中几种被俗称为“苦菜”的野花和堇菜科的各种堇菜。见到它们，不能随意因“菜”而起食欲。野生植物为了自身的安全，防御措施普遍存在；再说，随意采挖野菜和草药，不仅对野生植物本身造成伤害，也会破坏自然环境的和谐。

罂粟科白屈菜

百合科小黄花菜

百合科藜芦（又俗称山葱）

［ 第二部分 ］

北京野花的家庭成员

银线草

Chloranthus japonicus Sieb.

金粟兰科金粟兰属。多年生草本，高 15～50 厘米。根状茎横走，分枝。叶对生，通常 4 片，生于茎上部，宽椭圆形，长 3～11 厘米，宽 1.5～8 厘米，边缘有锐锯齿，齿尖有一腺体。穗状花序单个，顶生，连总花梗长 3～5 厘米；花两性，无花被；雄蕊 3，白色，条形，基部合生为一体，长 4～6 毫米，水平伸展，或略向上弯，中间 1 个无花药，侧生的 2 个基部各有 1 个 1 室的花药，花后雄蕊脱落；子房卵形，绿色。核果倒卵形，长 2.5～3 毫米。花期 4—5 月。

分布于吉林、辽宁、河北、山西、陕西、甘肃、四川、湖北、湖南、安徽、浙江、福建；生于林下阴湿处。朝鲜、日本也有。在我国古代本草文献中，银线草有鬼督邮、鬼独摇草、四大天王等名称，其根状茎和全草可入药；产地民间亦有作野菜食用的习俗。现代文献指出，银线草“根”含有多种倍半萜类化合物，有抗真菌等细胞毒效应，入药和食用时需慎重。照片 2008 年 5 月 2 日摄于海坨山南麓山谷。

北马兜铃

Aristolochia contorta Bunge

又称马兜铃。马兜铃科马兜铃属。多年生攀缘草本，全株无毛。茎长达 2 米以上。叶三角状心形至宽卵状心形，长 3～13 厘米，宽 3～10 厘米，顶端短锐尖或钝，基部心形，下面略带灰白色；叶柄长 1～7 厘米。花 3～10 朵簇生于叶腋；花被喇叭状，长 2～3 厘米，基部急剧膨大呈球形，上端逐渐扩大成向一面偏斜的侧片，侧片卵状披针形，带暗紫色，顶端渐尖而延长成长约 1 厘米的线形尾尖；雄蕊 6，贴生于花柱体周围；柱头 6。蒴果宽倒卵形至椭圆状倒卵形，长 4～6 厘米，径 2～3 厘米，6 瓣开裂。花期 5—7 月；果期 8—10 月。

分布于东北、华北、河南、山东、陕西、甘肃、湖北；生于海拔 500～1200 米的山坡灌丛、林缘及沟谷中。模式标本采自北京郊区。本种为传统药用植物；体内含有毒物质。照片 2006 年 6 月 25 日摄于北京西山。

马兜铃属 马兜铃科。约 350 种，分布于热带和温带地区；中国有 40 种左右，各地均有，南方种类较多。多种有药用价值，亦含有有毒成分。藤本，稀亚灌木或小乔木；叶互生，全缘或 3～5 裂，基部常心形。花左右对称，腋生，多排成总状花序，稀单生；花被管状，基部常膨大，中部劲直或各式弯曲，檐部展开或成各种形状，边缘常 3 裂，或一侧 2 分裂成 1 个或 2 个舌片，颜色多艳丽，常有腐肉气味；雄蕊 5，稀 4 或 10 或更多，围绕合蕊柱成 1 轮，花丝缺，花药向外纵裂；子房下位，多为 6 室。蒴果；种子常多数。

五味子

Schisandra chinensis (Turcz.) Baill.

又称北五味子。五味子科五味子属。落叶木质藤本。幼枝红褐色，老枝灰褐色，常有皱纹，片状剥落。叶宽椭圆形、卵形或倒卵形，长（3～）5～10（～14）厘米，先端尖，基部楔形，边缘具疏生短腺齿或腺锯齿，近基部全缘，侧脉3～7对；叶柄长1～4厘米，两侧具极窄的翅。花白色或粉红色，花被片6～9，长圆形或椭圆状长圆形，长6～11毫米，宽2～5.5毫米，外层较窄小；雄蕊5；雌蕊群长2～4毫米，心皮17～40，子房卵形，柱头鸡冠状。聚合果，果柄长达6.5厘米；小浆果红色，近球形，径6～8毫米。花期5—6月；果期8—9月。

分布于东北、华北及河南、山东等地；喜冷凉、湿润的环境，多生于沟谷溪旁及林内。朝鲜、日本也有。果为著名药材“五味子”，有收敛止咳、滋补之效；北方药圃中有栽培。北京市重点保护植物。

照片2007年5月14日摄于海坨山南麓。

五味子属 五味子科。约30种，产于亚洲东部和美国东南部；中国有19种，产于东北至西南、东南各地。藤本。花单生，稀成对或数朵聚生；花被片5～20，通常排成2～3轮，稀多轮，覆瓦状排列；雄蕊4～15，组成肉质雄蕊群；心皮12～120，离生。结果时花托延长，聚合果穗状。

毛　茛

Ranunculus japonicus Thunb.

毛茛科毛茛属。多年生草本。茎高30～60厘米。基生叶和茎下部叶有长柄；叶片五角形，长6厘米，宽7厘米，基部心形，3深裂，中央裂片宽菱形或倒卵形，3浅裂，疏生锯齿，侧生裂片不等地2裂；叶柄长达15厘米；茎中部叶具短柄，上部叶无柄，3深裂。花序具数朵花；花直径达2厘米；萼片5，淡绿色，椭圆形，长5～6毫米；花瓣5，亮黄色，倒卵形，长6～11毫米，基部具蜜槽；雄蕊和心皮均多数。聚合果近球形，直径4～5毫米。花果期4—9月。

亚洲东部广布种，在我国自华南至东北均有分布；喜湿润的环境，常伴水而生或生于高山湿草地上。毛茛花期长，花朵色彩明亮，有一定的景观价值。其体内含有毛茛甙等有毒物质，可做外用草药，但不可滥用。照片2007年5月摄于十三陵北溪边（上）；2008年6月12日摄于门头沟小龙门（下）。

茴茴蒜

Ranunculus chinensis Bunge

毛茛科毛茛属。一年生草本。茎高20～70厘米。茎和叶柄均有伸展的淡黄色糙毛。叶为三出复叶，基生叶和下部叶具长柄；叶片宽卵形，长2.6～7.5厘米，中央小叶具长柄，3深裂，裂片狭长，上部生少数不规则锯齿，侧生小叶具短柄，为不等的2或3裂；茎上部叶渐变小。花序具疏花；萼片5，淡绿色，船形，长约4毫米；花瓣5，黄色，宽倒卵形，长约5毫米，基部具蜜腺；雄蕊和心皮均多数。聚合果近矩圆形，长约1厘米；瘦果扁，无毛。花果期5—9月。

广布于西南到华北、东北各地；常生于山地和平原的溪水边、湿草地或水田边。该种全草有毒，人中毒严重者可引起痉挛。照片2007年5月25日摄于北京西山。

毛茛属 毛茛科。约400种，广布于温带和寒带；中国有约90种及变种，南北均有，多分布于西北和西南高山地区。多为有毒植物，有些种可入药。草本，多陆生，少数水生。叶在茎上互生，全缘或为复叶。花两性，单生于枝顶或排成聚伞花序；萼片5，绿色，多早落；花瓣5或6～10，黄色，基部有蜜腺；雄蕊多数；心皮多数，离生，每心皮内有胚珠1颗，螺旋着生于隆起的花托上而成头状。果为聚合瘦果。属名Ranunculus源于希腊词，意为“幼蛙”，指某些种喜生于水边湿地。

水毛茛

Batrachium bungei (Steud.) L. Liou

毛茛科水毛茛属。多年生沉水草本。茎长 30 厘米以上。叶有短或长柄；叶片轮廓近半圆形或扇状半圆形，直径 2.5～4 厘米，3～5 回 2～3 裂，小裂片近丝形，在水外通常收拢或近叉开；叶柄长 0.7～2 厘米，基部有鞘，鞘长 3～4 毫米。花直径 1～1.5（～2）厘米；花梗长 2～5 厘米，伸出水面；萼片反折，卵状椭圆形，长 2.5～4 毫米；花瓣白色，基部黄色，倒卵形，长 5～9 毫米；雄蕊 10 余枚，花药长 0.6～1 毫米。聚合果卵球形，直径约 3.5 毫米；瘦果 20～40，斜狭倒卵形，长 1.2～2 毫米，有横皱纹。花期 5—8 月。

分布于辽宁、河北、山西、江西、江苏、甘肃、青海、四川、云南和西藏；生于山谷溪流、河滩积水地、平原湖泊和水塘中。模式标本采自北京一带。照片 2008 年 6 月 18 日摄于松山保护区内水塘中。据记载北京尚有北京水毛茛 **B. pekinense** L. Liou，罕见。定名人为中国植物分类学者刘亮。

水毛茛属 毛茛科。约 30 种，世界广布；中国有 7 种，分布于西南、西北、华北、东北及江苏、安徽、江西等地。多年生水生草本植物；茎沉于水中；沉水叶多回 2～3 细裂，浮水叶掌状浅裂。花对叶单生；花梗较粗长，伸出水面开花；萼片 5；花瓣 5，白色或下部黄色，少有全部黄色；雄蕊多数；心皮多数至少数，离生。聚合果卵球形。

银莲花

Anemone cathayensis Kitag.

毛茛科银莲花属。多年生草本。植株高15～40厘米。根状茎长4～6厘米。基生叶4～8，有长柄；叶片圆肾形，长2～5.5厘米，宽4～6.5厘米，两面疏生柔毛或无毛，3全裂，中央裂片宽菱形或菱状椭圆形，3裂近中部；叶柄长11～30厘米。花葶高17～40厘米；总苞苞片约5，无柄，不等大，菱形或倒卵形，长3～4.5厘米，3裂或不分裂；伞形花序花少，仅2～5朵花；花梗长3.5～5厘米；萼片5～7（～8），白色或带粉红色，倒卵形，长1.5～2厘米；无花瓣；雄蕊多数，花丝条形；离生心皮多数，无毛。瘦果扁，宽椭圆形或近圆形，长约6毫米。花期4月下旬至7月初。

分布于山西、河北；生于海拔1500～2600米的山坡草地、疏林下或多石砾坡地。模式标本采自北京东北部密云一带。照片2017年5月29日（上）和2006年6月28日（下）摄于雾灵山莲花池。

银莲花属 毛茛科。约150种，各大洲均产，多数种类分布于亚洲和欧洲；中国有52种，除海南省外，各地均有，主产于西南高山地区。多数种类花美丽，可供观赏；有些可供药用。多年生草本，有根状茎；叶基生，有长柄，掌状分裂，或为三出复叶，叶脉掌状。花序聚伞状或伞形，或只有1花；苞片二或数个，对生或轮生，形成总苞，与基生叶相似，或较小；花辐射对称；萼片五至多数，花瓣状，多为白色；无花瓣；雄蕊通常多数；心皮多数或少数，子房有1颗下垂的胚珠。瘦果多卵球形或近球形。

长毛银莲花

Anemone narcissiflora L. var. **crinita** (Juz.) Tamura

毛茛科银莲花属，水仙银莲花的变种。多年生草本。植株高 45～67 厘米。根状茎长约 6 厘米。基生叶 6～9 枚，有长柄；叶片近圆形或圆五角形，长 4～6 厘米，宽 7.5～11 厘米，3 全裂，裂片再 2～3 回细裂，末回裂片披针形至线形；叶柄长 10～20 厘米，密被近平展或稍斜展的长柔毛。聚伞花序具 2～6 花；总苞片掌状深裂；萼片（4～）5，白色，倒卵形，长 1.2～1.5 厘米，宽 6～10 毫米；无花瓣；雄蕊多数，花药椭圆形；离生心皮多数，无毛。瘦果扁，宽椭圆形或近圆形。花期 5—6 月；果期 7—9 月。

分布于黑龙江西部、辽宁西部、河北北部；生于山坡草地或林下。蒙古、俄罗斯西伯利亚地区也有。北京市重点保护植物。照片 2007 年 6 月 9 日摄于海坨山小海坨梁。

小花草玉梅

Anemone rivularis var. **flore-minore** Maxim.

又称河岸银莲花，草玉梅的变种。毛茛科银莲花属。多年生草本。根状茎粗壮，圆锥形，棕褐色。茎直立，粗壮，高 40～120 厘米。基生叶有长柄，叶片五角形，基部心形，3 全裂再 3 裂，小裂片边缘有锐锯齿。总苞 3 个，轮生，有柄，总苞片 3～5 深裂，边缘有疏或密锯齿。花两性，排列成聚伞花序；每一花梗上有苞片 2 个，披针状线形；萼片 5～6，白色，狭倒卵形或狭椭圆形，长 6～9 毫米，顶端有髯毛；无花瓣；雄蕊多数，花丝丝状；心皮 30～60，离生。瘦果狭卵形。宿存花柱钩状弯曲。花果期 6—8 月。

分布于西北、四川、河南、山西、河北、内蒙古南部、辽宁；生于溪水旁、疏林下和湿润草地上。照片 2017 年 6 月 23 日摄。

金莲花

Trollius chinensis Bunge

毛茛科金莲花属。多年生草本。无毛。茎高 30～70 厘米，不分枝。基生叶 1～4，具长柄，叶片五角形，长 3.8～6.8 厘米，宽 6.8～12.5 厘米，3 全裂，裂片再次分裂，二回裂片有少数小裂片和锐牙齿；茎生叶似基生叶，向上渐小。花单生或 2～3 朵组成聚伞花序；萼片 8～15（～19），黄色，椭圆状倒卵形或倒卵形，长 1.5～2.8 厘米，宽 0.7～1.6 厘米；花瓣与萼片近等长，狭条形，顶端渐狭，长 1.8～2.2 厘米，宽 1.2～1.5 毫米；雄蕊多数，长 0.5～1.1 厘米；心皮 20～30，离生。蓇葖果长 1～1.2 厘米。花期 6—8 月。

分布于吉林、辽宁、华北和河南；生于海拔 1000～2600 米的山地草坡、疏林下和草原。北京及周边海拔 1500 米以上山地有分布。照片 2017 年 7 月 8 日摄于怀柔北部山地（上、中）；2005 年 7 月 3 日摄于雾灵山顶峰草地（下）。

金莲花属 毛茛科。约 25 种，分布于北温带和寒温带；中国有 16 种，产于西南部至西北部及东北部。大部分种类有观赏价值。多年生草本；叶基生或茎生，掌状分裂。花大，黄色、近白色或淡紫色，多单生；萼片 5～15，花瓣状；花瓣五至多数，小，基部有一蜜腺槽；雄蕊多数；心皮五至多数，成熟时变为一束蓇葖。

瓣蕊唐松草

Thalictrum petaloideum L.

毛茛科唐松草属。多年生草本。无毛。茎高20～50厘米，分枝。3～4回3出复叶，小叶片狭长圆形、近圆形、宽倒卵形或菱形，3裂，裂片全缘。伞房状聚伞花序；花梗长达2.8厘米；萼片4，卵形，长3～5毫米，白色或紫色，常早落；无花瓣；雄蕊多数，长5～12毫米，花丝中上部棍棒状，倒披针形，比花药宽，白色，呈花瓣状；心皮4～13，无柄。瘦果卵状椭圆形，先端尖，鸟喙状。花期6—7月。

分布于东北、华北、安徽、河南、陕西、甘肃、青海、四川；生于山坡草地。朝鲜、蒙古、俄罗斯西伯利亚也有。北京山区较常见，在海拔较高的湿润草地上，常成片分布，景色怡人。根含小檗碱，可作“黄连”代用品。照片2015年6月25日摄于百花山百草畔（上）；2006年7月14日摄于海坨山南麓山谷（下）。

唐松草属 毛茛科。二百多种，主要分布于北温带；中国有99种，各地均有分布，多数产于西南部。一些种可供观赏或药用。多年生草本；叶为三出复叶或多回复叶。花两性或单性；多排成总状花序或圆锥花序；萼片4或5，有些种萼片早落；花瓣缺；雄蕊多数，一般较醒目；心皮数个，每心皮有胚珠1颗，成熟时发育为一束瘦果。瘦果有时肿胀或有翅。

东亚唐松草

Thalictrum thunbergii DC.

毛茛科唐松草属。多年生草本，无毛。茎高 65 ~ 150 厘米。叶为 3 ~ 4 回三出复叶；叶片长达 35 厘米，小叶近圆形、宽倒卵形或楔形，长 1.6 ~ 3.5（~5.5）厘米，宽 1 ~ 4 厘米，3 浅裂，裂片全缘或具疏牙齿，下面被白粉。花序圆锥状，长 10 ~ 35 厘米，具多数花；花直径约 7 毫米；萼片 4，绿白色，狭卵形，长 3 ~ 4 毫米；无花瓣；雄蕊多数，长约 7 毫米，花药狭矩圆形，长约 3 毫米，具短尖，花丝丝状；心皮 2 ~ 4，柱头箭头形。瘦果长 2 ~ 3 毫米，卵球形，纵肋明显，宿存柱头长约 0.6 毫米。花期 6—9 月。

分布于东北、华北、陕西、甘肃、湖北、四川、贵州等地；生于低山丘陵林缘、草地、溪畔。朝鲜、日本也有。北京较常见。照片 2014 年 9 月 5 日摄于西山凤凰岭。

唐松草

Thalictrum aquilegifolium var. sibiricum Regel. et Tiling

毛茛科唐松草属。多年生草本。无毛。茎高 60 ~ 150 厘米。3 ~ 4 回 3 出复叶，小叶片厚草质，倒卵形或近圆形，长 1.5 ~ 2.5 厘米，宽 1.2 ~ 3 厘米，3 浅裂，裂片全缘或具疏粗齿。复单歧聚伞花序伞房状，具多数分枝；萼片白色或带紫色，宽椭圆形，长 3 ~ 3.5 毫米；无花瓣；雄蕊多数，长 6 ~ 9 毫米，花丝上部倒披针形；心皮 6 ~ 8，子房具长柄，花柱短。瘦果倒卵形，不计柄长 4 ~ 8 毫米，具 3 ~ 4 条纵棱，基部突变狭，成长 3 ~ 7 毫米的细柄。花期 6—7 月。

分布于东北、内蒙古、河北、山东、浙江西北部。俄罗斯西伯利亚地区、朝鲜、日本也有。生于草地和林下。照片 2005 年 6 月 30 日摄于雾灵山莲花池附近。

贝加尔唐松草

Thalictrum baicalense Turcz.

毛茛科唐松草属。多年生草本，无毛。茎高 50～120 厘米。茎下部叶为三回三出复叶；小叶片宽倒卵形、宽菱形，有时宽心形，长 1.8～4 厘米，宽 1.2～5 厘米，3 浅裂，裂片具粗牙齿，脉下面隆起。复单歧聚伞花序，近圆锥状，长 5～10 厘米；花直径约 5 毫米；萼片椭圆形至卵形，长 2～3 毫米；无花瓣；雄蕊 10～20，长 2.5～5 毫米，花丝倒披针状条形；心皮 3～7，离生，子房具短柄，花柱短，柱头椭圆形。瘦果具短柄，宽椭圆形，稍扁，长 2.5～3 毫米，纵肋 8。花期 5—7 月。

分布于东北、华北、河南西部、陕西、甘肃、青海东部；生于山地林下和湿润草坡。俄罗斯西伯利亚地区、朝鲜、日本也有。北京见于较高海拔山地。根含小檗碱，可作黄连的代用品。照片 2017 年 5 月 30 日摄于雾灵山仙人塔沟。

侧金盏花

Adonis amurensis Regel et Radde

又称福寿草、冰凉花、顶冰花。毛茛科侧金盏花属。多年生草本。根状茎短粗，具多数须根。茎在开花时高 5～15 厘米，以后可高达 30～40 厘米，有时下部分枝近基部有数个淡褐色或近白色的膜质鞘。叶在花后长大，下部叶具长柄，无毛，叶片三回羽状全裂，一回裂片 2～3 对，末回裂片狭卵形至披针形，具短尖。花单生于茎顶，直径约 3 厘米；萼片 9，狭倒卵形，与花瓣近等长；花瓣 10 枚或 10 枚以上，黄色，矩圆形或倒卵状矩圆形。长 1.2～2.2 厘米，宽 3～8 毫米；雄蕊多数，长约 3 毫米；心皮多数。瘦果倒卵形，长 4～5 毫米，宿存花柱弯曲。花期 3—5 月。

分布于东北、河北北部；生于山坡草地或疏林下。俄罗斯远东地区、朝鲜、日本也有。北京北部山区偶见。根和全草含侧金盏花内酯等，有毒，入药需慎用。

黄花铁线莲

Clematis intricate Bunge

又俗称透骨草。毛茛科铁线莲属。草质藤本。茎纤细，多分枝，有细棱。一至二回羽状复叶；小叶有柄，2～3全裂或深裂、浅裂，中间裂片线状披针形、披针形或狭卵形，长1～4.5厘米，宽0.2～1.5厘米，顶部渐尖，基部楔形，全缘或有少数牙齿，两侧裂片较短，下部常2～3浅裂。聚伞花序腋生，通常3花，也有单花的；花序梗较粗，长1.2～3.5厘米，有时极短；萼片4，黄色或带褐色，狭卵形或长圆形，顶端尖，反卷，长1.2～2.2厘米，宽4～6毫米；雄蕊多数，花丝狭条形，褐色，花药长矩圆形。瘦果卵形至椭圆状卵形，扁，宿存花柱长达5厘米，被长柔毛。花期6—9月；果期8—10月。

分布于青海东部、甘肃南部、陕西、山西、河北、内蒙古西部和南部、辽宁；生于山坡、路旁或灌丛中。模式标本采自北京。照片2008年8月摄于北京近郊路旁。

芹叶铁线莲

Clematis aethusifolia Turcz.

毛茛科铁线莲属。草质藤本。叶对生，为羽状复叶，长7～14厘米；羽片3～5对，长1.5～5厘米，二回细裂；叶柄长1～2厘米。聚伞花序腋生，具1～3花；花序梗长2.5～6.5厘米；苞片叶状；花萼钟形，淡黄色，萼片4，狭卵形，长1.5～2厘米，边远密生短绒毛；无花瓣；雄蕊多数，长度为萼片之半，花丝条状披针形；心皮多数。瘦果倒卵形，扁，长约2毫米，羽状花柱长2～2.5厘米，密被白色柔毛。花期7—9月；果期9—10月。

分布于西北、华北、东北；生于山坡灌丛中。蒙古和俄罗斯西伯利亚地区也有分布。河北等地民间作透骨草入药，根、叶有毒，须慎用。照片2008年9月3日摄于百花山路边。

大瓣铁线莲

Clematis macropetala Ledeb.

又称长瓣铁线莲。毛茛科铁线莲属。木质藤本，茎长约 2 米。二回三出复叶；小叶片 9 枚，纸质，卵状披针形或菱状椭圆形，长 2～4.5 厘米，宽 1～2.5 厘米，顶端渐尖，基部楔形或近于圆形，两侧的小叶片常偏斜，边缘有整齐的锯齿或分裂；小叶柄短；叶柄长 3～5.5 厘米。花单生于当年生枝顶端，花梗长 8～12.5 厘米；花萼钟形，直径 3～6 厘米；萼片 4，蓝色或淡紫色，狭卵形或卵状披针形，长 3～4 厘米，宽 1～1.5 厘米，顶端渐尖，两面有短柔毛，边缘有密毛；退化雄蕊成花瓣状，披针形或线状披针形，与萼片等长或稍短；雄蕊多数，花丝线形，长 1.2 厘米，宽 2 毫米，花药黄色，长椭圆形，向内着生。瘦果倒卵形，长 5 毫米，宿存花柱长 4～4.5 厘米，向下弯曲，被灰白色长柔毛。花期 6—7 月。

分布于华北、西北等地；蒙古东部、俄罗斯远东地区也有。生于较高海拔山地草坡、石缝中和林下。北京较高海拔山地较常见。照片 2008 年 6 月 18 日摄于海坨山山脊落叶松林中（上、右页图）；2014 年 6 月 22 日摄于百花山山顶林间灌丛（下）。

铁线莲属 毛茛科。有 300 种以上，广布于全球；中国有 110 种左右，分布甚广，西南尤盛。有些种花大艳丽，已在园林中栽培观赏。多年生木质或草质藤本，或为直立灌木或草本。叶对生，偶尔茎下部叶互生，羽状复叶，少数为单叶。聚伞花序或再排成圆锥花序，有时单生或数朵与叶簇生；萼片 4 或 6～8，无花瓣；雄蕊多数；心皮多数，每心皮内有 1 下垂胚珠。瘦果，宿存花柱伸长呈羽状毛，或不伸长而呈喙状。

短尾铁线莲

Clematis brevicaudata DC.

毛茛科铁线莲属。藤本。枝有棱。一至二回羽状复叶或二回三出复叶，有5～15小叶，有时茎上部为三出叶；小叶片长卵形、卵形至披针形，长1.5～6厘米，宽0.7～3.5厘米，顶端渐尖或长渐尖，基部圆形至浅心形，边缘疏生粗锯齿或牙齿，有时三裂。圆锥状聚伞花序腋生或顶生；花梗长1～1.5厘米；花直径1.5～2厘米；萼片4，开展，白色，狭倒卵形，长约8毫米，有短柔毛；无花瓣；雄蕊多数，绿白色，与萼片近等长，呈放射状伸展。瘦果卵形，长约3毫米，密生柔毛，宿存花柱长1.5～3厘米。花期7—9月；果期9—10月。

广布于东北、华北、西北东部、河南、四川、云南、西藏东部、江苏、浙江、湖南等地；东北亚其他国家和地区也有。生于山地灌丛或树林中。模式标本采自河北省北部。该种花极繁盛，适于做垂直绿化植物栽培。照片2015年8月摄于北京西山。

太行铁线莲

Clematis kirilowii Maxim.

毛茛科铁线莲属。木质藤本。一至二回羽状复叶，有5～11小叶或更多，基部一对或顶生小叶常2～3浅裂、全裂至3小叶，中间一对常2～3浅裂至深裂，茎基部一对为三出复叶；小叶片或裂片革质，卵形、长圆形、椭圆形、狭卵形或披针形，长1.5～7厘米，宽0.5～4厘米，顶端急尖、渐尖、钝或微凹，基部圆形、截形或楔形，全缘，有时裂片或第二回小叶再分裂，两面网脉明显。聚伞花序，或为总状聚伞花序、圆锥状聚伞花序，有花三至多朵或花单生；花序梗或花梗有较密短柔毛；花直径1.5～2.5厘米；萼片4或5～6，开展，白色，倒卵状长圆形，长0.8～1.5厘米，宽3～7毫米，顶端常截形而微凹，外面有短柔毛，边缘密生绒毛，内面无毛；雄蕊多数，长4～7毫米，无毛。瘦果卵形至椭圆形，扁，长约5毫米，宿存花柱长约2.5厘米。花期6—8月。

分布于河北、山西、山东、河南、安徽及江苏；生于山坡草地、丛林中或路旁。模式标本采自北京附近。照片2008年7月3日摄于十渡孤山寨。

大叶铁线莲

Clematis heracleifolia DC.

毛茛科铁线莲属。多年生直立草本或亚灌木，茎高 20～70 厘米，有纵棱。三出复叶，小叶片卵形、卵圆形至宽卵形，长 6～16 厘米，宽 4.5～13.5 厘米，顶端短尖，基部圆形或楔形，边缘有不整齐粗锯齿，齿尖有短尖头，顶生小叶常 3 浅裂；叶柄粗壮，长 6～16 厘米，被毛；顶生小叶柄长，侧生小叶柄短。聚伞圆锥花序顶生或腋生，花梗长 1.2～3.4（～4.5）厘米，有灰白色毛；花杂性，雄花与两性花异株；萼片 4 枚，蓝紫色，下半部靠合成管状，长椭圆形或宽线形，上部常向外反卷并增宽，长 1.6～2.3（～3）厘米，宽（2～）3～6 毫米，内面无毛，外面有白色短柔毛；雄蕊 16 枚，长 9～12 毫米，花药线形，略短于花丝。瘦果卵圆形，长约 4 毫米，宿存花柱丝状，长 1.2～2.5 厘米，有白色长柔毛。花期 7—9 月。

分布于华北、辽宁、河南、山东、陕西；常生于山坡沟谷、林缘及路边灌丛中，海拔 85～1600 米。朝鲜也有。北京山区常见。

卷萼铁线莲

Clematis tubulosa Turcz.

毛茛科铁线莲属。多年生草本或亚灌木。茎高50～150厘米，具纵棱，被灰白色短柔毛。三出复叶，小叶片纸质，阔卵形、椭圆形或倒卵形，长6.5～19厘米，宽5～16厘米，顶端尖，基部近截形、圆形或阔楔形，边缘有不规则锯齿，或缺刻状3浅裂或不裂；叶柄长4.5～16厘米。顶生聚伞圆锥花序长10～50厘米，具1～4节，每节有花2～7朵簇生于苞片腋部，侧向伸出的花序长1.5～18厘米，具1～3节，或缺；花杂性；花梗粗壮，长0.3～2厘米，密生短柔毛；萼片4，蓝紫色、蓝色至近白色，内面光滑，外面密被短柔毛，上部展开部分长8～15（～20）毫米，宽4～7（～12）毫米，椭圆形或长椭圆形，反卷，直立的下部长8～12毫米，宽2～3.5毫米；雄蕊12～20枚，长9～12毫米，花丝长3～5毫米；心皮20～30，长5～7毫米。瘦果椭圆形，长3毫米，宿存花柱长1.4～2厘米，羽毛状。花期7—9月。

分布于河北北部、江苏东北部、辽宁、山东东部；生于海拔80～1400米的山坡灌丛、林下或溪畔。朝鲜也有。模式标本采自中国北部，新种由俄国植物学家图克扎尼诺夫（N.S. Turczaninov，缩写Turcz.）发表于1837年。照片2017年7月30日摄于雾灵山仙人塔沟。

棉团铁线莲

Clematis hexapetala Pall.

又称山蓼。毛茛科铁线莲属。直立草本。高 30 ~ 100 厘米。老枝圆柱形，有纵沟。叶片近革质，单叶至复叶，叶片一至二回羽状深裂，裂片线状披针形，长圆状披针形至椭圆形，或线形，长 1.5 ~ 10 厘米，宽 0.1 ~ 2 厘米，全缘。花序顶生，聚伞花序，或为总状、圆锥状聚伞花序，有时单花；花直径 2.5 ~ 5 厘米；萼片 4 ~ 8，通常 6，白色，长椭圆形或狭倒卵形，长 1 ~ 2.5 厘米，外面密生绵毛，花蕾时似棉花球；雄蕊多数，无毛。瘦果倒卵形，扁平，密生柔毛，宿存花柱长 1.5 ~ 3 厘米。花期 6—8 月；果期 7—10 月。

东亚北部广布种；在我国分布于华北、东北及甘肃东部、陕西等地；生于山坡草地、干山坡及固定沙丘上。北京山区较常见。照片 2006 年 7 月 14 日摄于海坨山小海坨山梁。

槭叶铁线莲

Clematis acerifolia Maxim.

又俗称岩花。毛茛科铁线莲属。直立小灌木。根木质，粗壮。老枝外皮灰色，有环状裂痕。叶为单叶，与花簇生；叶片五角形，长 3～7.5 厘米，宽 3.5～8 厘米，基部浅心形，通常为不等的掌状 5 浅裂；叶柄长 2～5 厘米。花 2～4 朵簇生；花梗长达 10 厘米；花直径 3.5～5 厘米；萼片 5～8，开展，白色或带粉红色，长达 2.5 厘米，宽达 1.5 厘米；无花瓣；雄蕊多数；心皮多数，分生，被毛。瘦果。花期 4 月；果期 5—6 月。

特产于北京西部和西南部，河北太行山区等地也有分布；生于石灰岩山地岩壁上和近旁土地上。模式标本采自北京西部；马克西莫威茨 1879 年发表的新种。北京市一级重点保护植物。照片 2010 年 4 月 23 日（上）和 2017 年 4 月 15 日（下）摄于门头沟低山岩壁上。

北乌头

Aconitum kusnezoffii Reichb.

又称草乌。毛茛科乌头属。多年生草本。块根圆锥形，长 2.5～5 厘米。植株高 80～150 厘米，无毛。茎中部叶的叶片五角形，长 9～16 厘米，宽 10～20 厘米，3 全裂，中央裂片菱形，渐尖，近羽状深裂，小裂片三角形。花序常分枝，具多数花；花梗长 1.8～5 厘米，小苞片条形；萼片 5，蓝紫色，上萼片盔形，高 1.5～2.5 厘米，侧萼片长 1.4～1.7 厘米；花瓣 2，有长爪，距长 1～4 毫米；雄蕊多数；心皮 4～5。蓇葖长 1～2 厘米。花期 7—10 月。

分布于华北和东北；生于山坡草地和疏林中。俄罗斯西伯利亚地区、朝鲜也有。块根为中药材“乌头”之一。全株含乌头碱等化合物，有剧毒，切忌食用。照片 2007 年 9 月 4 日摄于海坨山南麓山谷（上）；2008 年 9 月 13 日摄于云蒙山森林公园（下）。

华北乌头

Aconitum soongaricum var. **angustius**
W.T.Wang

毛茛科乌头属，准噶尔乌头的变种。多年生草本。块根2，长2～3厘米。茎高80～120厘米，分枝，无毛。叶片五角形，长6～9厘米，宽9～12厘米，3全裂，裂片细裂，小裂片条形或狭条形，宽1.5～3.5毫米。总状花序长达30厘米，具7～30朵花，无毛；花梗长1.5～3厘米，小苞片钻形；萼片5，蓝紫色，上萼片盔形，无毛，自基部至喙长约1.5厘米；花瓣2，无毛；雄蕊多数；心皮3，无毛。蓇葖果。花期7—8月。

分布于山西、河北和内蒙古；生于海拔1980～3000米的山地草坡。模式标本采自恒山。植物体含剧毒物质，食草动物拒食，东灵山东坡海拔约2200米的较平坦处有大片分布。该变种定名人是中国植物分类学家王文采教授。照片2009年7月30日摄于东灵山东坡近绝顶处。

野外须知

剧毒植物之家——乌头属

毛茛科乌头属有350种以上，主产于北半球温带；中国有乌头属植物167种以上，主要分布于西南地区，北京有大约10种及变种。多年生、二年生或一年生草本。有块状或粗厚的根；叶常掌状分裂。花多蓝色、紫色，有时白色和黄色，左右对称；总状花序或圆锥花序；萼片5，花瓣状，上面1片大而呈帽状或头盔状；花瓣2～5，小；雄蕊多数；心皮3～5；蓇葖果。乌头属植物多有剧毒，含有乌头碱等多种毒性化合物。在中国传统医学中，“乌头”被称为“剧毒圣药”；在西南等地自古有用乌头毒箭猎取野兽的习俗。因此，在野外活动中，不要随意接触这类植物，更不能作野菜食用！

高乌头

Aconitum sinomontanum Nakai

又称穿心莲乌头。毛茛科乌头属。多年生草本，具直根。茎高 60～150 厘米。基生叶 1，与下部茎生叶均具长 30～50 厘米的叶柄；叶片肾形，长 12～14.5 厘米，宽 20～28 厘米，3 深裂，中央裂片菱形，渐尖，中部以上具不等大的三角形小裂片和锐牙齿，侧生裂片较大，不等 3 裂；上部叶片较小，叶柄极短。总状花序顶生及腋生，长 20～50 厘米，密被反曲的微柔毛；花序下部的花梗长 2～5.5 厘米，向上花梗渐短，长仅 0.5 厘米；小苞片生花梗的中部或上部，狭条形；萼片 5，蓝紫色至深紫色，上萼片圆筒状囊形，高 1.6～3 厘米，中上部略细，侧萼片扁圆，下萼片卵圆形；花瓣 2，具长爪；雄蕊多数；雌蕊心皮 3。蓇葖果 3 枚，各长 1.1～1.7 厘米。花期 6—9 月。

分布于河北、山西、河南西部、陕西、甘肃、青海、湖北西部、四川、贵州等地；生于山地林下、林缘及灌丛中。模式标本采自小五台山。北京百花山海拔 1500 米以上山谷阔叶林和山顶落叶松林下可见。根可入药，但含高乌头碱等有毒物质，需慎用。照片 2006 年 7 月 3 日摄于雾灵山山顶草地。

两色乌头

Aconitum alboviolaceum Kom.

毛茛科乌头属。多年生草本。茎缠绕，长 1～2.5 米，疏生反曲的微柔毛。叶具柄；叶片五角状肾形，长 6.5～9.5 厘米，宽 9.5～17 厘米，3 深裂稍过中部，中央裂片菱状倒梯形或宽菱形，裂片再浅裂，具粗牙齿，侧生裂片不等地 2 裂。总状花序具 3～8 花，密被伸展的短柔毛；花梗长 5～9 毫米；小苞片生于花梗的基部或中部，条形；萼片 5，淡紫色或近白色，被柔毛，上萼片圆筒形，高 1.3～1.9 厘米，上端膨大、后曲；花瓣 2，具长爪，无毛，距拳卷，比瓣片长；雄蕊多数；心皮 3。花期 7—8 月。

分布于东北和河北；性喜较阴湿和土壤腐殖质较丰富的环境，生于山地林下和沟谷灌丛中。照片 2009 年 7 月 29 日摄于门头沟小龙门南大沟（上、中）；2017 年 7 月 30 日摄于雾灵山仙人塔沟（下）。

牛 扁

Aconitum barbatum var. **puberullum** Ledeb.

毛茛科乌头属，细叶黄乌头的变种。多年生草本。具根茎。高60～110厘米。基生叶1～5，与下部的茎生叶具长柄；叶片圆肾形，长5.5～15厘米，宽10～20厘米，3全裂，中央裂片菱形，在中部3裂，二回裂片具狭卵形小裂片。总状花序长10～70厘米；花梗长3.5～14毫米，小苞片生于花梗中部，条形；萼片5，淡黄绿色，上萼片圆筒形，高1.9～2.2厘米，粗4～5毫米；花瓣2，具长爪，距与瓣片近等长；雄蕊多数；心皮3；蓇葖果3，长约8毫米。花期7—8月。

分布于华北和新疆东部；生于山地林中或林边草地。北京海拔800米以上山地较常见。有毒植物，勿食用。照片2014年8月5日摄于百花山山顶林缘。

翠　雀

Delphinium grandiflorum L.

又俗称猫眼花、马刺花。毛茛科翠雀属。多年生草本。茎高35～65厘米。基生叶和茎下部叶具长柄；叶片多圆肾形，长2.2～6厘米，宽4～8厘米，三全裂，裂片再细裂，小裂片条形。总状花序具3～15朵花，花序轴和花梗被微柔毛；小苞片条形或钻形；萼片5，蓝色或紫蓝色，长1.2～1.5（～1.8）厘米，距通常较萼片稍长，钻形，长1.7～2.3厘米；花瓣2，有距，伸于萼距内；退化雄蕊2，瓣片状，宽倒卵形，微凹，有黄色髯毛；雄蕊多数；心皮3。花期7—9月。

分布于东北、华北、四川及云南北部；蒙古、俄罗斯西伯利亚地区也有。生于山地草坡。北京中高海拔山区有分布。照片2008年9月3日（上）和2014年8月5日（下）分别摄于百花山中部和东部山顶草地、林缘。

翠雀属 毛茛科。约300种，分布于北温带；中国有113种左右，各地均有，主产于西南和西北。有些可供庭园观赏。多年生草本；叶掌状分裂。花两侧对称，排成穗状或总状花序；萼片5，后面一枚延长成一长距；花瓣2，有伸于萼距内的距；退化雄蕊2，有爪，雄蕊多数；雌蕊1～5，有胚珠多颗。果为一蓇葖果。

耧斗菜

Aquilegia viridiflora Pall.

又称紫花耧斗菜。毛茛科耧斗菜属。多年生草本。根圆柱形。茎高15～50厘米，上部常分枝，被短柔毛和腺毛。基生叶为二回三出复叶；小叶楔状倒卵形，长1.5～3厘米，3裂，裂片常具2～3圆齿；叶柄长达18厘米；茎生叶较小。花序具3～7花；花梗长2～7厘米；萼片5，黄绿色或褐紫色，卵形，长1.2～1.5厘米；花瓣5，与萼片同色或略深，瓣片顶端近截形，具距，距长1.2～1.8厘米，直或稍弯；雄蕊伸出花冠外，多数，长达2厘米；子房密生腺毛，花柱与子房近等长。花期4—5月。

分布在华北、东北、山东、陕西、甘肃、宁夏及青海东部；生于山地路边、疏林下或河边湿草地。俄罗斯西伯利亚地区也有。本种花形较奇特，长距内有蜜腺，只有喙长适宜的昆虫才能食到蜜汁，并为同种异花之间传授花粉，从而保证了异花传粉的高效和精准。照片2007年4月28日摄于松山保护区“回音壁”路旁溪水边（上）；2009年4月15日摄于门头沟东山村南部山谷（下）。

耧斗菜属 毛茛科。约70种，产于北温带；中国有13种，分布于西南至西北、东北。花奇特、美丽。多年生草本；叶为二至三回三出复叶。萼片5，辐射对称；花瓣5，向后延长成一长距，稀无距；雄蕊多数；雌蕊5，分离，有胚珠多颗。蓇葖果5，直立。其属名Aquilegia来自拉丁词aquilegus，意为“取水者”，说明有的种类生于水边，花朵垂向水面，似取水者；也有一种解释认为与Aquila（雕属）有关，因有的种花瓣上的距似雕爪。

华北耧斗菜

Aquilegia yabeana Kitagawa

毛茛科耧斗菜属。多年生草本。茎高达 60 厘米，上部密生短腺毛。基生叶具长柄，为一至二回三出复叶；小叶菱状倒卵形，宽菱形或宽卵形，长 2.5～5 厘米，宽 2.5～4 厘米，3 浅裂或 3 深裂；茎生叶较小。花下垂，美丽；萼片 5，紫色，狭卵形，长 1.6～2.6 厘米；花瓣 5，与萼片同色，瓣片长约 1.2 厘米，顶端截形，后部具距，距长约 1.7 厘米，末端变狭，向内弯曲；雄蕊多数，长达 1.2 厘米；退化雄蕊长约 5.5 毫米；心皮 5，子房密生短腺毛。蓇葖果长约 1.7 厘米，具宿存花柱。花期 5—7 月。

分布于辽宁、河北、山西、陕西、山东及河南西部、湖北西北部；生于山地草坡、林缘及疏林下。模式标本采自小五台山。北京山地较常见。照片 2008 年 5 月摄于百花山（上、下）；2017 年 6 月摄于雾灵山（中）。

花距——昆虫的美食洞穴

被子植物许多虫媒花都有花距结构，在这种较狭长的囊的底部有蜜腺，可分泌蜜汁，供传粉昆虫食用。作为回报，昆虫为花传送花粉。

白头翁

Pulsatilla chinensis (Bunge) Regel

又俗称老冠花、将军草、大碗花。毛茛科白头翁属。多年生草本。植株高 15～35 厘米。根状茎粗 0.8～1.5 厘米。基生叶 4～5，通常在开花时刚刚生出，有长柄；叶片宽卵形，长 4.5～14 厘米，宽 6.5～16 厘米，三全裂，中裂片宽卵形，三深裂；叶柄长 4.5～14 厘米，密被柔毛。花葶有柔毛，花单生于花葶顶端，两性；苞片 3，基部合生为长 3～10 毫米的筒，3 深裂，裂片线形，背面密被长柔毛；花梗长 2.5～5.5 厘米，结果时长达 23 厘米；花直立；花萼蓝紫色，萼片长圆状卵形，长 2.8～4.4 厘米，宽 0.9～2 厘米，背面有密柔毛；无花瓣；雄蕊多数，长约为萼片之半；雌蕊心皮多数，子房有 1 胚珠，花柱长，丝形，有柔毛。聚合果球形，直径 9～12 厘米；瘦果纺锤形，扁，长 3.5～4 毫米，有长柔毛，宿存花柱长 3.5～6.5 厘米，有向上斜展的长柔毛。花果期 4—6 月。

分布于东北、华北、四川、陕西、甘肃、河南、湖北北部、山东、江苏、安徽等地；生于平原和低山山坡草丛中、林边或干旱多石的坡地。朝鲜、俄罗斯远东地区也有。北京低山区较常见。根状茎可药用；全株有毒，对皮肤、黏膜有强烈刺激作用；煎剂有抑菌作用。照片 2007 年 4～5 月摄于西山（上、中）和松山保护区（下）。

兴安升麻

Cimicifuga dahurica (Turcz.) Maxim.

又称北升麻。毛茛科升麻属。多年生草本。具根状茎。茎高 1 米左右。下部茎生叶为二或三回三出复叶；小叶宽菱形或狭卵形，长 5～10 厘米，宽 3.5～9 厘米，边缘有不规则锯齿；叶柄长达 17 厘米。花白色，雌雄异株。雄花序长达 30 厘米，具分枝 7～10 条；雌花序稍短，具较少分枝；花序轴和花梗密生腺毛和短柔毛；萼片 5，宽椭圆形或倒卵形，长 3～3.5 毫米；退化雄蕊上部 2 叉状分裂；雄蕊多数；心皮 4～7，具短柄。蓇葖果长 7～8 毫米。花期 7—8 月。

分布于东北、华北；生于山地林中或林缘。蒙古和俄罗斯西伯利亚地区也有。根状茎可入药，有解毒和解热作用。照片 2014 年 8 月 5 日摄于百花山东部山脊路旁林下。

蝙蝠葛

Menispermum dauricum DC.

又称山豆根。防己科蝙蝠葛属。缠绕性落叶木质藤本。茎长可达 13 米；小枝带绿色，有纵条纹。单叶互生，叶片圆肾形或卵圆形，长宽均 7～10 厘米，先端尖，基部浅心形或近于截形，边缘近全缘或 3～7 浅裂，无毛，背面苍白色，掌状脉 5～7 条；叶柄盾状着生，长 6～12 厘米。花单性，雌雄异株；圆锥花序腋生；雄花序总花梗长 3 厘米，花梗长约 5 毫米；花黄绿色；雄花：萼片 6 枚左右，覆瓦状排列；花瓣 6～8，较萼片小；雄蕊 12 或更多。果实核果状，直径 8～10 毫米，黑紫色。花期 5—6 月；果期 7—8 月。

分布于东北、华北、华东等地；生于山地林缘、路旁、灌木丛中或攀缘于岩石上。蝙蝠葛有一定观赏价值，可作垂直绿化植物栽培；其根和茎入药。照片 2007 年 5 月 25 日摄于北京西山（上）；2015 年 5 月 26 日摄于八达岭森林公园山谷中（下）。

细叶小檗

Berberis poiretii Schneid.

又称三颗针。小檗科小檗属。落叶灌木，高1～2米。枝灰褐色，有槽及疣状突起；刺三分叉，长4～9毫米，或不分叉或无刺。单叶，簇生于节上，狭倒披针形，长1.5～4.5厘米，宽5～10毫米，顶端急尖、渐尖或有短刺尖头，基部渐狭，无柄，全缘或下部叶边缘有锯齿。总状花序有时近伞形，长3～6厘米，有花4～15朵；花黄色，直径约6毫米；花梗长3～6毫米；小苞片2，披针形；萼片6，花瓣状，排列成2轮；花瓣倒卵形，长约2.5毫米，宽1.5毫米，较萼片稍短；雄蕊6，长约1.5毫米。浆果红色，矩圆形，长约9毫米。花期5—6月；果期8—9月。

分布于东北、华北、陕西、青海；生于山坡；路旁或溪边。俄罗斯、蒙古也有。根和茎含小檗碱，可为制黄连素的原料。照片2008年6月7日摄于门头沟京西古道（上）；2006年8月24日摄于海坨山南麓山谷（下）。

小檗属 小檗科。约500种，分布于南北美洲、亚洲、欧洲及非洲；中国约有250种，大部分产于西部和西南部。灌木；木材和内皮黄色；枝有刺，为叶变态而成；单叶，叶片与叶柄接连处有关节。花黄色，单生、丛生或为下垂的总状花序；萼片6，下有小苞片2～3；花瓣6，基部常有腺体2；雄蕊6，有敏感，触之即向上弹出花粉，花药活板状开裂。浆果，有种子一至数颗。

类叶牡丹

Caulophyllum robustum Maxim.

又称红毛七、葳严仙。小檗科类叶牡丹属。多年生草本，高40～70厘米。叶互生，二至三回三出复叶；小叶片卵形、长椭圆形或阔披针形，长6～7厘米，全缘，有时2～3裂，上面绿色，下面灰白色，两面无毛，具三出脉；顶生小叶有短柄，侧生小叶无柄或有短柄。圆锥花序顶生；花黄绿色，直径7～8毫米；苞片3～6；萼片6，大型，花瓣状，匙形；花瓣6，小扇形，蜜腺状；雄蕊6；雌蕊1，子房1室，有2胚珠。花后子房开裂，露出2球形种子；种子长8毫米，成熟时蓝色，有肉质假种皮。花期5—6月。

分布于东北、华北、陕西、甘肃、西南、华中、安徽、浙江；生于山地林下或山谷阴湿处。俄罗斯、日本也有。北京延庆、怀柔、密云等地深山区可见。北京市重点保护植物。该种含多种生物碱和皂甙，有潜在的药用价值。照片2011年5月摄。

类叶牡丹属 小檗科。3种，分布于北温带；中国有1种，产于西南、西北至东北部。草本；有块状根状茎；叶为二至三回三出复叶，裂片稍厚，茎叶少数。花黄色、红色或黄绿色，排成圆锥花序；萼片6～9枚，花瓣状；花瓣6枚，短小，蜜腺状；雄蕊6枚，分离，花药顶部2活瓣开裂；心皮1枚。蒴果。

野罂粟

Papaver nudicaule L.

又称山罂粟、山大烟。罂粟科罂粟属。多年生草本，高 20～60 厘米。茎极短缩。叶全部基生，叶片轮廓卵形至披针形，长 3～8 厘米，羽状浅裂、深裂至全裂，裂片 2～4 对，全缘或再次浅裂至深裂，两面被毛；叶柄长 5～12 厘米，基部扩大成鞘。花葶一至数枚，直立，被毛。花单生于顶部；花蕾密被褐色刚毛，通常下垂；萼片 2，早落；花瓣 4，黄色，有时下部有红晕，瓣片宽楔形或倒卵形，长 2～3 厘米，边缘具浅波状齿；雄蕊多数，花丝长 6～10 毫米，黄色，花药长圆形；雌蕊倒卵形，无花柱，柱头 4～8，辐射状。蒴果孔裂；种子多数。花期 5—8 月。

分布于华北、黑龙江、陕西、宁夏、新疆等地；两半球的北极地区以及中亚、北美也有。生于山坡草地、林缘、疏林下。北京西北部高海拔山地较常见。照片 6—8 月摄于东灵山、海坨山和百花山海拔 1800 米以上山坡草地。

罂粟属 罂粟科。约 100 种，主产于欧洲至亚洲温带，美洲、大洋洲和非洲南部也有；中国有 7 种、3 变种。分布于北部各地。多数种类可供观赏，如虞美人；有些种有药用价值。草本，含白色乳液；茎通常被刚毛；叶多基生，羽状分裂，两面被刚毛。花多为单生；花葶直立，通常被刚毛；花蕾下垂；萼片 2，稀 3 枚，开花前脱落；花瓣多为 4，稀 5 或 6；雄蕊多数；子房上位，1 室，胚珠多数，无花柱，柱头 4～18，辐射状。蒴果，于辐射状柱头下孔裂。

白屈菜

Chelidonium majus L.

又俗称土黄连、断肠草。罂粟科白屈菜属。多年生草本，具金黄色汁液。茎高 30～60 厘米，分枝。叶互生，长达 15 厘米，羽状全裂，裂片 2～4 对，不规则深裂，深裂片边缘具不整齐缺刻，上面近无毛，下面疏生短柔毛，有白粉。花数朵，近伞状排列；苞片小，卵形，长约 1.5 毫米；花梗长 2～8 厘米，幼时被长柔毛；萼片 2，疏生柔毛，早落；花瓣 4，黄色，倒卵形，长约 1 厘米，无毛；雄蕊多数，花丝黄色，长约 8 毫米；雌蕊无毛，子房线形，长约 8 毫米，绿色，花柱长约 1 毫米，柱头 2 裂。蒴果条状圆柱形，长达 3.2～5 厘米，宽 3 毫米；种子卵球形，长约 1 毫米。花果期 4—9 月。

分布于我国大部分省区；生于海拔 2200 米以下山坡、山谷、林缘草地、沟边、路旁。东北亚其他国家和地区及欧洲也有分布。植物体含白屈菜碱、前鸦片碱、小檗碱等多种生物碱，有毒，入药有镇痛、止咳、消肿等作用。北京各地较常见。白屈菜属有 5 种，中国均产，其中白屈菜最常见。照片 2007 年 5 月摄于北京西山。

地丁草

Corydalis bungeana Turcz.

又称苦地丁、地丁、紫花地丁。紫堇科紫堇属。二年生草本，高 10～50 厘米。茎自基部铺散分枝，灰绿色，具棱。基生叶多数，二至三回羽状全裂；茎生叶与基生叶同形。总状花序；苞片叶状，长于花梗；花梗长 2～5 毫米；萼片小，常早落；花冠粉红色至淡紫色，平展；外花瓣顶端下凹，具浅鸡冠状突起，边缘具浅圆齿；上花瓣长 1.1～1.4 厘米；距长 4～5 毫米，稍向上斜伸，末端囊状膨大；内花瓣顶端深紫色。蒴果狭椭圆形，长 1.5～2 厘米，宽 4～5 毫米，种子 2 列。花期 4—5 月。

分布于吉林、辽宁、华北、山东、河南、陕西、甘肃、宁夏、湖南、江苏；生于海拔 1500 米以下平原、山地。蒙古、朝鲜、俄罗斯远东地区也有。植物体含有多种生物碱等有效物质，其制剂有抗菌和抑制病毒等作用。

小黄紫堇

Corydalis raddeana Regel

又称黄花地丁。紫堇科紫堇属。一年生草本，高 60～90 厘米。茎直立，常自下部分枝。叶轮廓三角形，二或三回羽状全裂，小裂片倒卵形、菱状倒卵形或卵形，全缘。总状花序长 5～9 厘米，有花 5～20 朵，排列疏松；苞片长 2～10 毫米，宽 1.5 毫米，有时基部苞片 3 裂；花梗长 1.5～4 毫米；萼片小，长约 1 毫米；花瓣黄色，上花瓣长 1.8～2 厘米，背部鸡冠状突起高 1～1.5 毫米，超出先端并向后延伸；距长 6～12 毫米，直或稍向下弯。蒴果圆柱形，长 1.5～2.5 厘米，种子 1 列。花果期 6—10 月。

分布于东北、华北、河南、陕西、甘肃、山东、浙江、台湾等地；生于山地林下或水边。东北亚其他国家和地区也有。照片 2006 年 8 月 24 日摄于海坨山南麓山谷。

小药八旦子

Corydalis caudata (Lam.) Pers.

又称土元胡、北京元胡。紫堇科紫堇属。多年生草本，高约10～20厘米。块茎圆球形或长圆形，长8～20毫米，宽8～12毫米。茎基以上具1～2鳞片。叶一回或二回或三回三出，具细长的叶柄和小叶柄；小叶圆形至椭圆形，有时浅裂，长9～25毫米，宽7～15毫米。总状花序具3～8花，疏离，苞片卵圆形或倒卵形，下部的较大，约长6毫米，宽3毫米；花梗长于苞片，下部的长达15～25毫米；萼片小，早落；花蓝色、紫蓝色或淡紫色，刚开时颜色较深，后渐浅；上花瓣长约2厘米，瓣片较宽展，顶端微凹，有时有小凸尖，距圆筒形，直或弧形上弯，长1.2～1.4厘米，蜜腺体贯穿距长的3/4，顶端钝；下花瓣长约1厘米，瓣片宽展，微凹，有浅钝齿，基部具宽大的浅囊；内花瓣长7～8毫米；柱头四方形，上端具4乳突，下部具2尾状的乳突。蒴果卵圆形至椭圆形，长8～15毫米。花期4月。

分布于华北、山东、江苏、安徽、湖北、陕西和甘肃东部；生于海拔100～1200米的山坡或林缘。模式标本采自北京。一种十分可人的小草，适于在园林中作地被植物栽培。照片2017年4月11日（上、下）和2008年4月7日（右页）摄于北京西山山谷疏林下。

齿瓣延胡索

Corydalis turtschaninovii Bess.

又俗称蓝雀花、蓝花菜。紫堇科紫堇属。多年生草本，高 10 ~ 30 厘米。块茎圆球形，直径 1 ~ 3 厘米。茎多少直立或斜伸，通常不分枝。茎生叶通常 2 枚，二回或近三回三出，末回小叶变异极大，有全缘的，有具粗齿和深裂的，有篦齿状分裂的，裂片宽椭圆形，倒披针形或线形，钝或具短尖。总状花序具 6 ~ 20 朵花；苞片楔形、篦齿状多裂，稀分裂较少，均与花梗等长；花梗花期长 5 ~ 10 毫米，果期长 10 ~ 20 毫米；萼片小，不明显；花冠蓝色、白色或紫蓝色，外花瓣宽展，边缘常具浅齿，顶端下凹，钝或具短尖；上花瓣长 2 ~ 2.5 厘米，距直或顶端稍下弯，长 1 ~ 1.4 厘米，蜜腺体占距长的 1/3 至 1/2，末端钝；内花瓣长 9 ~ 12 毫米；柱头扁四方形，顶端具 4 乳突，基部下延成 2 尾状突起。蒴果线形，多少扭曲，长 1.6 ~ 2.6 厘米，具 1 列种子。花期 4—5 月。

分布于东北、内蒙古东北部、河北北部；生于林缘和林间空地。朝鲜、日本、俄罗斯远东地区东南部也有。该新种由 Besser（缩写 Bess.）于 1834 年发表。“延胡索”是传统中草药；现代科学证明这类植物块茎含延胡索甲素和乙素等多种生物碱，有药用价值。齿瓣延胡索的叶和花观赏价值较高，引起园艺学家的关注，在国外园林中已引种栽培。照片 2008 年 5 月 2 日摄于延庆西大庄科村旁山谷溪畔。

珠果黄堇

Corydalis speciosa Maxim.

又称狭裂珠果黄堇。紫堇科紫堇属。多年生草本，高 40～60 厘米。下部茎生叶具柄，上部的叶近无柄；叶片长约 15 厘米，狭长圆形，二回羽状全裂，一回羽片约 5～7 对，二回羽片约 2～4 对，卵状椭圆形，约长 1～1.5 厘米，宽 5～8 毫米，羽状深裂，裂片线形至披针形，具短尖。总状花序生于茎和枝的顶端，长约 5～10（～19）厘米，花密而多；苞片披针形至菱状披针形，具细长的顶端，约与花梗等长或稍长。花梗长约 7 毫米，果期下弯；花黄色，近平展或稍俯垂；萼片小，近圆形，直径约 1 毫米；外花瓣较宽展，通常渐尖，近于具短尖，或近于微凹，无鸡冠状突起；上花瓣长 2～2.2 厘米；距约占花瓣长的 1/3，背部平直，腹部下垂，末端囊状，略弯曲；下花瓣长约 1.5 厘米，基部多少具小瘤状突起；内花瓣长约 1.3 厘米，顶端微凹，具短尖和粗厚的鸡冠状突起；雄蕊束披针形较狭；柱头呈二臂状横向伸出，顶端各具 3 乳突。蒴果线形，长约 3 厘米，熟时俯垂，呈念珠状，具 1 列种子。花果期 4—5 月。

分布于东北、河北、山东、河南、江苏、江西、浙江、湖南；生于林缘、路边或水边多石地。俄罗斯远东地区、朝鲜、日本也有。模式标本采自黑龙江流域北侧。

照片 2007 年 4 月 27 日摄于松山保护区路边多石草地。

黄 堇

Corydalis pallida (Thunb.) Pers.

又称山黄堇。紫堇科紫堇属。多年生草本，高 20～60 厘米。茎一至多数，发自基生叶腋，具棱，常上部分枝。基生叶多数，莲座状，花期枯萎；茎生叶稍密集，下部具柄，上部的近无柄；叶片二回羽状全裂，一回羽片约 4～6 对，具短柄至近无柄，二回羽片无柄，卵圆形至长圆形，顶部的较大，约长 1.5～2 厘米，宽 1.2～1.5 厘米，三深裂，裂片边缘具圆齿状裂片，裂片顶端圆钝，侧生的羽片较小，常具 4～5 圆齿。总状花序顶生和腋生，有时对叶生，长约 5 厘米，疏具多花；苞片披针形至长圆形，具短尖，约与花梗等长。花梗长 4～7 毫米；花黄色至淡黄色，较粗大，平展；萼片小，近圆形，直径约 1 毫米；外花瓣顶端勺状，无鸡冠状突起，或有时仅上花瓣具浅鸡冠状突起；上花瓣长 1.7～2.3 厘米；距约占花瓣全长的 1/3，背部平直，腹部下垂，稍下弯；下花瓣长约 1.4 厘米；内花瓣长约 1.3 厘米，具鸡冠状突起，爪约与瓣片等长；雄蕊束披针形。蒴果线形，长 2～4 厘米，宽约 2 毫米，念珠状，斜伸至下垂，具 1 列种子。花果期 4—8 月。

分布于东北、华北、山东、河南、陕西、湖北、安徽、江苏、江西、浙江、福建、台湾；生于林间、林缘、河岸或多石地。俄罗斯远东地区、朝鲜、日本也有。

照片 2007 年 5 月 15 日摄于松山保护区溪水旁（上）；2009 年 5 月 5 日摄于门头沟双龙峡（下）。

构　树

Broussonetia papyrifera (L.) L'Hérit.ex Vent.

又称楮树。桑科构属。落叶乔木，高达 20 米。具乳汁。叶互生，宽卵形或长椭圆状卵形，长 6～18 厘米，宽 5～9 厘米，先端渐尖，基部心形或偏斜，边缘具粗锯齿，不裂或 3～5 裂，上面有粗毛，基脉 3 出，侧脉 7～8 对；叶柄长 2.5～8 厘米。花单性，雌雄异株，无花瓣；雄花序为柔荑花序，长 6～8 厘米，萼 4 裂，雄蕊 4；雌花序头状，径 1.2～1.8 厘米。聚花果球形，径 1.5～3 厘米，肉质，熟时橙红色。花期 4—5 月；果期 8—9 月。

广布于华北至华南各地；日本、越南、印度也有。该树种适应性强，不择土壤，萌芽性强，速生，耐烟尘，是城乡优良的绿化树种。北京城近郊区自然生长者极多。构树茎皮纤维长，洁白，为我国传统的造纸良材。茎、叶含鞣质，果可食。左图为构树的雄花序。

构属 桑科。4 种，分布于亚洲东部及太平洋岛屿；中国有构树、小构树 B. kazinoki 等 3 种。落叶乔木、灌木或蔓生灌木；具乳汁；叶互生，叶片具锯齿或多裂，基出 3 脉；托叶早落。花单性雌雄异株，稀同株；雄柔荑花序下垂，萼 4 裂，雄蕊 4；雌头状花序具宿存苞片，花被管状，3～4 齿裂，宿存。聚花果球形，肉质，由多数橙红色小核果组成。

核桃楸

Juglans mandshurica Maxim.

又称胡桃楸。胡桃科胡桃属。落叶乔木，高达 20（～30）米，胸径可达 80 厘米。树皮灰色或暗灰色，纵裂。小枝粗，灰色，被淡黄色毛。奇数羽状复叶，互生，小叶 9～19，近无柄，小叶片长圆形，长 6～18 厘米，先端尖，基部圆形，边缘具细锯齿，幼叶被毛。花单性，雌雄同株。雄花结成柔荑花序，发育成熟后长 10～27 厘米，具极多数花，簇生于去年枝叶腋；花被 1～4，雄蕊 8～40 枚。雌花序穗状，生于枝顶，长 3～6.5 厘米，花序轴密被柔毛，具花 5～10 朵；花被 4 裂，子房下位，1 室，1 胚珠，柱头羽状，暗红色。核果，卵形或近球形，先端尖，绿色，果皮肉质；果核长卵形或长椭圆形，长 2.5～5 厘米，先端锐尖，有 8 条纵棱及凹窝。花期 5 月；果期 9 月。

分布于东北、华北、河南、山东；喜光照充足和凉爽湿润的环境，常生于溪水边、宽阔山谷的下部。俄罗斯远东地区、朝鲜、日本也有。珍贵用材树种。大型羽状复叶、花序及果实均耐观赏。北京市重点保护植物。照片 2007 年 4 月 28 日（上）和 5 月 15 日（下）摄于松山保护区溪畔。

榛

Corylus heterophylla Fisch.ex Bess.

又称榛子、平榛。榛科榛属。落叶灌木或小乔木，高 1～7 米。单叶互生，叶片圆卵形至宽倒卵形，长 4～13 厘米，先端骤尖，基部心形，边缘有不规则重锯齿，在中部以上特别先端常有小浅裂；叶柄长 1～2 厘米。花单性，雌雄同株，柔荑花序。雄花序 2～7 个排成总状，腋生，密被粗绒毛；苞片棕黄色，宽三角形，先端尖。果 2～6 簇生或单生，果苞钟状，具纵纹，密被细毛。边缘浅裂，稀缺裂；坚果近球形，密被细绒毛，顶部密被粗毛。花期 4—5 月；果期 9 月。

分布于东北、华北、山东、河南、陕西、甘肃、宁夏；喜光，耐干旱瘠薄，常成片生于荒野、山坡林缘、灌丛。俄罗斯、朝鲜、日本也有。北京山区常见。重要的油料及干果树种。照片 2006 年 4 月 15 日摄于延庆西大庄科。

榛属 榛科。约 20 种，分布于北温带；中国有 8 种，产于东北至西南各地。落叶乔木或灌木；单叶互生，叶缘具齿。花单性，雌雄同株，柔荑花序，风媒花；雄花序圆柱状，下垂，无花被，每苞片具 4～8 雄蕊；雌花序为芽鳞包被，仅红色花柱外露，雌花成对生于苞片腋部，有小花被。坚果近球形，全部或大部分被果苞所包被。

商 陆

Phytolacca acinosa Roxb.

商陆科商陆属。多年生草本，高0.5～1.5米，全株无毛。根肥大，肉质，倒圆锥形。茎直立，有纵沟，肉质，绿色或红紫色，多分枝。叶片椭圆形、长椭圆形或披针状椭圆形，长10～30厘米，宽4.5～15厘米；叶柄长1.5～3厘米。总状花序顶生或与叶对生，圆柱状，直立，密生多花；花序梗长1～4厘米；花梗长6～10（～13）毫米；花两性，直径约8毫米；花被片5，粉红色、黄绿色，椭圆形、卵形或长圆形，顶端圆钝，长3～4毫米，宽约2毫米，花后常反折；雄蕊8～10，与花被片近等长，花丝白色，钻形，基部成片状，宿存；心皮通常为8，分离；花柱短，直立，顶端下弯，柱头不明显。果序直立；浆果扁球形，直径7毫米，熟时黑色。花期5—9月；果期6—10月。

我国除东北、内蒙古、青海、新疆外，普遍野生于海拔3400米以下的沟谷、山坡林下、林缘路旁。也栽植于房前屋后及园地中。北京偶见野生。商陆根为古代就已出名的传统中药，但以白色肥大者为佳，红根则有剧毒，仅供外用。

青 葙

Celosia argentea L.

又称野鸡冠花、百日红。苋科青葙属。一年生草本，高30～100厘米，全体无毛。茎直立，有分枝，绿色或红色，具明显条纹。叶互生，叶片矩圆状披针形、披针形或披针状条形，长5～8厘米，宽1～3厘米。绿色常带红色，顶端具小芒尖，基部渐狭；叶柄长2～15毫米，或无柄。穗状花序单生于茎端或枝端，无分枝，呈塔状或圆柱状，长3～10厘米，花多数，密生；苞片及小苞片披针形，长3～4毫米，白色，顶端渐尖，延长成细芒；花被片5，矩圆状披针形，长6～10毫米，初为白色仅顶端带红色，或初为粉红色后成白色，顶端渐尖，具1中脉，在背面凸起；雄蕊5，花丝长5～6毫米，基部连合成环状，上半部分离生；子房1室，花柱1，长3～5毫米，紫色，宿存，柱头头状。胞果卵形，长3～3.5毫米，包裹在宿存花被片内。花期5—9月；果期6—10月。

分布于全国大多数省区；生于平原、丘陵田边、路旁和低山山坡。俄罗斯、朝鲜、日本至东南亚、南亚及非洲热带地区均有。已作为观赏花卉普遍栽培；花穗可制作干花装饰居室。种子可供药用，有清热明目作用。

青葙属 苋科。60种，分布于热带至温带地区；中国有鸡冠花 C. cristata L. 等3种。属名 Celosia 源于希腊词 kelos，意为“火焰”，指花序形态如火焰。

马齿苋科

马齿苋

Portulaca oleracea L.

又称马齿菜。马齿苋科马齿苋属。一年生草本，肉质，无毛。茎带紫色，通常匍匐。叶互生或对生，叶片楔状矩圆形或倒卵形，长 1～2.5 厘米，宽 0.5～1.5 厘米，顶端圆钝或截形，基部楔形，全缘。花 3～5 朵生于茎枝顶端，直径 3～4 毫米，无梗；苞片 4～5，膜质；萼片 2；花瓣 5，黄色；雄蕊 5；子房半下位，1 室，柱头 4～6 裂。蒴果圆锥形，盖裂；种子多数。花期 5—8 月。

世界温带和热带广布；全国各地都有分布。生于田间、地边、路旁，常成片生长。全草可入药，亦可作野菜和饲料。

蒺藜科

蒺　藜

Tribulus terrestris L.

蒺藜科蒺藜属。一年生草本，全体被绢丝状柔毛。茎由基部分枝，平卧，淡褐色，长可达 1 米左右。双数羽状复叶互生，长 1.5～5 厘米；小叶 6～14 对，对生，矩圆形，长 6～15 毫米，宽 2～5 毫米，顶端锐尖或钝，基部稍偏斜，近圆形，全缘。花小，黄色，单生于叶腋；萼片 5；花瓣 5；雄蕊 10，生于花盘基部。果由 5 个分果瓣组成，每果瓣具长短棘刺各一对；背面有短硬毛及瘤状突起。

分布于全国各地，长江以北最普遍；多生于荒地、田间、田边。全球温带地区均有分布。果和嫩茎叶可入药。果形态特异。

大花剪秋萝

Lychnis fulgens Fisch.

又称剪秋萝。石竹科剪秋罗属。多年生草本，高 50～85 厘米。茎单生，直立，上部疏生长柔毛。叶对生，无柄，矩圆形或卵状矩圆形，长 3.5～10 厘米，宽约 3.5 厘米，两面都有柔毛。聚伞花序顶生，有花 3～7 朵；花大，径可达 5 厘米；花萼长筒状，被较密的蛛丝状绵毛，或仅在脉上疏生毛；花瓣片 5，橘黄色、橘红色或深红色，顶部 2 叉状裂，顶端具细齿，两侧各具 1 较短的爪状细裂；雄蕊 10；子房矩圆状圆柱形，花柱 5，丝状。蒴果 5 瓣裂。花期 6—9 月。

分布于东北、华北；朝鲜、日本、俄罗斯也有。北京见于较湿润的山地阔叶林下或林缘草地。照片 2017 年 7 月 8 日摄于怀柔北部较高海拔山地。

剪秋罗属 石竹科。约 12 种，分布于北温带；中国产 7～8 种，分布于长江流域及以北地区。花大而艳丽，可供观赏。多年生草本；叶对生，无托叶；花两性，成二歧聚伞花序或头状花序；花萼筒状棒形，稀钟形，常不膨大，具 10 条凸起的纵脉，萼齿 5，远短于萼筒；花瓣 5，白色、橘黄色至红色，具长爪，瓣片 2 裂至多裂，稀全缘；花冠喉部具 10 片状或鳞片状副花冠；雄蕊 10；雌蕊子房 1 室，花柱 5，离生；蒴果。

卷　耳

Cerastium arvense L.

石竹科卷耳属。多年生草本，高10～35厘米。根状茎细长。茎基部匍匐，上部直立，绿色并常带淡紫红色，下部有下向的柔毛，上部有腺毛。叶片线状披针形或长圆状披针形，长1～2.5厘米，宽1.5～4毫米，有时稍宽，顶端尖，基部抱茎，疏生长柔毛。聚伞花序顶生，有3～7朵花；花梗细，密生白色腺毛；萼片5，披针形，长约6毫米，密生长柔毛；花瓣5，白色，倒卵形，长12～13毫米，顶端2裂达瓣长的1/3；雄蕊10，短于花瓣；花柱5，线形。蒴果长圆形，顶端倾斜，10齿裂。花期5—8月；果期7—9月。

分布于华北、西北及四川；生于海拔1200～2600米的高山草地、林缘或丘陵地带。中欧、北欧至北极地区、中亚至东北亚及北美洲也有。照片2008年6月13日和2007年7月8日摄于东灵山主峰附近。

卷耳属 石竹科。约100种，主产于北温带；中国有17种1亚种3变种，产于北部至西南部。草本；多数被毛；叶对生。二歧聚伞花序顶生；萼片5，稀4，离生；花瓣5，稀4，白色，顶端多2裂；雄蕊10，稀5；子房1室，具多数胚珠，花柱通常5，稀3。蒴果圆柱形，露出宿萼外，顶端裂齿为花柱数的2倍。

叉歧繁缕

Stellaria dichotoma L.

石竹科繁缕属。多年生草本，高15～30（～60）厘米。茎丛生，多次二歧分枝，被腺毛或短柔毛。叶对生，无柄；叶片卵形或卵状披针形，长0.5～2厘米，宽3～10毫米，顶端尖，基部圆形或近心形，微抱茎，全缘，两面被腺毛或柔毛。聚伞花序顶生，具多数花；花梗细，长1～2厘米，被柔毛；萼片5，披针形，长4～5毫米，顶端渐尖，边缘膜质，外面多少被毛；花瓣5，白色，轮廓倒披针形，长约4毫米，2深裂至1/3处或中部，呈叉状；雄蕊10，短于花瓣；子房卵形或宽椭圆状倒卵形，花柱3，线形。蒴果短于宿存萼，6齿裂。花果期5—8月。

分布于黑龙江、辽宁、内蒙古、河北、甘肃、青海、新疆；生于向阳石质山坡、石缝间或固定沙丘，常密生成垫状。俄罗斯东部、蒙古也有。照片2007年6月23日摄于东灵山西坡海拔1800米处（上）；2015年6月25日摄于百花山（下）。

内弯繁缕

Stellaria infracta Maxim.

又称内曲繁缕。石竹科繁缕属。多年生草本。全株被灰白色星状毛。茎铺散俯仰或上升，长 15～50 厘米，分枝。叶对生，叶片披针形或线状披针形，稀狭卵形，长 1.5～3（～5）厘米，宽 0.3～0.5（～0.9）厘米，顶端急尖，基部抱茎，全缘，灰绿色，下面中脉明显凸起。二歧聚伞花序顶生，具多数花，密被星状毛；花梗细，长 3～15 毫米；萼片 5，灰绿色，线状披针形，长 3～4 毫米，宽 1.5 毫米，边缘膜质，顶端急尖，被星状毛；花瓣 5，白色，长略短于或等于萼片，2 深裂达基部；雄蕊 10，短于花瓣；花柱 3。蒴果卵形，长约 4 毫米，微长于宿存萼，6 齿裂。花期 6—7 月；果期 8—9 月。

分布于内蒙古（乌盟）、河北、山西、河南、陕西、甘肃、四川（西部及西北部）；生于较高海拔的草地或石隙。模式标本采自河北。北京房山等地可见。照片摄于 2017 年 6 月 20 日。

繁缕属 石竹科。约 129 种，广布于温带至寒带；中国产 63 种，15 变种和 2 变型，广布于全国。一年生或多年生草本；单叶对生，叶片扁平，全缘，无叶柄或具短柄。花小，两性，多数组成顶生聚伞花序，稀单生于叶腋；萼片 5，稀 4；花瓣 5，稀 4，白色，稀绿色，2 深裂，稀微凹或多裂，有时无花瓣；雄蕊 10，有时 8 或 2～5；子房 1 室，胚珠多数，稀仅数枚；花柱 3，稀 2。蒴果圆球形或卵形，裂齿数为花柱数的 2 倍。属名 Stellaria 源于拉丁词 stella 意为“星”，指花冠放射状如星光闪烁。

林繁缕

Stellaria bungeana var. **stubendorfii** (Regel) Y.C.Chu

石竹科繁缕属，长瓣繁缕的变种。多年生草本，高 50～80 厘米。茎被一列多细胞柔毛。叶对生，叶片卵形、卵状长圆形或卵状披针形，长 4～8 厘米，顶端渐尖，基部近心形、圆形或楔形，两面近无毛，边缘具多细胞缘毛，茎下部叶具短柄，中上部叶无柄。聚伞花序顶生；苞片卵形，具缘毛；花梗长 10～30 毫米，密被腺柔毛；萼片 5，狭卵状长圆形至卵状披针形，长 4～5 毫米，顶端稍钝尖，被软毛；花瓣 5，白色，比萼片稍长，2 深裂几达基部；雄蕊 10，与萼片近等长；花柱 3。蒴果卵圆形，微长于宿存萼，6 瓣裂。花期 4—6 月；果期 7—8 月。

据《中国植物志》26 卷记载：该变种产于吉林浑江、桦甸；生于海拔 1450 米的杂木林下或山坡草丛中。朝鲜、日本、俄罗斯西伯利亚地区以及欧洲也有。北京以往未见有此变种分布的记载。照片 2007 年 5 月 14 日摄于海坨山南麓山谷杂木林下。

长叶繁缕

Stellaria longifolia Muehl.ex Willd.

石竹科繁缕属。多年生草本，高 15～25 厘米，全株无毛。茎丛生，细弱，上升，多分枝，具 4 棱。叶对生，叶片线形，长 1.5～3.5 厘米，宽 1～2 毫米，顶端长渐尖，基部稍狭，全缘，叶腋常生不孕短枝。聚伞花序枝生或腋生；花序梗长 3～6 厘米，无毛；苞片卵状披针形，长 1～2 毫米，顶端长渐尖，白色，有时边缘膜质，具缘毛；花梗纤细，长 1～1.5 厘米，花后长达 2.5 厘米；萼片 5，卵状披针形，长 2.5～3 毫米，花后可长至 4 毫米，边缘膜质；花瓣 5，白色，稍长于萼片，2 裂至近基部，裂片近线形，顶端稍圆钝；雄蕊 10，花丝线形，花药黄色；子房卵状长圆形，花柱 3。蒴果卵圆形，比宿萼长 1.5～2 倍，褐黑色，6 齿裂，具多数种子。花期 6—7 月。

分布于东北、内蒙古东北部、河北、陕西、宁夏；生于海拔 1850 米左右的湿草地、林缘、林下。东北亚、欧洲、北美洲也有。照片 2015 年 6 月摄于百花山西部山脊。

鹅肠菜

Myosoton aquaticum (L.) Moench

又称牛繁缕。石竹科鹅肠菜属。二年生或多年生草本。茎下部匍匐，上部上升，多分枝，长 50～80 厘米，上部被腺毛。叶对生，叶片卵形或宽卵形，长 2.5～5.5 厘米，宽 1～3 厘米，基部稍心形，边缘常波状皱曲，有时具缘毛；叶柄长 5～15 毫米，上部叶常无柄或具短柄。花两性，排成顶生二歧聚伞花序；苞片叶状，边缘具腺毛；花梗细，长 1～2 厘米，花后伸长并下弯，密被腺毛；萼片 5，卵状披针形或长卵形，长 4～5 毫米，果期长达 7 毫米，外面被腺柔毛；花瓣 5，白色，2 深裂至基部，长 3～3.5 毫米；雄蕊 10，稍短于花瓣；子房卵形，1 室，花柱 5，线形。蒴果稍长于宿存萼，5 瓣裂至中部，裂瓣顶端再 2 齿裂。花期 4—8 月。

广布于北半球温带及亚热带。我国南北各地均有；生于灌丛林缘、水边和岩石缝隙中。鹅肠菜属仅此 1 种，模式标本采自荷兰。照片 2017 年 4 月 17 日摄于潭柘寺外。

异花假繁缕

Pseudostellaria heterantha (Maxim.) Pax

又称异花孩儿参。石竹科假繁缕属（孩儿参属）。多年生草本，高 8～15 厘米。块茎纺锤形。茎单一，直立，基部分枝，具 2 列柔毛。茎中部以下叶的叶片倒披针形，顶端尖，基部渐狭成柄；中部以上的叶倒卵状披针形，长 2～2.5 厘米，宽 0.8～1.2 厘米，具短柄或几乎无柄，基部疏生缘毛。开花受精花顶生或腋生；花梗细，长 3～3.5 厘米，被柔毛；萼片 5，披针形，长 3～4 毫米，绿色，外面被毛，边缘具缘毛；花瓣 5（6），白色，长圆状倒披针形，长于萼片，顶端钝圆或急尖；雄蕊 10，短于花瓣，花药紫色；花柱 2～3。闭花受精花腋生；花梗短；萼片 4，披针形，长 2～3 毫米；花柱 2。蒴果卵圆形，直径 3.5～4 毫米，稍长于宿存萼，4 瓣裂。花期 5—6 月。

分布于内蒙古、河北、陕西、安徽、河南、四川、云南、西藏；生于山地林下。俄罗斯远东地区、日本（模式标本产地）也有。照片 2009 年 5 月 12 日摄于百花山北麓山谷（上）；2012 年 5 月 6 日摄于云蒙山森林公园（下）。

灯心草蚤缀

Arenaria juncea Bieb.

又称老牛筋。石竹科无心菜属（蚤缀属）。多年生草本，高 20～60 厘米，主根粗而伸长。茎直立，多数丛生，基部有老茎残留物，花序下二节近圆形，密生腺状柔毛。叶对生，狭条形，长 1.5～10 厘米，宽 0.3～1 毫米，边缘粗糙，有细齿，基部鞘状，边缘膜质。聚伞花序顶生，有 5～8 或更多朵花；花梗在果期长达 20 毫米，密生腺毛；萼片 5，卵形，长约 5 毫米，有 3 脉；花瓣 5，白色，矩圆状卵形，长 8～10 毫米，顶端圆钝，基部具短爪；雄蕊 10，花丝线形，长约 4 毫米；花柱 3，长约 3 毫米，柱头头状。蒴果卵圆形。花果期 6—9 月。

分布于东北、华北、宁夏、陕西西北部和甘肃西部；生于海拔 800～2300 米的草原、山坡草地、山顶岩缝中。朝鲜、蒙古、俄罗斯也有。模式标本采自俄罗斯东西伯利亚。照片 2007 年 6 月 23 日摄于东灵山近主峰草地上（上）；2007 年 7 月 8 日摄于东灵山绝顶岩石上（下）。

河北石头花

Gypsophila tschiliensis J.Krause

又称河北丝石竹。石竹科石头花属。多年生草本，高 20～30 厘米。茎直立或斜升，纤细，上部分枝。叶对生，叶片线状披针形，长 2～3 厘米，宽 2～4 毫米，顶端急尖，基部渐狭，中脉明显，无柄。聚伞花序；花梗长 5～15 毫米；苞片披针形，干膜质，白色；花萼钟形，长 3～5 毫米，宽 4 毫米，顶端 5 裂，萼齿卵形，渐尖，边缘干膜质；花瓣 5，淡粉红色或近白色，倒卵状楔形，顶端截形或微波状，长 6～7 毫米；雄蕊 10，长约 5 毫米，花丝扁线形；子房无毛，长约 2 毫米，花柱线形，与雄蕊近等长。花期 6—8 月。

分布于河北西北部；生于海拔 1800～3000 米的山坡灌丛、草地及林缘。原模式标本采自小五台山。北京西北部高山上有分布。照片 2007 年 6 月 23 日摄于东灵山。

石头花属 石竹科。约 150 种，主产于欧亚大陆温带地区；中国有 18 种、1 变种，主要分布于东北、华北和西北。草本；茎直立或铺散，通常丛生；单叶对生，全缘。二歧聚伞花序；花萼具 5 条纵脉，5 齿裂；花瓣 5，白色或粉红色，长于花萼，基部常楔形；雄蕊 10；花柱 2，子房 1 室，具多数胚珠，无子房柄。蒴果 4 瓣裂。

瞿 麦

Dianthus superbus L.

石竹科石竹属。多年生草本，高50～60厘米。茎丛生，无毛，上部分枝。叶对生，无柄，线状披针形，长5～10厘米，宽3～5毫米，顶端锐尖，中脉特显，基部合生成鞘状，绿色，有时带粉绿色。花1～2朵生枝端，有时顶下腋生；苞片2～3对，倒卵形，长6～10毫米；花萼圆筒形，长2.5～3厘米，直径3～6毫米，常染紫红色晕，萼齿5，披针形，长4～5毫米；花瓣淡红色或带紫色，下部白色，长4～5厘米，爪长1.5～3厘米，包于萼筒内，瓣片宽倒卵形，边缘细裂成流苏状，喉部具丝毛状鳞片；雄蕊10；花柱2。蒴果圆筒形，包有近等长的宿存萼，顶端4裂。花期6—9月；果期8—10月。

分布于东北、华北、西北及山东、江苏、浙江、江西、河南、湖北、四川、贵州；生于山地疏林下、林缘、草地、山谷溪边。中欧、北欧至中亚、东北亚均有。模式标本采自瑞典北部的拉普兰。照片2007年7月26日摄于海坨山小海坨梁。

石 竹

Dianthus chinensis L.

石竹科石竹属。多年生草本，高30～50厘米。全株无毛，带粉绿色，茎直立，疏丛生，上部分枝。叶对生，无叶柄，叶片线状披针形，长3～5厘米，宽2～4毫米，顶端渐尖，基部稍狭，全缘，或有细小齿，中脉较显。花单生枝端或数花集成聚伞花序；花梗长1～3厘米；苞片4，卵形，长达花萼的1/2以上；花萼圆筒状，长1.5～2.5厘米，有纵条纹，萼齿披针形，长约5毫米；花瓣有长爪，瓣片5，倒卵状三角形，紫红色、粉红色、鲜红色或白色，顶端不整齐齿裂，喉部有斑纹，疏生髯毛；雄蕊10，露出喉外，花药蓝色；子房长圆形，有长柄，1室，花柱2，线形。蒴果圆筒形，包于宿存萼内，顶端4裂。花期5—10月。

原产于我国北方，现南北均有分布；生于草原和山坡草地。俄罗斯西伯利亚和朝鲜也有。根和全草入药；花有观赏价值，现已广泛栽培。照片2017年7月8日摄于怀柔北部山地。

石生蝇子草

Silene tatarinowii Regel

又称山女娄菜、麦瓶草。石竹科蝇子草属。多年生草本。全株被短柔毛。茎上升或俯仰，长30～80厘米，分枝疏散。叶对生，叶片披针形或卵状披针形，长2～3厘米，宽5～15毫米，基部宽楔形或渐狭成柄状，顶端长渐尖，两面被稀疏短柔毛，边缘具短缘毛，具1～3条基出脉。二歧聚伞花序疏松，大型；花梗细，长0.8～3厘米，被短柔毛；苞片披针形；花萼筒状棒形，长12～15毫米，直径3～5毫米，具10条纵脉，绿色，或带紫色，沿脉被短柔毛或无毛，萼齿5，三角形；花瓣5，白色，瓣片倒卵形，长约7毫米，浅2裂达瓣片的1/4，两侧中部各具1线形小裂片或细齿；副花冠片长椭圆形，全缘；雄蕊10，明显外露；花柱3，明显外露。蒴果卵形或狭卵形，长6～8毫米。花期7—8月，果期8—10月。

分布于华北、华中、陕西、甘肃、宁夏、四川和贵州；生于山地灌丛中、疏林下或岩缝中。北京山区常见。模式标本采自北京房山。照片2015年8月26日摄于鹫峰山脚（上）；2007年8月2日摄于黄草梁（下）。

蝇子草属 石竹科。约400种，主产于北温带，非洲和南美洲也有。中国有112种2亚种17变种，广布于亚热带和温带各地，西北和西南较多。草本，稀亚灌木；叶对生，近无柄，全缘；无托叶。花两性，稀单性雌雄同株或异株；多聚伞花序或圆锥花序，稀单生；花萼筒具10、20或30条纵脉，萼齿5；花瓣5，具爪，瓣片多外露，上部2裂，稀全缘或多裂；花冠喉部具10枚片状或鳞片状副花冠，稀缺；雄蕊10，2轮，外轮5枚较长，内轮5枚基部与瓣爪合生；花柱3，稀5。蒴果。

山蚂蚱草

Silene jenisseensis Willd.

又称旱麦瓶草。石竹科蝇子草属。多年生草本，高20～50厘米。茎丛生，直立，不分枝，无毛。基生叶叶片狭倒披针形或披针状线形，长5～13厘米，宽2～7毫米，基部渐狭成长柄状；茎生叶对生，少数，较小，基部微抱茎。假轮伞圆锥花序或总状花序；花梗长4～18毫米，无毛；苞片卵形或披针形，边缘膜质，具缘毛；花萼狭钟形，后期微膨大，长8～10（～12）毫米，无毛，纵脉10条，脉端连结，萼齿5，卵形或卵状三角形，顶端尖，无毛；花瓣白色或淡绿色，长12～18毫米，爪狭倒披针形，瓣片叉状2裂达瓣片中部，裂片狭长圆形；副花冠长椭圆形，细小；雄蕊10，外露；花柱3，外露。蒴果卵形，长6～7毫米。花期7—8月。

分布于东北、华北等地；生于草原、草坡、林缘或固定沙丘。俄罗斯西伯利亚和远东地区、蒙古、朝鲜也有。模式标本采自西伯利亚。北京山区较常见。根入药，称“山银柴胡”。照片2008年7月26日摄于黄草梁（上）；2006年7月14日摄于海坨山南坡（下）。

匍生蝇子草

Silene repens Patr.

又称蔓茎蝇子草。石竹科蝇子草属。多年生草本，高15～50厘米，全株有细柔毛。根状茎长蔓状，匍匐。茎少数，簇生或基部略匍匐，上部直立。叶对生，无柄，条状披针形，长2～7厘米，宽2～7毫米。聚伞花序顶生或近枝端腋生；花梗长3～5毫米；萼筒长1.2～1.5厘米，粗3～5毫米，棍棒形，密生柔毛，具10条纵棱，5齿裂；花瓣5，白色，基部有长爪，瓣片顶部2裂可至中部，喉部有2小鳞片；雄蕊10，略露出；子房柄长约7毫米，密生绒毛，花柱5，丝状，微外露。蒴果卵形，长6～8毫米。花期6—8月；果期7—9月。

分布于东北、华北、西北及四川和西藏；生于山坡林下、湿润草地、溪边多石草地。俄罗斯西伯利亚地区、蒙古、朝鲜、日本也有。模式标本采自贝加尔湖沿岸。照片2007年6月10日摄于松山保护区。

狗筋蔓

Cucubalus baccifer L.

又俗称小被单草、太极草（云南）。石竹科狗筋蔓属（单种属）。多年生草本，全株被逆向短绵毛。茎铺散而渐向上，长50～150厘米，多分枝，节处明显膨大。叶对生，叶片卵形、卵状披针形或长椭圆形，长1.5～5（～13）厘米，宽0.8～2（～4）厘米，基部渐狭成柄状，顶端急尖，边缘具短缘毛。圆锥花序疏松；花梗细，具一对叶状苞片；花萼宽钟形，长9～11毫米，后期膨大呈半圆球形，萼5裂，裂片卵状三角形，与萼筒近等长，果期反折；花瓣5，白色，倒披针形，长约1.5厘米，宽约2.5毫米，爪狭长，瓣片叉状浅2裂，喉部有2鳞片；雄蕊10，2轮，比花瓣稍短，花丝细丝状，外轮雄蕊基部与爪合生；子房椭球形，1室，花柱3，细长。蒴果圆球形，浆果状（种加词baccifer意为“具浆果的”），直径6～8毫米，成熟时薄壳质，黑色，有光泽，不规则开裂。花期6—8月；果期7—10月。

广布于东亚至欧洲的北温带地区；我国大部分省区均有。生于林缘、灌丛、草地。北京见于平谷、密云、昌平、门头沟等地。该种形态较特殊，自成1属。根或全草在产地民间入药，用于骨折、跌打损伤和风湿关节痛等疾患。照片2010年7月摄。

华北大黄

Rheum franzenbachii Münt.

又称河北大黄、波叶大黄。蓼科大黄属。多年生草本，高40～100厘米。根状茎肥厚。茎粗壮，直立，有纵沟，通常不分枝，无毛。基生叶有长柄，叶片卵形或宽卵形，长15～25厘米，宽7～18厘米，顶端圆钝，基部近心形，边缘波状，上面无毛，下面稍有短毛；茎生叶较小，有短柄或近无柄；托叶鞘膜质，暗褐色。花序圆锥状，顶生，具多数白色小花；花梗纤细，中下部有关节；花被片6，成2轮排列，宿存；花柱3。瘦果有3棱，沿棱生翅，翅红色，顶端略下凹，基部心形。花期6—7月；果期7—8月。

分布于河北、山西、内蒙古等地；生于较高海拔山坡、石隙、草原向阳处。华北大黄根状茎中含有大黄素、大黄酚、土大黄甙等有效成分，在一些地区作大黄入药，称“山大黄”“唐大黄”“土大黄”，有泄热、通便、破积、行瘀等功效。该种花朵虽小但多而繁盛，果实形色绚丽，具有一定的景观价值。开花照片2007年6月24日摄于东灵山（上）；结果照片2007年7月8日摄于东灵山（下）。

杠板归

Polygonum perfoliatum L.

又名贯叶蓼、犁头刺藤。蓼科蓼属。多年生蔓性草本。茎有棱角，红褐色，有倒生钩刺。单叶互生，叶片三角形，长4～6厘米，下部宽5～8厘米，顶端略尖，基部截形或近心形，上面无毛，下面沿叶脉疏生钩刺；叶柄长3～8厘米，有稀疏的倒生钩刺，盾状着生；托叶鞘草质，近圆形，抱茎。花序穗状，顶生或腋生；苞片圆形；花白色或淡红色；花被5深裂，裂片在结果时增大，肉质，变为深蓝色；雄蕊8；花柱3。瘦果球形，紫黑色，有光泽。花果期6—10月。

广布于吉林、内蒙古、河北、山东、陕西、江苏、浙江、福建、台湾、江西、安徽、湖北、云南、广东等省区；生于山坡灌丛、疏林中及水边、路旁。全草含黄酮甙、蒽甙、强心甙、酚类、鞣质等有效成分，入药，有利水消肿、清热、活血、解毒作用；“杠板归”之名即源于其药效显著，有可使已入棺木将要下葬之人复苏的逸闻，因此该名称首记载于《万病回春》一书中。照片2014年9月5日摄于凤凰岭。

蓼属 蓼科。约250种，世界广布，主产于北温带；中国有120种，各地均有分布。草本；稀半灌木或小乔木。茎直立、平卧、上升或缠绕，通常节部膨大；叶互生，全缘，稀3～7裂；叶柄基部与托叶鞘连生，托叶鞘膜质或草质，筒状。花序穗状、总状、头状或圆锥状；花两性，稀单性雌雄异株；花梗具关节，稀无关节；花被5深裂，稀4裂，宿存；花盘腺状、环状，有时无花盘；雄蕊8，稀4～7；子房卵形，花柱2～3，离生或中下部合生；柱头头状。瘦果卵形具3棱，或扁平双凸。

红　蓼

Polygonum orientale L.

蓼科蓼属。一年生草本。茎直立，粗壮，高1～2米，上部多分枝，密被开展的长柔毛。叶宽卵形，宽椭圆形或卵状披针形，长10～20厘米，宽5～12厘米，顶端渐尖，基部圆形或近心形，微下延，全缘，密生缘毛，两面密生短柔毛，叶脉上密生长柔毛；叶柄长2～10厘米，被开展的长柔毛；托叶鞘筒状，膜质，长1～2厘米，被长柔毛，通常沿顶端具草质绿色的翅。花序穗状，顶生或腋生，微下垂，通常数个再组成圆锥状；苞片宽漏斗形，长3～5毫米，边缘具长缘毛，每苞内具花3～5朵；花被5深裂，淡红色或白色，花被片椭圆形，长3～4毫米；雄蕊7，通常比花被长；花柱2，中下部合生，柱头头状。瘦果近圆形，扁平，两面凹，直径3～3.5毫米，包于宿存花被内。花期6—9月。

分布于全国各地（西藏未见标本）；野生或栽培。东半球广布。花艳丽；果实可入药，名“水红花子”，可活血、止痛、消积、利尿。照片2014年8月20日摄。

叉分蓼

Polygonum divaricatum L.

蓼科蓼属。多年生草本。茎直立，高 70～120 厘米，无毛，自基部分枝，分枝呈叉状，开展，茎节略膨大。叶披针形或长圆形，长 5～12 厘米，宽 0.5～2 厘米，顶端急尖，基部楔形或狭楔形，全缘，边缘通常具短缘毛，两面无毛或被疏柔毛；叶柄长约 0.5 厘米，托叶鞘膜质，偏斜，长 1～2 厘米，开裂，脱落。花序圆锥状，分枝开展；苞片卵形，边缘膜质，每苞片内具花 2～3 朵；花梗长 2～2.5 毫米，与苞片近等长；花被 5 深裂，白色，花被片椭圆形，不等大，长 2.5～3 毫米；雄蕊 7～8，短于花被；花柱 3，较短。瘦果椭圆形，具 3 锐棱。花期 6—8 月。

分布于东北、华北及山东；生于山坡草地灌丛。俄罗斯西伯利亚地区、朝鲜、蒙古也有。照片 2014 年 8 月 5 日摄于百花山山顶草地。

拳　蓼

Polygonum bistorta L.

又称紫参。蓼科蓼属。多年生草本，高50～80厘米。根状茎肥厚，黑褐色。茎直立，不分枝，无毛。基生叶有长柄；叶矩圆状披针形，长10～18厘米，宽2.5～5厘米，基部沿叶柄下延成狭翅，边缘外卷；上部叶无柄，狭条形或披针形；托叶鞘筒状，膜质。花序穗状，顶生；花淡红色或白色；花被5深裂；雄蕊8，与花被近等长；花柱3。瘦果椭圆形，有3棱，红褐色。花期6—8月。

分布于吉林、华北、西北、湖北、山东、江苏、浙江；生于山坡草地或林间草甸。俄罗斯西伯利亚地区、日本也有。北京较高海拔山地多见。照片2007年7月26日摄于海坨山。

珠芽蓼

Polygonum viviparum L.

又称山高粱。蓼科蓼属。多年生草本，高10～40厘米。根状茎肥厚，紫褐色。茎直立，不分枝，通常2～3，生于根状茎上。基生叶有长柄，茎生叶有短柄或近无柄；叶片矩圆形或披针形，长3～6厘米，宽8～25毫米，革质，边缘微向下翻卷；托叶鞘筒状，膜质。花序穗状，顶生，中下部生有珠芽；苞片卵形，膜质，每苞片内具1～2朵花；花白色或淡红色；花被5深裂；雄蕊8，长于花被；花柱3。瘦果卵形，有3棱，深褐色。花期5—7月。

分布于东北、华北、西北、西南及河南；生于山坡林下，高山或亚高山草甸，海拔可达5100米。中亚、东亚、欧洲及北美也有。北京高山上可见。照片2012年6月22日摄。

草芍药

Paeonia obovata Maxim.

又称山芍药、野芍药。芍药科芍药属。多年生草本，高 40～60 厘米，无毛。基部生数枚鞘状鳞片。叶 2～3，最下部的为二回三出复叶，上部的为三出复叶或单叶；顶生小叶倒卵形或宽椭圆形，长 11～18 厘米，宽 6～10 厘米，侧生小叶较小，椭圆形。花顶生，直径 5～9 厘米；萼片 3～5，长 1.2～1.5 厘米；花瓣 6，白色、红色或紫红色，瓣片倒卵形，长 2.5～4 厘米；雄蕊多数；心皮 2～4，离生，无毛。蓇葖果长 2～3 厘米。花期 5—6 月；果期 6—7 月。

分布于东北、河北、山西、河南、陕西、四川、湖北西部、湖南和江西北部、贵州及安徽；生于山地林下、林缘和林间草地。朝鲜、日本和俄罗斯西伯利亚地区也有。北京海拔 1000 米以上山地有分布，偶见于落叶阔叶林下。北京市重点保护植物。

软枣猕猴桃

Actinidia arguta (Sieb. et Zucc.) Planch.

猕猴桃科猕猴桃属。落叶大藤本，长达 30 米以上。叶宽卵形或近圆形，长 8～12 厘米，宽 5～10 厘米，先端骤短尖，基部圆形或心形，两侧不对称，边缘有锐锯；叶柄长 3～10 厘米。聚伞花序腋生或腋外生，1～3 花；花序柄长 0.7～1 厘米，花梗长 0.8～1.4 厘米；花芳香，白绿色，径 1.2～2 厘米；花瓣 4～6；雄蕊多数，花药暗紫色；子房瓶状，花柱丝状，多数。果黄绿色，柱状长圆形，长 2～3 厘米，无毛。花期 5—6 月；果期 9—10 月。

分布于东北至云南各地；生于林内或林缘灌丛中。果可食用。开花照片 2006 年 6 月 27 日摄于雾灵山（下）；结果照片 2008 年 9 月 13 日摄于云蒙山森林公园（上）。

猕猴桃属 猕猴桃科。约 54 种，主产于东亚；中国有 52 种和众多变种，各地均有。果可食，富含维生素 C。木质藤本；单叶互生，无托叶。花单生或组成聚伞花序；花雌雄异株；萼片 2～5；花瓣 5～12；雄蕊多数；雌蕊多心皮，花柱离生。浆果，种子极多。

黄海棠

Hypericum ascyron L.

又称红旱莲、金丝蝴蝶。藤黄科金丝桃属。多年生草本，高 80～100 厘米。茎直立，有 4 棱。叶对生，卵状披针形，长 5～9 厘米，宽约 1.2～3 厘米，顶端渐尖，基部抱茎，无柄，两面都有黑色小斑点。聚伞花序顶生，花大，金黄色，直径 3～8 厘米；花梗长 0.5～3 厘米；萼片 5，卵形或长圆形，长 5～15 毫米，结果时直立；花瓣 5，倒披针形，弯曲，长 1.5～4 厘米，宿存；雄蕊极多数，基部连合成 5 束，每束约 30 枚，花丝红紫色，花药金黄色；子房卵珠状三角形，5 室，花柱 5，中部以上 5 裂。蒴果圆锥形，长约 2 厘米，棕褐色，成熟后先端 5 裂，内有多数细小种子。花期 7—8 月；果期 8—9 月。

分布于东北、华北和黄河、长江流域至西南、华南各地；生于山坡林下或草丛中，海拔可达 2800 米。该种花大、艳丽，分布广，可在园林中引种观赏。全草可入药。照片 2007 年 7 月 4 日摄于雾灵山（上）；2006 年 7 月 21 日摄于黄草梁（下）。

金丝桃属 藤黄科。约 400 种，分布于北半球温带和亚热带地区；中国有 50 种左右，全国广布，主产于西南。有观赏和药用种类。草本或灌木；叶对生，有时轮生，无柄或具短柄，有透明腺点。花两性，多为黄色，很少为粉红色或淡紫色；单生或排成顶生或腋生的聚伞花序；萼片 5；花瓣 5，通常偏斜；雄蕊极多数，分离或基部合生成 3～5 束；有时有下位腺体而与花瓣互生；子房上位，1 室，有 3～5 个侧膜胎座，或 3～5 室而有中轴胎座，胚珠极多数，花柱 3～5。蒴果，室间开裂或沿胎座开裂；很少为浆果。

小叶椴

Tilia mongolica Maxim.

又称蒙椴。椴树科椴树属。落叶乔木，高 3～6 米。叶互生，三角状卵形，长 2～10 厘米，宽 2～8 厘米，边缘具不整齐宽锯齿，其中 1～3 个骤尖，其中位于顶部的最长；叶柄长 1～4.5 厘米。聚伞花序长 6～10 厘米，有长柄，下部苞片贴生；苞片窄舌状，长 2～5 厘米，具柄；花芳香，具蜜腺；萼片长 4 毫米；花瓣 5，条形，淡黄白色；雄蕊多数，有 5 枚退化雄蕊。核果长 5～7 毫米，被绒毛。花期 6—7 月；果期 9 月。

分布于东北、华北；生于向阳山坡。蒙古也有。北京山区阔叶杂木林中常见。花可提取芳香油，也可药用；重要的蜜源植物。照片 2009 年 6 月 30 日摄于松山塘子沟（上）；2006 年 7 月 14 日摄于延庆西大庄科村旁山谷小路边（下）。

椴树属 椴树科，约 80 种，主产于北温带；中国有 32 种，南北均有。落叶乔木；叶互生，具长柄，基部常心形或截平形而偏斜，边缘有锯齿。花小，排成具长柄、下垂的聚伞花序；花序柄约一半与膜质、舌状的大苞片合生；萼片 5；花瓣 5，基部常有一小鳞片；雄蕊极多数，分离或合生成 5 束；子房 5 室。核果，不开裂，有种子 1～3 颗。

扁担木

Grewia biloba var. **parviflora** (Bunge) Hand.-Mazz.

又称孩儿拳头、棉筋条。椴树科扁担杆属。落叶灌木，高 1～2 米。小枝和叶柄密生黄褐色短毛。叶菱状卵形或菱形，长 3～11 厘米，宽 1.6～6 厘米，边缘密生不整齐的小牙齿，有时不明显浅裂，两面有星状短柔毛，下面毛较密，基脉 3 出；叶柄长 3～18 毫米。聚伞花序与叶对生，有三至多朵花；花淡黄绿白色；萼片 5，狭披针形，长 4～8 毫米，外面密生短柔毛；花瓣 5，远小于萼片；雄蕊多数；子房密生柔毛，2 室。核果红色，直径 8～12 毫米，2 裂，每裂有 2 小核。花期 6—7 月；果期 9—10 月（果可宿存至翌年春季）。

广布于东北南部至华南北部及西南各地；生于低山灌丛中。该种花朵虽小，不甚显眼，但果实鲜艳、可人，经冬不落，一直保持鲜红色到第二年春季；其茎皮纤维可制人造棉。开花照片 2008 年 7 月 3 日摄于十渡孤山寨；结果照片 2016 年 10 月 10 日摄于平谷西北部浅山地带。

扁担杆属 椴树科，约 100 种，分布于东半球；中国有 30 种，广布。灌木或乔木，直立或攀缘状；被星状柔毛；叶互生，基部 3 脉或常多脉。花两性或单性异株，腋生；萼片 5，分离；花瓣 5；雄蕊多数；子房 2～4 室。核果 2～4 裂。

田　麻

Corchoropsis tomentosa (Thunb.) Makino

又称毛果田麻。椴树科田麻属。一年生草本，高40～60厘米。分枝有星状短柔毛。叶卵形或狭卵形，长2.5～6厘米，宽1～3厘米，边缘有钝牙齿，两面均多少密生星状短柔毛；叶柄长0.2～2.3厘米。花单生于叶腋，直径1.5～2厘米，有细梗；萼片5，狭披针形，长约5毫米；花瓣5，黄色，倒卵形；发育雄蕊15，每3枚成一束，退化雄蕊5，匙状条形，长约1厘米；子房生短绒毛。蒴果角状圆筒形，长1.7～3厘米，有星状柔毛。花果期8—10月。

分布于东北、华北、华东、华中、贵州、四川、广东等地；生于丘陵或低山干山坡或多石处。朝鲜、日本也有。北京见于海淀、昌平、怀柔等地低山旷野。其茎皮纤维可代麻用。

野亚麻

Linum stelleroides Planch.

亚麻科亚麻属。一年生或二年生草本，高40～70厘米。茎直立，上部常多分枝，无毛。叶互生，条形至条状披针形，长1～3厘米，宽1.5～2.5毫米，顶端锐尖，两面无毛，全缘，无柄。花生于枝条顶端，成聚伞花序；萼片5，卵状披针形，顶端锐尖；花瓣5，长约为萼片长的3～4倍，淡紫色或蓝色；雄蕊5，退化雄蕊5，与花柱等长，花丝基部合生；子房5室，柱头倒卵形。蒴果球形，直径3.5～4毫米。花期6—8月；果期8—9月。

分布于东北、华北、西北、西南及江苏等地；生于干燥山坡或草原上。俄罗斯、朝鲜、日本也有。北京见于北部山区。茎皮纤维与亚麻近似，可作纺织和造纸原料；种子可榨油。

苘　麻

Abutilon theophrasti Medicus

锦葵科苘麻属。一年生草本，高1～2米。茎有柔毛。叶互生，圆心形，长5～10厘米，两面密生星状柔毛；叶柄长3～12厘米。花单生叶腋，花梗长1～3厘米，近端处有节；花萼杯状，5裂；花瓣黄色，倒卵形，长1厘米；单体雄蕊，花药生于雄蕊管顶部；心皮15～20，长1～1.5厘米，排列成轮状。蒴果半球形，直径2厘米，分果爿15～20，有粗毛，顶端有长芒。花果期7—9月。

世界广布种；我国除青藏高原外，其他各地均有。常见于路旁、田野、荒地。茎皮纤维可作“麻”使用；种子油可做工业原料；种子亦可药用。照片摄于北京市郊路旁。

野西瓜苗

Hibiscus trionum L.

又俗称香铃草。锦葵科木槿属。一年生草本，高30～60厘米。茎柔软，被白色星状粗毛。下部叶圆形，不分裂，上部叶掌状3～5全裂，直径3～6厘米；裂片倒卵形，通常羽状分裂，两面有星状粗毛；叶柄长2～4厘米。花单生叶腋；花梗结果时延长达4厘米；小苞片12，条形，长8毫米；萼钟形，淡绿色，长1.5～2厘米，裂片5，膜质，三角形，有紫色条纹；花瓣5，倒卵形，长2厘米，淡黄（白）色，内面基部紫色；雄蕊柱长5毫米，花丝纤细，长3毫米，花药黄色；花柱枝5。蒴果长圆状球形，直径约1厘米，被粗硬毛，果爿5。花期7—10月。

世界广布种；我国各地都有；路旁、田埂、荒山坡、旷野常见。种子可榨油。照片2007年7月27日摄于延庆西大庄科村旁路边。

早开堇菜

Viola prionantha Bunge

堇菜科堇菜属。多年生草本。根粗壮，地下茎短而粗；通常无地上茎。叶基生，长圆卵形或卵形，先长出的叶较宽短，后长出的叶较狭长，长可达 5 厘米左右，顶端圆钝，基部截形或近心形，边缘有细圆齿；叶柄上部边缘具窄翅。花梗超出叶，被短柔毛；萼片 5，披针形或卵状披针形，基部附器稍长，端有小齿；花瓣 5，蓝紫色至淡紫色，两侧对称，连距长 1.5～2 厘米，距长 5～7 毫米；子房无毛，花柱基部微曲。蒴果椭圆形，3 瓣裂。花期 3 月中至 6 月。

分布于东北、华北、陕西、甘肃、湖北等地；俄罗斯西伯利亚地区、朝鲜也有。北京平原和低山地带常见。照片 2007 年 4 月 28 日摄于松山保护区路边。

紫花地丁

Viola yedoensis Makino

堇菜科堇菜属。多年生草本。根粗壮，地下茎短而粗；无地上茎。叶基生，叶片舌形、长圆形或长圆状披针形，长达 5 厘米，果期可增大至 10 厘米，先端钝，基部截形或楔形，边缘有圆齿，中上部齿较明显；叶柄具窄翅。花具长梗，但有时不长于叶；萼 5 片，卵状披针形，基部附器较短；花瓣 5，蓝紫色或紫色，两侧对称，下部一片花瓣较大，具长 4～5 毫米的距；雄蕊 5，下面 2 雄蕊的基部具蜜腺，延伸至距内；子房无毛，花柱基部膝曲。蒴果长圆形，3 瓣裂。花果期 3 月下旬至 8 月。

分布于东北、华北、山东、陕西、甘肃，向南达长江流域以南至西藏东部；朝鲜、日本、缅甸及印度也有。北京春季常见野花之一，多生于低山坡、旷野、路边草地及疏林下。

斑叶堇菜

Viola variegata Fisch.

堇菜科堇菜属。多年生草本。地下茎较短。叶基生，具长柄，近于圆形或宽卵形，长 1.5～2.5 厘米，基部略作心形或近于截形，顶端通常圆，少钝，边缘有细圆齿，有时呈白色脉纹，果期的叶增大，长可达 7 厘米，基部湾缺变深而狭；托叶卵状披针形或披针形，边缘具疏睫毛。花两侧对称，长约 2 厘米；萼片 5，卵状披针形或披针形，基部附器短，顶端圆或截形；花瓣淡紫色，5 片，距长 5～7 毫米，稍向上弯。果椭圆形，长约 7 毫米，无毛。花期 4—6 月。

分布于东北和河北、山西；生于山坡草地或疏林下、山谷林下和溪水边。该种花叶均有观赏价值，可作地被植物在园林中推广应用。照片 2007 年 4 月 22 日摄于北京西山鹫峰脚下。

白花堇菜

Viola mongolica Franch.

又称蒙古堇菜。堇菜科堇菜属。多年生草本。无地上茎，叶基生，具长柄，卵状心形，心形或椭圆状心形，长 1.5～3（～6）厘米，先端钝或急尖，边缘有钝齿，两面疏生短柔毛。花有细长梗，近中部有 2 枚线形小苞片；萼片 5，披针形，基部附器长 2～2.5 毫米；花瓣 5，白色，侧瓣基部有须毛，下方花瓣有紫色条纹，连距长 1.5～2 厘米，距管状，长 6～7 毫米，稍上弯，末端圆钝。雄蕊 5；柱头前方具短喙。蒴果卵形，长 6～8 毫米，3 瓣裂。花果期 4—8 月。

分布于东北、河北、内蒙古、甘肃；生于林下及林缘草地或石砾地。照片 2008 年 4 月 18 日摄于北京西山鹫峰附近。

裂叶堇菜

Viola dissecta Ledeb.

堇菜科堇菜属。多年生草本，高 10～15 厘米。无地上茎。叶基生，掌状 3～5 全裂或羽状深裂，末回裂片条形或条状披针形，叶基心形。花单生，两侧对称，具 2 小苞片；萼片 5，基部附器短小；花瓣 5，淡紫色，具紫色条纹，下面一片后部具圆筒状距，末端略膨大，距长 4～8 毫米。蒴果。花果期 4—10 月。

分布于东北、华北、山东、浙江、陕西、甘肃、四川、西藏；生于山坡、林缘、灌丛及河岸附近。蒙古、俄罗斯远东地区、朝鲜也有。北京低山区较常见。模式标本采自北京西山。该种叶形较奇特，花朵艳丽，可作园林地被植物推广栽培。照片 2007 年 4 月 22 日摄于北京西山（上）；2010 年 4 月 27 日摄于门头沟陈家庄路旁（下）。

堇菜属 堇菜科。约 500 种，分布于全球，主产于北温带；中国有 120 种左右，南北均有分布。有些种已作为观赏植物栽培。多年生草本，稀为亚灌木；无茎或有茎；叶基生或互生，有齿或深裂；托叶宿存。花单生或腋生，具梗；两性，两侧对称。花有两种类型：生于春季的花有花瓣；生于夏季的花往往无花瓣（称为“闭花”），但能产生种子。萼片 5，基部延伸成“附器”；花瓣 5，下面一片基部有距；雄蕊 5，下面 2 枚有腺状附属体突伸于距内，花药环生于雌蕊的周围；子房上位，1 室，有胚珠多数，生于 3 个侧膜胎座上。蒴果 3 瓣裂，果瓣舟状，干燥收缩时，弹射出种子。

鸡腿堇菜

Viola acuminata Ledeb.

堇菜科堇菜属。多年生草本。地上茎直立，有白柔毛，常分枝。茎生叶心形，边缘有钝锯齿，顶端渐尖，长3～6厘米，两面密生锈色腺点，上面和下面脉上有疏短柔毛；托叶卵形，边缘有撕裂状长齿。花两侧对称；具细长梗，被细柔毛；萼片5，条形或条状披针形，长7～12毫米，基部附器长2～3毫米，末端截形或具1～2齿裂；花瓣5，白色或淡紫色，上花瓣略向后反卷，侧花瓣里面近基部有长须毛，下花瓣较宽，有紫色纵条纹，连距长约1～1.6厘米，距囊状，长1.5～3.5毫米。蒴果椭圆形，长约1厘米。花果期5—9月。

分布于东北、华北、西北东部、华东北部；生于林下、林缘或较湿润的草地上。朝鲜、日本、俄罗斯西伯利亚地区也有。照片2007年5月14日摄于延庆西大庄科村旁山谷溪水边。

双花黄堇菜

Viola biflora L.

又称双花堇菜、黄堇菜。堇菜科堇菜属。多年生草本。地下茎短，地上茎1～3条，细弱，无毛，不分枝。叶片肾形，心形或宽卵形，长1.5～3厘米，基部弯缺有时狭而深，边缘有钝齿，两面散生细短柔毛；基生叶具长而细弱的柄；托叶矩圆形、卵形或半卵形，全缘或有疏锯齿，长4～5毫米。花两侧对称；萼片5，条形，顶端钝或圆，基部附器不显著，顶端钝；花瓣5，黄色，下面一片较大，前伸，上面有紫色条纹，基部有短距，距长2.5～3毫米；雄蕊5。蒴果长4～7毫米，3瓣裂。花期5—7月。

分布于东北、华北、西北、云南、四川西部、西藏；性喜凉爽、湿润的环境，多生于高山草地、林缘、疏林下和草原。朝鲜、日本、俄罗斯、欧洲、北美洲也有。北京较高海拔山地有分布。

照片2007年6月23日摄于东灵山。

赤　爬

Thladiantha dubia Bunge

葫芦科赤爬属。草质藤本。茎和叶均被长柔毛状硬毛。卷须不分叉；叶柄长2～6厘米；叶片宽卵状心形，长5～10厘米，宽4～9厘米，叶缘有不等大小齿。雌雄异株：雄花单生或聚生于短枝上端呈假总状花序；花梗长1.5～3.5厘米，被长柔毛；萼筒短，长约3～4毫米，裂片5，披针形，长12～13毫米，被长柔毛，向外反折；花冠黄色，裂片5，矩圆形，长2～2.5厘米，上部向外反折，具5条明显的脉，外面被短柔毛；雄蕊5，花丝有长柔毛，退化子房半球形。雌花单生，花梗长1～2厘米，有长柔毛；花萼和花冠同雄花；退化雄蕊5，棒状，长约2毫米；子房长圆形，长5～8毫米，外面密被淡黄色长柔毛，花柱无毛，中部3分叉，柱头2裂。果实卵状长圆形，长4～5厘米，径2.8厘米，橙黄色或红棕色，被柔毛，具10条明显的纵纹。花期6—8月；果期8—10月。

分布于东北、河北、山西、山东、陕西、甘肃、宁夏；常生于山坡、河谷和林缘湿润处。国内外亦常见栽培。果和根可药用；果可赏玩。该种为属的模式种，定名人是19世纪俄罗斯植物学家邦奇（Bunge）；种加词dubia意为“可疑的”。照片2008年7月5日摄于百花山。

赤爬属 葫芦科。约23种10变种，主要分布于中国西南部，少数种分布到黄河流域以北地区；朝鲜、日本、印度半岛东北部、中南半岛和东南亚岛屿也有个别种分布。多年生或稀一年生草质藤本，攀缘或匍匐生长；茎具纵向棱沟；卷须单一或二歧；叶绝大多数为单叶，心形，边缘有齿。花单性，雌雄异株；花萼筒短钟状或杯状，裂片5；花冠钟状，黄色，5深裂，裂片常具5～7脉；雄花：雄蕊5，通常4枚两两成对，1枚分离；雌花：花柱3裂，柱头2裂。果实浆果状不开裂；种子多数。

假贝母

Bolbostemma paniculatum (Maxim.) Franquet

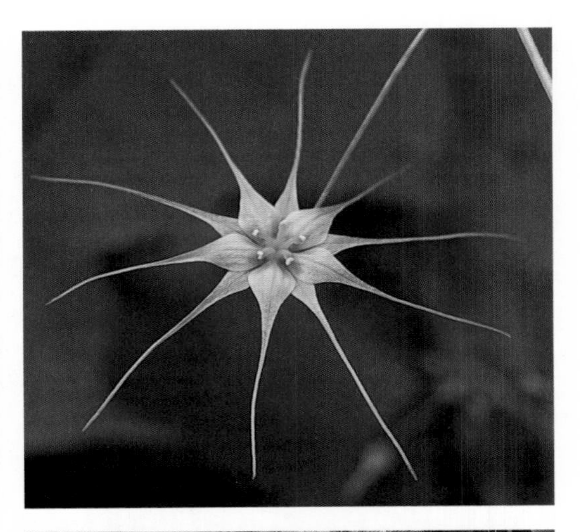

又称土贝母、大贝母、地苦胆。葫芦科假贝母属。攀缘草本。鳞茎肥厚、肉质、乳白色；茎、枝细，无毛。叶柄纤细，长 1.5～3.5 厘米；叶片卵状近圆形，长 4～11 厘米，宽 3～10 厘米，掌状 3～5 深裂或浅裂，每个裂片再 3～5 浅裂；侧裂片卵状长圆形，急尖；中间裂片长圆状披针形，渐尖；基部小裂片顶端各有 1 个腺体。卷须与叶对生，丝状，单一或 2 歧分叉。花雌雄异株；雌、雄花序均为疏散的圆锥状，极少见单花，花序轴丝状，长 4～10 厘米；花梗纤细，长 1.5～3.5 厘米；花黄绿色；花萼、花冠相似，裂片共 10 枚，卵状披针形，长约 2.5 毫米，顶端具长丝状尾；雄蕊 5，离生，花丝长 0.3～0.5 毫米，花药长 0.5 毫米；子房近球形，3 室，花柱 3，柱头 2 裂。果实圆柱状，长 1.5～3 厘米，成熟后由顶端盖裂，果盖圆锥形，具 6 颗种子。花期 6—8 月；果期 7—9 月。

分布于河北、山东、河南、山西、陕西、甘肃、四川、湖南、云南等地；生于山坡较背阴处。北京市重点保护植物。该种鳞茎入药有清热解毒、消肿等功效，据考证，是我国最早应用的草药“贝母”之一，历史上曾有种植，现已广泛栽培。照片 2015 年 8 月 26 日摄于北京西山山麓。

中华秋海棠

Begonia grandis Dry. subsp. **sinensis** (A.DC.) Irmsch.

秋海棠科秋海棠属，秋海棠的亚种。多年生草本。根状茎近球形，直径 8～20 毫米。茎直立，高 20～40（～70）厘米。叶较小，椭圆状卵形至三角状卵形，长 5～12（～20）厘米，宽 3.5～9（～13）厘米，先端渐尖，下面色淡，偶带红色，基部心形，偏斜；叶柄细长，达 10 厘米。花单性，雌雄同株；花序较短，呈伞房状至圆锥状二歧聚伞花序；花小，粉红色；雄花花被片 4，雄蕊多数，短于 2 毫米，整体呈球状；雌花花被片 5，子房下位，3 室，花柱基部合生或微合生，有分枝，柱头呈螺旋状扭曲，稀呈 U 字形。蒴果具 3 不等大之翅。花果期 7—9 月。

分布于河北、山西、陕西至长江流域各省区；生于山谷阴湿岩石上、滴水的石灰岩边、疏林阴处、荒坡阴湿处及山坡林下，海拔可达 2900 米。模式标本采自北京西山。北京市重点保护植物。花、叶均风姿绰约，有一定观赏价值。照片 2014 年 8 月 20 日摄于北京西山鹫峰石阶路旁。

秋海棠属 秋海棠科。约一千多种，主产于热带和亚热带地区；中国有一百三十多种，大部分产于南部和西南部。多为美丽奇特的观赏植物。多年生肉质草本；具根状茎；茎直立或匍匐，或短缩而无地上茎；叶基生或于茎上互生，叶片基部常偏斜。花单性，多同株，雌雄花同生于一花序上，雄花常先开放；雄花花被片 2～4，雄蕊多数；雌花花被片多为 2～5，子房下位，1 室或 2～4 室，花柱 3，常有弯曲或旋扭状柱头。蒴果，有翅或有棱。

中国黄花柳

Salix sinica (Hao) C.Wang et C.F.Fang

杨柳科柳属。落叶灌木或小乔木。小枝褐色，有光泽。叶长椭圆形、宽椭圆形或倒卵形，长 5～14 厘米，宽 3～6 厘米，近全缘；叶柄长 0.6～2 厘米。花先叶开放，雌雄异株，柔荑花序密生柔毛，无花被。雄花序椭圆形至球形，长 2～2.5 厘米，粗 1.8～2 厘米，开花顺序自上往下；每花有 2 枚雄蕊，花丝长约 6 毫米，花药长圆形，黄色；苞片长约 3 毫米，被白色长毛；具 1 腺体。雌花序短圆柱形，长 2.5～3.5 厘米，粗 7～9 毫米，基部有 2 具绒毛的鳞片；子房狭圆锥形，长约 3.5 毫米，有毛，花柱短，柱头 2 裂，苞片椭圆状披针形，长约 3.5 毫米，密被白色长柔毛；具 1 腺体。蒴果线状椭圆形，长达 6 毫米，果柄与苞片近等长，2 瓣裂；种子小，基部围有多数白色丝状长毛。花期 4 月；果期 5 月。

分布于华北和西北；生于山地疏林中或山谷水边。模式标本采自河北蔚县。该种的定名人之一是中国植物学家、林学家、水杉的发现人王战教授。北京山区较常见。蜜源树种。雄株开花时的照片 2006 年 4 月 15 日摄于松山保护区溪畔（上、中）；雌株结果时的照片 2007 年 5 月 14 日摄于延庆西大庄科村旁路边（下）。

二月蓝

Orychophragmus violaceus (L.) O.E.Schulz

又称诸葛菜。十字花科诸葛菜属。一年生或二年生草本，高10～50厘米，无毛，有粉霜。基生叶和下部叶有叶柄，大头羽状分裂，长3～8厘米，宽1.5～3厘米；中部叶具卵形顶生裂片，基部抱茎；上部叶矩圆形，不裂，基部两侧耳状抱茎，边缘有不整齐牙齿。总状花序顶生；花萼筒形，紫色，萼片4，长约3毫米；花瓣4，紫色、浅红色或白色，宽倒卵形，长1～1.5厘米，宽0.7～1.5厘米，基部具爪；雄蕊6，4长、2短；花柱短，柱头2裂。长角果线形，长7～10厘米，具4棱。花期4—5月。

分布于辽宁、河北、山西、山东、安徽、江苏、浙江、江西、河南、湖北、陕西、甘肃、四川；生于平原和低山丘陵。朝鲜也有。园林中已推广应用。

花旗杆

Dontostemon dentatus (Bunge) Ledeb.

十字花科花旗杆属。二年生草本，高15～50厘米，植株散生白色弯曲柔毛。茎直立，有分枝。叶椭圆状披针形，长3～6厘米，宽3～12毫米，先端急尖，基部渐狭，边缘数个疏锯齿，两面散生单毛；下部叶具柄，上部叶无柄。总状花序顶生及侧生，花梗长3毫米；花直径5～7毫米；萼片4，直立，长4～5毫米；花瓣4，紫色，倒卵形，长8～10毫米，基部具爪；雄蕊6，4长、2短。长角果狭条形，长4～5厘米，直径1毫米，直立。花期5—7月；果期7—8月。

分布于东北、华北、山东、江苏、河南、陕西；多生于山坡、林缘及路旁。朝鲜、日本、俄罗斯西伯利亚地区也有。北京山区较常见。

香花芥

Hesperis trichosepala Turcz.

十字花科香花芥属。二年生草本，高50～60厘米，茎直立。基生叶在花期枯萎；茎生叶长圆状椭圆形或窄卵形，长2～4厘米，边缘有不等尖锯齿；叶柄长5～10毫米。总状花序顶生；花紫色，直径约1厘米；花梗长3～5毫米；萼片直立，长4～6毫米，顶端有少数白硬毛；花瓣倒卵形，脉纹明显，长1～1.5厘米，基部具线形长爪；雄蕊6；花柱极短，柱头显著2裂。长角果狭线形，长3.5～8厘米。花果期5—8月。

分布于吉林、内蒙古、河北、山西、山东等地；生于山坡上和山谷中。朝鲜也有。北京西部和北部山区有分布。照片2007年6月23日摄于门头沟小龙门西公路旁。

雾灵香花芥

Hesperis oreophila Kitag.

十字花科香花芥属。多年生草本，根粗，木质化，高达80厘米。茎直立，单一，坚硬，稍有棱角，逆生长3～4毫米硬毛及水平生长的短毛。基生叶倒披针形或宽条形，长4.5～6厘米，边缘有浅齿，两面及叶柄有毛；叶柄长5～6厘米；茎生叶无柄，叶片卵状披针形或卵形，长4～15厘米，边缘有尖齿或波状齿，基部宽楔形，近抱茎。总状花序顶生；花直径1.5～3厘米，紫色；花瓣倒卵形，长1.5～2厘米，爪长8～10毫米；雄蕊6，2轮排列，内轮4枚较长，基部扩展。长角果四棱状圆柱形，长2～5厘米，果梗长1～1.5厘米。花果期6—9月。

分布于河北北部；生于山坡灌草丛中。模式标本采自雾灵山。照片2007年7月3日摄于雾灵山莲花池至龙潭堰路边。

蚓果芥

Torularia humilis (C.A.Mey.) O.E.Schulz

十字花科念珠芥属。多年生草本，高5～30厘米，有毛。茎多分枝。叶椭圆状倒卵形，长0.5～3厘米，宽1～6毫米，下部叶成莲座状，具长柄，上部叶具短柄，先端圆钝，基部渐狭，全缘或具数个疏牙齿。总状花序顶生；花梗长3～5毫米；花直径5毫米；萼片4，直立，矩圆形，长2毫米；花瓣4，白色或淡紫色，倒卵形，长4～5毫米，基部具爪。雄蕊6，4长、2短。长角果筒形，长1～2（～3）厘米，略呈念珠状，先端具短喙。花期4—6月。

分布于华北、河南北部、陕西、甘肃、青海、新疆南部、西藏；生于山坡林下、草地、河滩。中亚、东北亚和北美均有分布。模式标本采自西藏。念珠芥属有13种，主产于中亚；中国有9种1变种，主产于西北和西南。蚓果芥照片2010年4月23日摄于门头沟陈家庄。

黄花大蒜芥

Sisymbrium luteum (Maxim.) O.E.Schulz

又称全叶大蒜芥。十字花科大蒜芥属。多年生草本，高30～100厘米，被伸展硬毛。茎不分枝或在基部分枝。茎生叶互生，叶片卵形、卵状披针形至披针形；下部叶羽状全裂，侧生裂片1～3对，或有粗牙齿，叶柄长1.5～4厘米；上部叶渐小，边缘具齿，叶柄短。总状花序顶生；萼片4，窄长圆状披针形，长约5.5毫米，边缘有窄膜质边；花瓣4，黄色，长圆形至窄卵形，长约7毫米；雄蕊6；花柱长2～3毫米。长角果圆筒状，长8～10厘米。花期6—8月。

分布于东北、河北、山东、河南、山西、陕西、甘肃、青海、四川、云南；生于山坡林缘、草地、山谷溪畔。朝鲜、日本也有。照片2017年5月30日摄于雾灵山。

小花糖芥

Erysimum cheiranthoides L.

十字花科糖芥属。一年生草本，高15～50厘米，具伏生2～4叉状毛。茎直立，不分枝或分枝。叶披针形或条形，长2～4厘米，宽1～2毫米，先端急尖，基部渐狭，全缘或深波状；叶无柄或近无柄。总状花序顶生；花梗长2～3毫米；花瓣4，浅黄色，长圆形，长4～5毫米，顶端圆形或截形，基部具爪；雄蕊6，近等长。长角果侧扁，四角形或圆柱形，长2～2.5厘米；果梗斜向伸展，长2～4毫米。花果期4—6月。

北半球温带广布种；在我国除华南外，几乎各地均有分布；常见于海拔2000米以下山坡、山谷、路旁及村旁荒地。照片2008年4月17日摄于门头沟京西古道旁。

糖　芥

Erysimum bungei (Kitag.) Kitag.

十字花科糖芥属。一年生或二年生草本，高30～60厘米。茎直立，具棱。叶披针形或长圆状线形；基生叶长5～15厘米，宽5～20毫米，全缘，叶柄长1.5～2厘米；上部叶具短柄或无柄，边缘有波状齿或近全缘。总状花序顶生；花瓣4，鲜黄、橘黄或橙黄色，倒卵形，基部具爪；雄蕊6，近等长。长角果线形，长可达8厘米。花果期5—9月。

分布于东北、华北及江苏、陕西、四川；多生长于路旁荒地、山坡向阳处。蒙古、朝鲜、俄罗斯也有。北京山区常见，其花色亮眼，易于发现和识别。全草可入药，有强心、利尿作用。照片2006年7月14日摄于海坨山南麓山谷。

播娘蒿

Descurainia sophia (L.) Webb

十字花科播娘蒿属。一年生草本，高 20～80 厘米。茎直立，多分枝，密生灰色柔毛。叶三回羽状深裂，长 2～12 厘米，末回裂片窄条形或条状矩圆形，长 3～5 毫米，宽 1～1.5 毫米；下部叶有柄，上部叶无柄。花序伞房状，果期伸长；萼片直立，早落；花瓣 4，黄色，长圆状倒卵形，长 2～2.5 毫米，具爪；雄蕊 6，比花瓣长 1/3；雌蕊圆柱形，花柱短，柱头呈扁压头状。长角果圆筒状，长 2.5～3 厘米，宽约 1 毫米，无毛，稍内曲，与果梗不成一条直线，果瓣中脉明显，果梗长 1～2 厘米。花期 4—5 月。

分布于除华南外的全国各地；生于山坡、田野及农田。亚洲、欧洲、非洲及北美洲广布。模式标本采自欧洲。种子含油 40%，可供工业用，亦可食用。种子入药，有利尿消肿、祛痰定喘等功效。播娘蒿属有四十多种，主产于北美洲；中国仅有 2 种。播娘蒿照片 2017 年 4 月 15 日摄于昌平南口。

白花碎米荠

Cardamine leucantha (Tausch) O.E.Schulz

十字花科碎米荠属。多年生草本，高30～80厘米。根状茎细，长达20厘米。茎直立，有纵槽和短柔毛。茎生叶为单数羽状复叶，长达10厘米，小叶5～7，小叶片宽披针形，边缘有锯齿；叶柄长1.5～6厘米。总状花序顶生；花梗长约6毫米；花白色，长5～8.5毫米；雄蕊6，4长、2短。长角果长1.5～2.5厘米。花果期4—8月。

分布于东北、华北、华中、华东及陕西、甘肃；生于山地阴湿处和溪水边。日本、朝鲜、俄罗斯西伯利亚地区也有。北京山区较常见。照片2009年5月5日摄。

紫花碎米荠

Cardamine tangutorum O.E.Schulz

十字花科碎米荠属。多年生草本，高20～40厘米。根状茎细长。茎上升，不分枝或少分枝，茎下部通常无叶。羽状复叶，小叶7～11，小叶片矩圆状披针形，长2～5厘米，边缘有锯齿；叶柄长1～4厘米。总状花序顶生；花瓣4，紫红色或淡紫色，长8～15毫米；雄蕊6；花丝扁而扩大。长角果直立，条形，长3.5～4.5厘米，先端有宿存花柱。花果期5—8月。

分布于河北、山西、陕西、甘肃、青海、新疆、四川、云南及西藏东部；生于较高海拔的山谷草地及林下阴湿处。照片2007年5月15日摄于海坨山南麓山谷。

碎米荠属 十字花科。约160种，世界广布，主产于温带；中国约有39种和29变种，各地均有。草本；单叶、羽状复叶或羽状分裂。总状花序，无苞片；花瓣4，白色、粉红色或紫色，倒卵形，有长爪；雄蕊6；花柱细，柱头短，2裂。长角果线形，扁平，常骤然开裂，果瓣向上旋卷；种子多数，1行。

豆瓣菜

Nasturtium officinale R. Br.

又称水生菜。十字花科豆瓣菜属。多年生水生草本，高 20～40 厘米，全体光滑无毛。茎匍匐或直立于水面，多分枝，节上生不定根。单数羽状复叶，小叶片 3～7（9）枚，长卵形至宽卵形、长圆形或近圆形，顶端 1 片较大，长 2～3 厘米，钝头或微凹，近全缘或呈浅波形，基部截平，小叶柄细而扁，侧生小叶与顶生小叶形状相似，基部不等称，叶柄极短，基部呈耳状，略抱茎。总状花序顶生，花多数；萼片 4，长卵形，长 2～3 毫米，边缘膜质，基部略呈囊状；花瓣 4，白色，倒卵形或宽匙形，长 3～4 毫米，顶端圆，基部渐狭成细爪；雄蕊 6，4 长、2 短；子房上位，2 室，花柱短，柱头头状。长角果圆柱形，略扁，长 1.5～2 厘米；种子每室 2 行。花期 4—5 月；果期 6—7 月。

分布于黑龙江、河北、山东、江苏、安徽、河南、广东、广西、山西、陕西、四川、贵州、云南、西藏；生于水沟浅水中、山谷溪边、沼泽地或水田中。广布于欧洲、亚洲及北美。模式标本采自英国。广东、广西等地常作蔬菜栽培。照片 2007 年 5 月 19 日摄于昌平水边。

迎红杜鹃

Rhododendron mucronulatum Turcz.

杜鹃花科杜鹃花属。落叶灌木，高1～2米，分枝多，小枝细长，疏生鳞片。叶散生，质薄，矩圆状披针形，长3～8厘米，中部宽1.2～2.2厘米，边缘稍呈波状，两面特别是下面有疏鳞片；叶柄长3～5毫米。侧生花芽3～5个簇生枝顶，每芽出花1朵；花芽鳞在花期宿存；花淡紫红色，先叶开放；花梗极短，有疏鳞片；花萼极短，有鳞片，齿小，三角形；花冠宽漏斗状，长4～5厘米，外面有微毛，无鳞片，裂片5，顶端钝圆，边缘呈波状；雄蕊10，下倾，不等长，长不超过花冠，花丝中部以下有毛；子房5室，有鳞片，花柱无毛。蒴果圆柱形，长1.5厘米，有密鳞片。花期4—6月；果期5—8月。

分布于辽宁、华北、山东、江苏北部；喜较凉爽、湿润和半阴的环境，生于山地疏林或灌丛中。蒙古、朝鲜、日本、俄罗斯西伯利亚地区也有。北京海拔600～1300米左右山地有分布。照片2012年5月6日摄于云蒙山森林公园（上）；2013年5月12日摄于松山保护区（下）。

杜鹃花属 杜鹃花科。约960种，主产于亚洲东部和东南部，欧洲、北美洲、大洋洲也有；中国有542种，集中产于西南和华南。多观赏价值高的种类，在园艺学上占有重要位置。灌木或乔木，地生或附生；叶互生，全缘。花芽被芽鳞；花排成伞形总状或短总状花序，稀单花，多顶生；花萼宿存；花冠漏斗状、钟状、管状或高脚碟状，5～8裂；雄蕊5～10（～27）；子房通常5室，花柱宿存。蒴果自顶部向下室间开裂；种子多数。

照山白

Rhododendron micranthum Turcz.

杜鹃花科杜鹃花属。常绿灌木，高可达 2.5 米。叶散生，近革质，倒披针形，长 3～4 厘米，宽 8～12 毫米，顶端钝，向下渐狭，基部狭楔形，全缘，上面稍有鳞片，下面密生淡棕色鳞片；叶柄长约 3 毫米。顶生密集型总状花序多花；花梗长约 8～20 毫米，有鳞片；花小，乳白色；花萼深 5 裂，裂片长约 1～3 毫米，有睫毛；花冠钟状，长 6～8 毫米，口径约 1 厘米，5 裂，外面有鳞片；雄蕊 10，伸出；子房长 1～3 毫米，5～6 室，密被鳞片，花柱与雄蕊等长或短于雄蕊。蒴果矩圆形，长达 8 毫米。花期 5—7 月。

分布于东北、华北，西北、华中及四川、山东等地；朝鲜也有。生于山地林缘、灌丛、峭壁及石岩上。模式标本采自北京北部山区。本种全株有毒，春季幼枝嫩叶毒性更大，食草兽类食后易中毒死亡。照片 2006 年 7 月 14 日摄于海坨山南麓山谷。

鹿蹄草

Pyrola calliantha H. Andr.

鹿蹄草科鹿蹄草属。常绿草本状小半灌木，高10～30厘米。根状茎细长，横生。叶4～7，基生，革质，椭圆形、圆卵形或近圆形，长2.5～5.2厘米，宽1.7～3.5厘米，先端钝，基部阔楔形或近圆形，边缘近全缘或有疏齿，上面绿色，下面常带白霜，有时带紫色；叶柄长2～5.5厘米。花葶有1～2（～4）枚鳞片状叶；总状花序长12～16厘米，有9～13朵花；花倾斜，稍下垂；花梗长5～8（～10）毫米，腋间有长舌形苞片；萼片5，舌形，长5～7.5毫米，先端尖；花冠广开，直径1.5～2厘米，花瓣5，白色，有时稍带淡红色，长6～10毫米，宽5～8毫米；雄蕊10，花药长圆柱形，黄色，有小角；子房上位，花柱长6～10毫米，常带淡红色，倾斜，近伸直，上部稍向上弯曲，伸出花冠，顶端增粗，略有环状突起，柱头5圆裂。蒴果扁球形，宽径7.5～9毫米。花期6—8月。

分布于陕西、甘肃、青海、山西、河北、河南、安徽、江苏、浙江、福建、江西、湖北、湖南至西南各地；生于山地林下，海拔可达4100米。模式标本采自陕西。北京中高海拔天然林下偶见，常成小片分布。照片6～7月摄于百花山等地。

鹿蹄草属 鹿蹄草科。三十余种，产于北温带；中国有27种，各地均有，主产于西南和东北。小半灌木，根状茎细长；叶常基生，稀聚集在茎下部互生或近对生。总状花序；花萼5全裂，宿存；花瓣5；雄蕊10，花丝扁平，花药有极短小角，顶孔开裂；子房上位，中轴胎座，5室，花柱单生，柱头5裂。蒴果下垂，5纵裂。

岩生报春

Primula saxatilis Kom.

报春花科报春花属。多年生草本。具短而纤细的根状茎。叶3～8枚丛生，叶片阔卵形至矩圆状卵形，长2.5～8厘米，宽2.5～6厘米，先端钝，基部心形，边缘具缺刻状或羽状浅裂，裂片边缘有三角形牙齿；叶柄长5～9（15）厘米，被柔毛。花葶高10～25厘米；伞形花序1～2轮，每轮3～9（15）花；苞片线形至矩圆状披针形，长3～8毫米；花梗长1～4厘米，直立或稍下弯，被柔毛或短柔毛；花萼近筒状，长5～6毫米，分裂达中部，裂片5，披针形至矩圆状披针形，直立；花冠淡紫红色，高脚碟状，冠筒长12～13毫米，冠檐直径1.3～2.5厘米，裂片5，倒卵形，先端具深凹缺；雄蕊5。花有两种类型：长花柱花雄蕊着生于冠筒中下部，花柱长略低于冠筒口；短花柱花雄蕊稍低于喉部环状附属物，花柱长达冠筒中部。花期5—6月。

分布于黑龙江南部、河北东北部雾灵山、山西东北部五台山等地；生于林下阴湿处和岩石缝中。朝鲜也有。北京仅见于密云坡头林区。北京市重点保护植物。照片2017年5月30日摄于雾灵山海拔1600米的阔叶林下。

报春花属 报春花科。约500种，大部分布于北温带，少数产于南半球；中国有约300种，各地均有，主产地在西部和西南部。著名的山野花。多年生草本；叶全部基生，有柄或无柄，全缘或分裂。花通常2型；排成伞形或头状花序，有时单生或成总状花序；萼管状、钟状或漏斗状，5裂；花冠漏斗状或高脚碟状，裂片5，广展，全缘或2裂；雄蕊5，着生于花冠管上或冠喉部，内藏；胚珠多数。蒴果球形或圆柱形，5～10瓣裂。

胭脂花

Primula maximowiczii Regel

报春花科报春花属。多年生草本，全株无毛。叶基生，叶片长卵状披针形或矩圆状倒卵形，连柄长 10～45 厘米，顶端钝圆，基部渐狭下延成柄，边缘有细锯齿。花葶高 15～50 厘米；伞形花序 1～2（3）轮，每轮着生 8～15 朵花；苞片披针形，长 5～7 毫米；花梗长 1～2 厘米；花萼狭钟形，长 8 毫米，裂片 5，长三角形，长 2 毫米；花冠紫红色、鲜红色或粉紫色，杯状高脚碟形，直径约 2 厘米，裂片矩圆形，反卷。蒴果球形。花期 5—6 月。

分布于河北、山西、陕西、甘肃、青海、内蒙古；生于较高海拔山地，喜冷凉、湿润的环境。北京海拔 1800 米以上山顶草地多有分布，6 月初盛花时，大片胭脂花如红霞罩山，十分壮美。照片 2007 年 6 月 9 日摄于海坨山；2008 年 6 月 13 日摄于东灵山。

北京假报春

Cortusa matthioli L. subsp. **pekinensis** (Al.Richter) Kitag.

又称河北假报春。报春花科假报春属。多年生草本。叶基生，具长柄；叶片近圆形，直径 5～9 厘米，基部心形，边缘羽状分裂，裂片具不整齐深锯齿，上面深绿色，被稀疏纤毛，下面暗绿色，密被纤毛；叶柄长 7～13 厘米，被纤毛，两面具膜质翅。花葶 1～3 条，长 10～30 厘米，被纤毛；伞形花序 1 轮；苞片披针形，被稀疏柔毛；花梗柔弱，开展或下垂，长 2～5 厘米，参差不齐；花萼漏斗状，5 裂，裂片狭三角形；花冠漏斗状钟形，紫红色，5 裂，裂片矩圆形，顶端钝尖，边缘全缘，或有不整齐缺刻；雄蕊 5，生于花冠基部；花柱细，与花冠近等长，柱头小，头状。蒴果卵状，熟时 5 裂。花期 6 月。

分布于河北、山西、陕西；生于较高海拔山地林缘或草坡。模式标本采自北京附近。照片 2008 年 6 月 12 日摄于东灵山海拔近 2000 米处。

点地梅

Androsace umbellata (Lour.) Merr.

报春花科点地梅属。一年生或二年生无茎草本。全株被节状细柔毛。叶通常10～30枚基生，叶片圆形至心状圆形，直径5～15毫米，边缘具三角状裂齿；叶柄长1～2厘米。花葶直立，通常数条由基部抽出，高5～12厘米；伞形花序有4～15朵花；苞片卵形至披针形，长4～7毫米；花梗长2～3.5厘米；花萼5深裂，裂片卵形，长2～3毫米；花冠白色，筒口处有黄色环带，漏斗状，稍长于萼，直径4～6毫米，5裂，裂片倒卵圆形，约与花冠筒等长；雄蕊5，着生于花冠筒中部，长约1.5毫米；子房球形，花柱极短。蒴果近球形，直径约4毫米，5瓣裂。花期3—5月。

广布于亚洲东部及南部；我国各地都有。北京常见于早春的草地上，往往给人带来初春的喜悦。照片2007年4月27日摄于松山保护区路旁。

点地梅属 报春花科。约100种，分布于北温带；中国有71种和7变种，主产于西南和西北部。一年生或多年生矮小草本；叶各式，全部基生或旋叠状排列于枝上。花小，白色或红色；萼5裂；花冠高脚碟状或近轮状，管短于萼，裂片5，喉部有环纹或有褶与裂片对生；雄蕊5，内藏，盾状；子房球形，花柱短。蒴果卵形或球形，5裂。属名Androsace源于希腊词aner（意为“男性”）与sake（意为“盾”）的组合，指该属雄蕊呈盾状。

狼尾花

Lysimachia barystachys Bunge

报春花科珍珠菜属。多年生草本。有根状地下茎。全株密被柔毛。茎直立，高 40 ~ 100 厘米。叶互生或近对生，矩圆状披针形或倒披针形，长 5 ~ 10 厘米，宽 6 ~ 18 毫米，基部渐狭，近于无柄。总状花序顶生，花密集，常转向一侧，开始长 4 ~ 6 厘米，后逐渐伸长，结果时可长达 30 厘米；花梗长 4 ~ 6 毫米；花萼裂片长卵形，边缘膜质，长约 2 毫米；花冠白色，裂片 5，狭矩圆形，长 6 ~ 8 毫米；雄蕊 5，长 3 ~ 4 毫米。蒴果球形，直径约 2.5 毫米。花期 6—7 月。

分布于东北、华北、西北以及山东、江苏、湖北、四川、云南；生于山坡草地、林缘、路旁。朝鲜、日本也有。喜光照较充足和较湿润的环境。北京中、低海拔山区较常见。照片 2006 年 7 月 14 日摄于松山保护区。

狭叶珍珠菜

Lysimachia pentapetala Bunge

报春花科珍珠菜属。一年生草本。茎直立，多分枝，高 30 ~ 60 厘米。叶互生，条状披针形，长 2 ~ 7 厘米，宽 2 ~ 8 毫米，顶端渐尖，基部渐狭，具短柄，背面常有赤褐色腺点。总状花序顶生，初时花密集成头状，后渐伸长，结果时长 4 ~ 13 厘米；花梗长 5 ~ 10 毫米；花萼合生至中部以上，裂片披针形，边缘膜质；花冠白色，深裂至基部，裂片 5，近分离，匙形，约较花萼长 1 倍。蒴果球形，直径约 3.5 毫米，5 瓣裂。花期 7—9 月。

分布于吉林、辽宁、内蒙古、河北、河南、陕西、山东、江苏、湖北、四川等地；生于山坡荒地或山谷路旁。照片 2008 年 7 月 3 日摄于十渡孤山寨。

黄连花

Lysimachia davurica Ledeb.

报春花科珍珠菜属。多年生草本，具匍匐根状茎。茎直立，高 40～80 厘米，茎端花序及叶下面均被锈褐色腺毛。叶对生，很少有 3～4 枚轮生，披针形至狭卵形，长 4～12 厘米，宽 1～4 厘米，顶端锐尖，基部渐狭，几无叶柄，两面均有黑色腺点。圆锥花序顶生，花梗长 7～12 毫米；花萼深 5 裂，裂片狭卵状三角形，长约 4 毫米，边缘有黑色线条；花冠黄色，深 5 裂，裂片矩圆形，长约 7 毫米；雄蕊 5 枚，不等长，花丝基部连合成筒。蒴果球形，直径约 4 毫米。花期 7—8 月。

分布于东北、华北以及山东、江苏、浙江、湖北、四川、云南；生于草坡灌丛或水边湿润处。朝鲜、日本也有。北京见于北部山区。照片 2017 年 7 月 9 日摄于怀柔北部喇叭沟门山谷路旁溪水边。

珍珠菜属 报春花科。约 180 种，分布于温带和亚热带地区；中国有 132 种，1 亚种和 17 变种，各地均产，西南尤盛。有著名的香料植物灵香草（L. foenum-graecum Hance）和一些药用植物。多年生草本；叶互生、对生或轮生，全缘，常有腺点。花单生于叶腋或排成总状花序、伞形花序、圆锥花序或为头状花束；萼 5～6 裂；花冠 5～6 裂；雄蕊 5～6，着生于花冠管上；子房近球形，1 室，胚珠多数，生于特立中央胎座上。蒴果卵形或球形。

七瓣莲

Trientalis europaea L.

报春花科七瓣莲属。多年生矮小草本。根茎纤细，横走，末端常膨大成块状，具多数纤维状须根。茎直立，高5～15厘米。叶5～10枚聚生茎端呈轮生状，叶片披针形至倒卵状椭圆形，长2～7厘米，宽1～2.5厘米，具短柄或近于无柄，边缘全缘或具不明显的微细圆齿；茎下部叶极稀疏，通常仅1～3枚，甚小，长3～7毫米，宽1～2毫米，或呈鳞片状。花1～3朵，单生于茎端叶腋；花梗纤细，长2～4厘米；花萼分裂近达基部，裂片6～9，线状披针形，长4～7毫米；花冠白色，比花萼约长1倍，6～9深裂，裂片椭圆状披针形，先端锐尖或具骤尖头；雄蕊5～9，长4～5毫米；子房球形，花柱约与雄蕊等长。蒴果球形，直径2.5～3毫米，比宿存花萼短，5瓣裂；种子多数。花期5—6月；果期7月。

分布于黑龙江、吉林、内蒙古（东部）和河北省北部；生长于海拔700米至2000米的地区，多生于针叶林、针阔混交林或落叶阔叶林下。广布于欧亚大陆和北美洲的亚寒带地区。北京见于西北部至东北部较高海拔山地天然落叶阔叶林下。七瓣莲属只有2种，分布于北温带；中国有七瓣莲1种。属名Trientalis意为“三分之一英尺高”，指该属植物身高一般仅1/3英尺（约合10厘米左右）。照片2017年5月29日摄于雾灵山莲花池附近林下（上）。

东陵八仙花

Hydrangea bretschneideri Dipp.

又称东陵绣球。绣球科绣球属。落叶灌木，高1～3米。二年生枝栗褐色，表皮常开裂或呈条状剥落。单叶对生，矩圆状倒卵形或近椭圆形，长7～16厘米，宽3.5～6厘米，基部近楔形，顶端边缘有锯齿，下面有卷曲柔毛；叶柄长1～3厘米。伞房状聚伞花序顶生，长宽各约7～12厘米，花序轴和花柄被毛；花二型；花序外缘有数枚至十多枚大型不孕花（放射花），具4枚白色萼瓣，萼瓣长圆形、卵形、倒卵形或近圆形，全缘，长1～1.5厘米；孕性花小，白色；萼筒裂片5，披针形；花瓣5，离生；雄蕊10，不等长；花柱3，稀2，子房大部下位。蒴果近卵形，长3毫米。花期6—7月。

分布于河北、山西、陕西、甘肃、宁夏、青海、河南和四川北部。生于山坡、沟谷林下或林缘，海拔1200～2800米。模式标本采自清东陵北部雾灵山。照片2005年6月30日摄于雾灵山仙人塔沟（上）；2006年7月14日摄于海坨山南麓山谷（下）。

绣球属 绣球科。约80种，主要分布于北温带；中国有46种，各地多有分布。一些种已作为观赏灌木在庭园中栽培。亚灌木或灌木，有时攀缘状；叶对生，单叶，无托叶。花白色、粉红色或蓝色；排成顶生圆锥花序或聚伞花序；花1型，全为两性可孕花，或2型：花序中部为两性花，边缘具少数放射状不孕花；不孕花大，由3～5分离的花瓣状萼片组成；两性花小：萼裂片和花瓣均4～5；雄蕊10（8～20）；子房2～5室，下位或半下位，花柱短，2～5，宿存。蒴果，顶部开裂；种子极多数，微小。属名Hydrangea由两个希腊词组成：hydor（水）+angeion（容器），指果实的形状似盛水的容器。

小花溲疏

Deutzia parviflora Bunge

绣球科溲疏属。落叶灌木，高约2米；老枝灰褐色或灰色，表皮片状脱落。花枝褐色，被星状毛。叶对生，卵形，椭圆状卵形或卵状披针形，长3～6（～10）厘米，宽2～4.5厘米，先端急尖或短渐尖，基部阔楔形或圆形，边缘具细锯齿，两面被星状毛；叶柄长3～8毫米，疏被星状毛。伞房花序具多花，花序柄被毛；花柄长2～12毫米；萼筒杯状，高约3.5毫米，密被星状毛，裂片5，三角形，较萼筒短；花瓣5，白色，阔倒卵形或近圆形，长3～7毫米，宽3～5毫米，先端圆，基部狭，两面均被毛；雄蕊10，2轮，外轮长4～4.5毫米，内轮长3～4毫米，花丝具齿，花药球形具柄；花柱3，稍短于雄蕊。蒴果球形，直径2～3毫米。花期5—7月；果期8—10月。

分布于吉林、辽宁、华北、河南、湖北、陕西、甘肃；生于山谷林缘。朝鲜、俄罗斯也有分布。模式标本采自邻近北京平谷的蓟县盘山。照片2006年7月14日摄于西大庄科村旁山谷（上）；2007年5月25日摄于门头沟东山村村南山谷路旁（下）。

溲疏属 绣球科。约六十多种，分布于亚洲东部、墨西哥及中美洲；中国有五十余种，各地均有，西南部最盛。常作为花木栽培。落叶灌木，稀半常绿；常被星状柔毛；叶对生，边缘有锯齿，无托叶。花两性；常组成圆锥花序、伞房花序、聚伞花序或总状花序，稀单花；花萼5裂，结果时宿存；花瓣5，白色、粉红色或紫色；雄蕊10，稀12～15，常成形状和大小不同的两轮，花丝常有翅，先端2齿，浅裂或钻形；花盘环状、扁平；子房下位，稀半下位，3～5室，花柱3～5，分离。蒴果3～5瓣裂，有微小的种子极多数。

大花溲疏

Deutzia grandiflora Bunge

又称华北溲疏。绣球科溲疏属。落叶灌木，高达 2 米。小枝淡灰褐色。叶对生，卵形或卵状椭圆形，长 2～5 厘米，先端尖或渐尖，基部圆形，具不整齐细密锯齿，上面略粗糙，疏被星状毛，下面密被灰白色星状毛；叶柄长 2～3 毫米。花 1～3 朵生于侧枝顶端，径 2.5～3.7 厘米；花萼密被星状毛，萼筒长 2～3 毫米，萼裂片 5，长于萼筒；花瓣 5，白色，长圆形或倒卵状椭圆形，长 1～1.5 厘米；雄蕊 10，2 轮排列，外轮长 5～7 毫米，内轮较短，花丝带状，先端有 2 长裂齿，平展或有时裂齿先端下弯；花柱 3（～4），约与外轮雄蕊等长。蒴果半球形，径 4～5 毫米，花柱宿存。花期 4—5 月；果期 6 月。

分布于辽宁、华北、河南、陕西、甘肃、湖北、山东、江苏等地；生于山坡、山谷，多见于路旁岩石缝中及低山灌丛中。本种是北京山区春季重要的花木之一。照片 2007 年 5 月 15 日摄于松山保护区山谷中。

太平花

Philadelphus pekinensis Rupr.

又称太平圣瑞花、京山梅花。绣球科山梅花属。落叶灌木，高达 2 米。枝条对生。单叶对生，有短柄；叶片卵形或狭卵形，长 1.5～9 厘米，宽 1.4～4 厘米，先端渐尖，基部宽楔形或圆形，边缘有小锯齿，有 3 条主脉。总状花序有花 5～9 朵，花梗长 3～8 毫米；萼筒无毛，裂片 4，宿存，三角状卵形，长 4～5 毫米；花瓣 4，白色，倒卵形，长 9～12 毫米；雄蕊多数，长达 9 毫米；子房下位，4 室，胚珠多数，花柱长 4～5 毫米，先端稍分裂。蒴果倒圆锥形，直径 5～7 毫米。花期 5—7 月；果期 8—10 月。

分布于辽宁、华北、河南、陕西、湖北；生于山坡杂木林或溪边灌丛中。模式标本采自北京。北京西山等地有大片分布。中外园林中已引种栽培。照片 2007 年 6 月 9 日摄于延庆西大庄科村旁（上）；2008 年 6 月 8 日摄于门头沟京西古道（下）。

山梅花属 绣球科。约 75 种，分布于亚洲、欧洲和北美洲；中国有 18 种 12 变种和变型，产于东北、华北、华东、西北及西南各地。多为优良观赏树种。灌木；小枝对生；叶对生，3～5 出脉。花两性，白色，芳香；多排成总状花序，有时单生或 2～3 朵呈聚伞状，稀圆锥花序；萼筒倒圆锥形或近钟形，裂片 4（5）；花瓣 4（5），覆瓦状排列；雄蕊多数，花丝锥形，分离；子房下位或半下位，花柱 4（3～5），基部连合，柱头分离或合生。蒴果，有宿存萼裂片；种子多数，细小。

瘤糖茶藨子

Ribes himalense var. verruculosum (Rehd.) L.T.Lu

茶藨子科茶藨子属，糖茶藨子的变种。落叶灌木，高1～2米。枝粗壮，无毛，无刺。叶卵形或近圆形，长3～6厘米，基部心形，掌状3～5裂，顶生裂片比侧生裂片稍大，边缘具粗锐重锯齿或杂以单锯齿，叶下面脉上和叶柄具瘤状突起。花两性，径4～6毫米；总状花序长2.5～5厘米，有花8至10余朵；花梗极短；萼筒绿色，钟形，长1.5～2毫米，萼片呈花瓣状，黄绿色带红晕，倒卵状匙形或近圆形，长2～3.5毫米，宽2～3毫米，先端圆钝，边缘具睫毛，直立；花瓣5，近匙形或扇形，长1～1.7毫米，宽1～1.4毫米，先端圆或平截，黄绿色；雄蕊5，与花瓣近等长；子房下位，1室，花柱与雄蕊近等长，先端2浅裂。果实球形，直径6～7毫米，红色或熟后变为黑紫色，顶端有宿存花萼。花期6月；果期7—8月。

分布于华北、河南西部、陕西、宁夏、甘肃、青海、四川西部、云南西北部、西藏东部；生于海拔1600～4100米的山坡灌丛、山谷林下及林缘。模式标本采自河北小五台山。该变种定名人为中国植物分类学者陆玲娣。开花照片2007年6月9日摄于海坨山（上）；结果照片2009年8月摄。

茶藨子属 茶藨子科。约一百六十余种，主要分布于北温带和南美安第斯山脉；中国有50种30变种，主产于西南、西北、华北、东北。有些种可供观赏，有些种果可食。灌木，有刺或无刺；单叶互生或簇生，叶片常掌状分裂。花两性或有时单性；单生或排成总状花序；萼管与子房合生，萼片4～5，常呈花瓣状；花瓣4～5，通常小或为鳞片状；雄蕊4～5，与花瓣互生；子房下位，1室，侧膜胎座2，花柱2裂。果实为多汁浆果，顶部冠以宿存的萼。本属在恩格勒系统中隶属于虎耳草科。

华北八宝

Hylotelephium tatarinowii (Maxim.) H.Ohba

又称华北景天。景天科八宝属。多年生草本。根块状。茎多数，直立或倾斜，高20～15厘米，不分枝。叶互生，披针形至倒披针形，长1.2～3厘米，宽5～7毫米，先端渐尖，基部渐狭，边缘有疏锯齿至浅裂，近有柄。伞房状花序宽3～5厘米；花梗长2～3.5毫米；萼片5，卵状披针形，长1～2毫米；花瓣5，浅红色，卵状披针形，长4～6毫米，宽1.7～2毫米，先端浅尖；雄蕊10，与花瓣近等长，花丝白色，花药紫色；心皮5，直立，卵状披针形，长4毫米，花柱长1毫米，稍外弯。花期7—8月；果期9月。

分布于内蒙古、河北、山西；生于海拔1000～3000米的山地石缝中。模式标本采自内蒙古阴山。照片2006年8月25日摄于海坨山南坡。

费　菜

Sedum aizoon L.

又称土三七、景天三七。景天科景天属。多年生草本。根状茎短，粗。茎高20～50厘米，直立，无毛，不分枝。叶互生，狭披针形、椭圆状披针形至倒卵状披针形，长3.5～8厘米，宽1.2～2厘米，先端渐尖或钝，基部楔形，边缘有不整齐锯齿，叶片坚实，近革质。聚伞花序有多花，水平分枝，平展，下托以苞叶；萼片5，线形，肉质，不等长，长3～5毫米；花瓣5，黄色，长圆形至椭圆状披针形，长6～10毫米，有短尖；雄蕊10，较花瓣短；鳞片5，近正方形，长0.3毫米；心皮5，基部合生，花柱长钻形。蓇葖果星芒状排列，长7毫米。花期6—7月；果期8—9月。

分布于东北、华北、西北、河南、湖北、山东、江苏、安徽、浙江、江西、四川；俄罗斯、蒙古、朝鲜、日本也有。北京山区常见。根或全草入药。照片2006年7月13日摄。

垂盆草

Sedum sarmentosum Bunge

景天科景天属。多年生草本。不孕枝及花茎匍匐，节上生根，直到花序之下。三叶轮生，叶片倒披针形至长圆形，长15～28毫米，宽3～7毫米，先端近急尖，基部近急狭，有距。聚伞花序，有3～5分枝，花少，宽5～6厘米；花无梗；萼片5，披针形至长圆形，长3.5～5毫米，先端钝；花瓣5，黄色，披针形至长圆形，长5～8毫米，先端有稍长的短尖；雄蕊10，较花瓣短；鳞片10，楔状四方形，长0.5毫米，先端少有微缺；心皮5，长圆形，长5～6毫米，略叉开，有长花柱。花期5—7月。

分布于东北、华北、华中、华东、西南及陕西、甘肃；生于海拔1600米以下山坡阳处或石上。朝鲜、日本也有。模式标本采自北京。全草入药，可清热解毒。照片摄于北京西山。

火焰草

Sedum stellariifolium Franch.

又称繁缕景天。景天科景天属。一年生或二年生草本。植株有腺毛。茎褐色，略带木质，高10～15厘米，中下部有分枝。叶互生，倒卵状菱形，长7～15毫米，宽5～10毫米，顶端急尖，基部宽楔形，全缘；叶柄长5～6毫米。总状聚伞花序，顶生于茎和分枝上；花梗长5～10毫米；萼片5，披针形至矩圆形，长1～2毫米；花瓣5，黄色，披针状矩圆形，长3～5毫米；雄蕊10，较花瓣短；心皮5，矩圆形，近直立。蓇葖果上部略叉开。花期6—8月。

分布于辽宁、河北、山西、陕西、甘肃、华中、西南及山东、台湾；生于山坡、山谷土上或石缝中。模式标本采自北京附近。照片2015年8月26日摄于北京西山鹫峰。

瓦　松

Orostachys fimbriatus (Turcz.) Berger

景天科瓦松属。二年生草本。第一年生莲座叶，叶宽条形，渐尖；第二年生花茎，高 10～40 厘米。基部叶早落，条形至倒披针形，与莲座叶的顶部都有一个半圆形软骨质附属物，其边缘流苏状，中央有一长刺，叶长可达 3 厘米，宽达 2～5 毫米。花序总状，有时下部分枝，基部宽可达 20 厘米，呈塔形；苞片线状；花梗长达 1 厘米；花瓣 5，红色，披针状椭圆形，长 5～6 毫米；雄蕊 10，与花瓣同长或短，花药紫色。蓇葖 5，长圆形，长 5 毫米，喙细，长 1 毫米。花期 8—9 月；果期 9—10 月。

分布于东北、华北、西北、华中、华东等多数省区；生于山坡岩石上或屋瓦上。全草药用，但有小毒，宜慎用。照片 2007 年 9 月 4 日摄于松山保护区。

钝叶瓦松

Orostachys malacophyllus (Pall.) Fisch.

景天科瓦松属。二年生草本。第一年有莲座丛；莲座叶先端不具刺，钝或短渐尖，长圆状披针形至椭圆形，全缘。第二年自莲座叶中抽出花茎，花茎高 10～30 厘米，茎生叶互生，近生，较莲座叶大，长达 7 厘米。花序紧密，总状或穗状；苞片匙状卵形；花常无梗；萼片 5，长圆形，长 3～4 毫米；花瓣 5，白色或带绿色，长圆形，长 4～6 毫米；雄蕊 10，较花瓣长；心皮 5，卵形，长 4.5 毫米，花柱长 1 毫米。蓇葖果卵形，两端渐尖，长约 5 毫米。花期 7 月；果期 8—9 月。

分布于河北、内蒙古、辽宁、吉林、黑龙江；生于岩石上或土中。朝鲜、日本、蒙古、俄罗斯西伯利亚地区也有。照片摄于海坨山南坡，其花序尚未开放。

狭叶红景天

Rhodiola kirilowii (Regel) Maxim.

景天科红景天属。多年生草本。根粗，直立。根颈直径1.5厘米，先端被三角形鳞片。花茎少数，高15～60厘米，少数可达90厘米。叶互生，线形至线状披针形，长4～6厘米，宽2～5毫米，先端急尖，边缘有疏锯齿，或全缘，无柄。花序伞房状，有多花，宽7～10厘米；雌雄异株；萼片5或4，三角形，长2～2.5毫米；花瓣5或4，绿黄色，倒披针形，长3～4毫米，宽0.8毫米；雄花中雄蕊10或8，与花瓣同长或稍超出，花丝花药黄色；心皮5或4，直立。蓇葖果披针形，长7～8毫米。花期6—7月。

分布于河北、山西、陕西、甘肃、青海、新疆、四川、云南、西藏；生于海拔1800～5600米的多石草地或石山坡上。模式标本采自北京百花山。北京市重点保护植物。

照片2014年6月12日摄于百花山（上）；2007年6月23日摄于东灵山（下）。

红景天属 景天科。约90种，分布于北半球高寒地带；中国有73种2亚种7变种，主产于青藏高原及西南至北部高山地带。多年生草本，具根状茎，其上有鳞片；茎不分枝；叶肥厚，茎生叶互生。花单性异株或杂性，通常排成顶生的复伞房花序或二歧聚伞花序；花通常4～5数，萼片与花瓣同数；雄蕊常为花瓣数的2倍，2轮排列，花药2室，开裂前紫色，开裂后黄色；心皮基部合生，与花瓣同数，子房上位。蓇葖果，有种子多数。

红景天

Rhodiola rosea L.

景天科红景天属。多年生草本。根粗壮，直立。根颈短，先端被鳞片。花茎高 20～30 厘米。叶互生，较紧密，椭圆形、椭圆状卵形、倒披针形至矩圆形，长 0.7～3.5 厘米，宽 0.5～1.5 厘米，顶端急尖或渐尖，全缘或有少数牙齿，无柄。花序伞房状，宽 3～6 厘米，密集多花，分枝多；花单性，雌雄异株；萼片 4，披针状条形，长约 1 毫米，顶端钝，黄绿色；花瓣 4，黄色或带绿色，条状倒披针形至矩圆形，长 3 毫米，顶端钝；雄花中，雄蕊 8，较花瓣长，花药黄色，鳞片 4；雌花中心皮 4，花柱外弯。蓇葖果披针形或线状披针形，长 6～8 毫米。花期 4—6 月；果期 7—9 月。

分布于新疆、山西、河北、吉林；生于海拔 1800～2700 米的山坡林下或草地上。欧洲北部至俄罗斯东部、蒙古、朝鲜、日本也有分布。模式标本采自瑞典。北京见于西北部和东北部高山上。北京市重点保护植物。雄株照片 2017 年 5 月 29 日摄于雾灵山顶峰附近。

小丛红景天

Rhodiola dumulosa (Franch.) S.H.Fu

景天科红景天属。多年生草本。根颈粗壮，分枝。地上部分常有残存的老枝。一年生花茎聚生在主轴顶端，长10～24厘米。叶互生，条形至宽条形，长7～10毫米，宽1～2毫米，顶端急尖，基部无柄，全缘。花序聚伞状，有4～7朵花；萼片5，线状披针形，长4毫米；花瓣5，白或红色，披针状长圆形，直立，长8～11毫米，宽2.3～2.8毫米，先端渐尖，有较长的短尖；雄蕊10，较花瓣短，对萼片的长7毫米，对花瓣的长3毫米；心皮5，卵状长圆形，直立，长6～9毫米，基部合生。蓇葖果。花期6—7月；果期8月。

分布于华北、四川西北、青海、甘肃、陕西、湖北、吉林；生于海拔1600～3900米的山坡石上。模式标本采自北京百花山。现定名人为中国植物分类学家傅书遐。北京市重点保护植物。照片2007年7月8日（上、下）和7月29日（中）摄于东灵山。

球茎虎耳草

Saxifraga sibirica L.

虎耳草科虎耳草属。多年生草本。具鳞茎。株高6.5～25厘米。茎密被腺柔毛。基生叶具长柄，叶片肾形，长0.7～1.8厘米，宽1～2.7厘米，7～9浅裂，裂片卵形、阔卵形至扁圆形，两面和边缘均具腺柔毛；叶柄长1.2～4.5厘米。茎生叶肾形、阔卵形至椭圆形，长0.5～1.5厘米，宽0.5～2厘米，基部截形至楔形，5～9浅裂，具腺毛；叶柄长1～9毫米。聚伞花序伞房状，具2～13花，稀单花，花梗纤细，长1.5～4厘米，被腺柔毛；萼片长3～4毫米；花瓣白色，长6～15毫米；雄蕊长2.5～5.5毫米；子房卵球形，花柱2，柱头小。花果期5—11月。

欧亚广布种；在我国产于黑龙江、河北、山西、陕西和甘肃南部、新疆、山东、湖北、湖南、四川、云南、西藏；生于海拔770～5100米的林下、灌丛、高山草甸和石隙。俄罗斯、蒙古、尼泊尔、印度、克什米尔地区及欧洲东部均有。模式标本采自西伯利亚。照片2005年7月3日和2006年6月28日分别摄于雾灵山海拔1500米和1850米处岩石裂隙中。

虎耳草属 虎耳草科。约四百余种，分布于北极、北温带和南美安第斯山；中国有203种，南北均产，主要分布于西南和青海、甘肃的高山地区。多为多年生草本；单叶全部基生或兼茎生，茎生叶通常互生，稀对生。花通常两性，有时单性，辐射对称，稀两侧对称，黄色、白色、红色或紫红色；多为聚伞花序，有时单生，具苞片；花托杯状（内壁完全与子房下部愈合），或扁平；萼片5；花瓣5；雄蕊10；心皮2，通常下部合生，有时近离生；子房近上位至半下位，胚珠多数；蜜腺隐藏在子房基部或花盘周围。多为蒴果，稀蓇葖果；种子多数。

梅花草

Parnassia palustris L.

虎耳草科梅花草属。多年生草本，高12～30厘米。根状茎短粗。基生叶丛生，卵圆形或心脏形，长1.5～3厘米，宽1～2.5厘米，先端圆钝或渐尖，基部心形，边全缘，脉由基部发出5～7条，弧形；叶柄长3～6（～8）厘米，两侧有窄翼；花茎2～4条，中部具1无柄叶片，形状与基生叶同。花单生；萼片5，花瓣5，白色，卵状圆形，长约1.5厘米，平展，有显著的7～13条脉，常有紫色斑点；发育雄蕊5，花丝扁平，长达7毫米；退化雄蕊5，呈丝裂状，丝裂顶端有球状腺体；子房上位，卵球形，花柱极短，柱头4裂。蒴果，熟后4瓣开裂，花期7—9月；果期9—10月。

分布于东北、华北、西北；生于潮湿的山坡草地和山谷溪水旁。欧洲、亚洲温带和北美洲也有。北京较高海拔山地有分布。照片2007年9月4日摄于海坨山。

细叉梅花草

Parnassia oreophila Hance

虎耳草科梅花草属。多年生草本，高17～30厘米。根状茎短粗。基生叶2～8，具柄；叶片卵状长圆形或三角状卵形，长2～3.5厘米，宽1～1.8厘米，先端圆，基部截形或微心形，有时下延于叶柄，全缘，有3～5条脉，叶柄长2～5厘米，扁平。花茎一至多条，中部左右具1叶，无柄而半抱茎。花单生于茎顶，直径2～3厘米；萼筒钟状，萼片披针形，长6～7毫米；花瓣白色，倒卵状长圆形，长1～1.5厘米，宽6～8毫米，有5条紫褐色脉；雄蕊5，长约6.5毫米；退化雄蕊5，先端3深裂，裂端各具1腺体；子房半下位，花柱短，柱头3裂。花期7—8月。

分布于河北、山西、陕西、甘肃、宁夏、青海、四川等地；生于高山草地、山坡林缘。模式标本采自河北小五台山。照片2009年7月30日摄于东灵山主峰西侧山坡。

五台金腰

Chrysosplenium serreanum Hand.-Mazz.

又称互叶金腰。虎耳草科金腰属。多年生草本，高 7～20 厘米。具鞭匐枝，上具鳞片状叶。基生叶具长柄，叶片肾形至圆状肾形，长 0.8～2.5 厘米，宽 1～3 厘米，边缘具 8～11 圆齿，疏生柔毛，叶柄长 2.5～4 厘米，疏生柔毛；茎生叶通常 1 枚，肾形，长 0.4～1 厘米，宽 0.7～1.7 厘米，边缘具 5～9 圆齿，基部近心形至心形，叶柄长 1.5～4 厘米。聚伞花序；苞叶卵形至扁圆形，长 0.4～1.5 厘米，宽 0.3～2 厘米，具 2～7 齿，稀全缘，基部楔形至宽楔形，柄长 1～5 毫米。花黄色，直径 3～4 毫米；萼片 4，近圆形至阔卵形，近直立；无花瓣；雄蕊 8，长约 1 毫米；子房半下位，花柱 2，长 0.7 毫米。蒴果长 2.6～3 毫米，2 果瓣近等大，有短喙。花果期 5—7 月。

分布于黑龙江和华北；生于海拔 1700～2800 米的林区湿地或溪畔。俄罗斯、蒙古、朝鲜、日本也有。模式标本采自山西五台山。北京见于门头沟和密云高海拔山林下和山崖湿润处。定名人是奥地利植物学家 Heinrich von Handel-Mazzetti（1882—1940，汉名：韩马迪）。照片 2017 年 5 月 29 日摄于雾灵山莲花池。

金腰属 虎耳草科。65 种，亚、欧、非、美 4 洲均有，主产于亚洲温带；中国 35 种，南北均有，主产于西部。多年生草本，通常具鞭匐枝或鳞茎；单叶互生或对生，具柄。通常为聚伞花序，围有苞叶，稀单花；花小型，绿色、黄色、白色或带紫色；萼片 4，稀 5；无花瓣；雄蕊 8（10）或 4；2 心皮通常中下部合生，子房 1 室，胚珠多数，具 2 侧膜胎座，花柱 2，离生。蒴果，2 果瓣近等大或明显不等大；种子多数。

独根草

Oresitrophe rupifraga Bunge

又称岩花、小岩花、山苞草、爬山虎。虎耳草科独根草属。多年生草本，高 12～28 厘米。根状茎粗壮，具芽，芽鳞棕褐色。叶均基生，1～3 枚，先花后叶；叶片心形至卵形，长 3.8～9.7（～25.5）厘米，宽 3.4～9（～22）厘米，先端短渐尖，边缘具不规则牙齿，基部心形；叶柄长 11.5～13.5 厘米，被腺毛。花葶不分枝，密被腺毛。多歧聚伞花序长 5～16 厘米，多花；花梗长 0.3～1 厘米；萼片 5～7，不等大，卵形至狭卵形，长 2～4.2 毫米，宽 0.5～2 毫米；无花瓣；雄蕊 10～13，长 3.2 毫米；子房近上位，花柱长 2 毫米。蒴果 1 室，具 2 喙。花果期 4—9 月。

产于辽宁西部、河北和山西东部；生于山谷、悬崖石壁的阴湿缝隙中。模式标本采自北京西南部山区。独根草是独根草属唯一的种，特产于中国北方少数山区，而且生长环境特殊，北京市重点保护植物。该种叶大、形美，花艳丽，在悬崖绝壁上形成独特的景观效果，开花植株照片 2010 年 4 月 23 日摄于门头沟担里；基生叶照片 2008 年 7 月 3 日摄于房山十渡孤山寨。

落新妇

Astilbe chinensis (Maxim.) Franch. et Sav.

又称红升麻。虎耳草科落新妇属。多年生草本，高 50～100 厘米。有粗根状茎。基生叶为二至三回三出复叶；小叶片卵形、菱状卵形或长卵形，长 1.8～8 厘米，宽 1.1～4 厘米，先端渐尖，基部圆形或宽楔形，边缘有重牙齿；茎生叶 2～3，较小。圆锥花序顶生，长达 40 厘米，分枝通常与花序轴成 15～30 度角斜上伸展；花序轴密被褐色卷曲长柔毛；几乎无花梗；花密集；萼片 5，卵形，长 1～1.5 毫米；花瓣 5，淡紫色至紫红色，线形，长约 5 毫米，宽 0.5～1 毫米；雄蕊 10，长 2～2.5 毫米；心皮 2，仅基部合生，长约 1.6 毫米。蒴果长约 3 毫米。花果期 6—9 月。

分布于东北、华北、华中、山东、浙江、江西、四川、云南、陕西、甘肃、青海东部等地；生于山谷溪边、林下、林缘、草甸。俄罗斯、朝鲜、日本也有。模式标本采自黑龙江流域。北京山区有分布，多见于山谷溪流旁较阴湿处。本种全草含氰甙等次生代谢物质，有毒。照片 2006 年 7 月 14 日摄于海坨山南麓山谷。

落新妇属 虎耳草科。约 18 种，分布于亚洲和北美洲；中国有 7 种，南北均有。多年生草本。根状茎粗壮。叶互生，二至四回三出复叶，稀单叶。圆锥花序顶生；花小，白色、淡紫色或紫红色；两性或单性，稀杂性或雌雄异株；萼片 5，稀 4；花瓣 1～5，有时更多或无；雄蕊 8～10，稀 5。蒴果或蓇葖果。

三裂绣线菊

Spiraea trilobata L.

蔷薇科绣线菊属。灌木，高 1～2 米。小枝褐色，无毛。单叶互生，叶片近圆形，长 1.7～3 厘米，宽 1.5～3 厘米，先端钝，常 3 裂，基部圆形、楔形或亚心形，边缘自中部以上具少数圆钝锯齿，两面无毛，基部具显著 3～5 脉。伞形花序具总花梗，无毛，每花序有花 15～30 朵；花梗长 8～13 毫米，无毛；花白色，直径 6～8 毫米；萼筒钟形，外面无毛，裂片 5，三角形；花瓣 5，宽倒卵形；雄蕊 18～20，较花瓣短。蓇葖果开张。花期 5—6 月。

分布于黑龙江、辽宁、内蒙古、河北、山西、河南、陕西、甘肃、安徽；生于海拔 2400 米以下多岩石向阳山坡或灌丛中。俄罗斯西伯利亚地区、土耳其也有。该种喜光照充足的环境，耐干旱、瘠薄，花朵繁盛，易于管理，城市园林绿地中已引种。照片 2015 年 5 月 26 日摄于八达岭森林公园（上）；2007 年 5 月 14 日摄于松山保护区路边山坡上（下）。

绣线菊属 蔷薇科。约一百余种，分布于北温带和亚热带山区；中国有五十余种。观赏价值较高，庭园中常见栽培。落叶灌木；单叶互生，叶片边缘有锯齿或缺刻，有时分裂，稀全缘，通常具短叶柄，无托叶。或两性，稀杂性；成伞形、伞形总状、伞房或圆锥花序；萼筒钟状，萼片 5；花瓣 5，常圆形；雄蕊 15～60，着生于花盘和萼片之间；心皮 5（3～8），离生。蓇葖果，常沿腹缝线开裂，内具数粒细小种子。

土庄绣线菊

Spiraea pubescens Turcz.

蔷薇科绣线菊属。灌木，高 1～2 米。小枝褐黄色，幼时有短柔毛。单叶互生，叶片菱状卵形或椭圆形，长 2～4.5 厘米，宽 1.3～2.5 厘米，先端急尖，基部宽楔形，边缘自中部以上具深刻锯齿，有时 3 裂，上面具稀疏柔毛，下面被短柔毛；叶柄长 2～4 毫米，被短柔毛。伞形花序具总花梗，每花序具花 15～20 朵；花梗长 7～12 毫米，无毛；花白色，直径 5～7 毫米；萼筒钟状，外面无毛，裂片 5，卵状三角形；花瓣 5，长 2～3 毫米；雄蕊 25～30，约与花瓣等长；花盘圆盘形，具 10 个先端凹陷的裂片；花柱短于雄蕊。蓇葖果开张。花期 5—6 月；果期 7—8 月。

分布于东北、华北、河南、陕西、甘肃、湖北、山东、安徽；生于海拔 2500 米以下的岩石坡地、杂木林内。蒙古、俄罗斯和朝鲜也有。较耐干燥，但喜较湿润的环境，稍耐阴；常成大片生长。照片 2007 年 5 月 15 日摄于延庆西大庄科村旁山谷。

毛花绣线菊

Spiraea dasyantha Bunge

又称绒毛绣线菊、石崩子。蔷薇科绣线菊属。落叶灌木，高 2～3 米。小枝呈明显的“之”字形弯曲，幼时密被绒毛。叶片菱状卵形，长 2～4.5 厘米，宽 1.5～3 厘米，边缘自基部 1/3 以上有深刻锯齿或裂片，上面深绿色，有皱脉纹，下面密被白色绒毛，羽状脉显著；叶柄长 2～5 毫米，密被绒毛。伞形花序具总梗，密被灰白色绒毛，具花 10～20 朵，花梗长 6～10 毫米；花直径 4～8 毫米；花瓣 5，白色，宽倒卵形至近圆形，先端微凹；雄蕊 20～22；花盘圆环形，具 10 个球形肥厚的裂片；花柱比雄蕊短。蓇葖果开张，被绒毛。花期 5—6 月；果期 7—8 月。

产于辽宁、华北、湖北、江苏、江西。生于低山区向阳干燥坡地或山谷中。模式标本采自北京西山。照片 2007 年 5 月 25 日摄于北京西山峡谷中。

蒙古绣线菊

Spiraea mongolica Maxim.

蔷薇科绣线菊属。落叶灌木，高达 3 米。小枝有棱角，红褐色。叶片长圆形或椭圆形，长 8～20 毫米，宽 3.5～7 毫米，先端圆钝或微尖，基部楔形，全缘；叶柄极短，长 1～2 毫米。伞形花序具总梗，有花 8～15 朵；花梗长 5～7 毫米；萼筒近钟形，萼片 5，三角形；花瓣 5，白色，近圆形，先端钝，长与宽各为 2～4 毫米；雄蕊 18～25，与花瓣近等长；花盘具 10 个圆形裂片，排列成环形；花柱短于雄蕊。蓇葖果直立开张，具宿存萼片。花期 5—7 月。

分布于华北、河南、陕西、甘肃、青海、四川、西藏；生于海拔 1600～3600 米的山地。北京西部高海拔山地有分布。照片 2007 年 6 月 23 日摄于东灵山“狼毒坡”。

龙牙草

Agrimonia pilosa Ledeb.

蔷薇科龙牙草属。多年生草本，高 30～60 厘米；密生长柔毛。单数羽状复叶互生，小叶 5～7，杂有小型小叶，无柄，椭圆状卵形或倒卵形，长 3～6.5 厘米，宽 1～3 厘米，边缘有锯齿，两面疏生柔毛。顶生总状花序有多花，近无梗；花黄色，直径 6～9 毫米；萼筒外面有槽并有毛，顶端生一圈钩状刺毛，裂片 5；花瓣 5；雄蕊 10；心皮 2。瘦果倒圆锥形，萼裂片宿存。花果期夏秋季。

分布几乎遍及全国；生于山坡、路旁、草地。北京平原和山区常见。本种全草含鞣酸，为收敛止血药，并有强壮、止泻功能。照片 2008 年 7 月 3 日摄于十渡孤山寨。

龙牙草属 蔷薇科。约 10 种，分布于北半球温带地区；中国有 4 种，各地均有分布。龙牙草的根入药，为著名的收敛剂。多年生草本；叶为单数羽状复叶，有大小不等的小叶。花较小，花瓣 5，黄色，生于纤细的总状花序上；雄蕊多数。瘦果，果托有直立的钩刺。易于识别。

地　榆

Sanguisorba officinalis L.

又俗称黄瓜香。蔷薇科地榆属。多年生草本，高 1～2 米。根粗壮。茎直立，有棱，无毛。单数羽状复叶互生；小叶 3～11 片，矩圆状卵形至长椭圆形，长 2～6 厘米，宽 0.8～3 厘米，先端急尖或钝，基部近心形或截形，边缘有圆或锐的锯齿，无毛；有小托叶，包茎，近镰刀状，有齿。花小，密集成顶生圆柱形的穗状花序；有小苞片；萼裂片 4，花瓣状，紫红色，基部具毛；无花瓣；雄蕊 4，花药紫色，花粉黄色；花柱比雄蕊短。瘦果褐色，有细毛和纵棱，包于宿萼内。花期 7—9 月。

分布于华北、华中、华南、西南；生于山坡草地。种子含油 30%；根可入药。照片 2007 年 7 月 27 日摄于海坨山（上）；2017 年 7 月 29 日摄于雾灵山（下）。

蚊子草

Filipendula palmata (Pall.) Maxim.

蔷薇科蚊子草属。多年生草本，高约1米。茎有棱，近无毛。基部和茎下部叶为羽状复叶，小叶5，顶端小叶特大，7～9裂，侧生小叶较小，常3～5裂，基部一对小叶最小，常3裂，茎上部叶渐成掌状5裂，裂片先端渐尖，边缘有锯齿，下面密生白色绒毛；托叶半心形。圆锥花序，花多而小；花白色，直径5～7毫米；花萼裂片5，卵形；花瓣5，倒卵形，比萼裂片长；雄蕊多数；心皮5～7。瘦果半月形，黄褐色，沿背、腹缝线有一圈柔毛。花期7—8月。

分布于东北、华北；生于山麓、河岸草地、林边草地或阔叶林中。照片2017年7月30日摄于雾灵山莲花池附近林下。

蚊子草属 蔷薇科。10种，分布于北温带；中国有8种，产于西南部至东北部。草本；叶互生，为间断的羽状分裂或复叶，顶端裂片常扩大。花小而多数，两性，组成顶生的伞房花序或圆锥花序；萼裂片和花瓣均为5，有时4～6；雄蕊多数；心皮5～15，分离，有胚珠2颗。瘦果。

水杨梅

Geum aleppicum Jacq.

又称路边青。蔷薇科水杨梅属。多年生草本，高40～80厘米；全株有长刚毛。基生叶羽状全裂，顶裂片较大，菱状卵形至圆形，长5～10厘米，宽3～10厘米，3裂或具缺刻，先端急尖，基部楔形或近心形，边缘有大锯齿，两面疏生长刚毛；侧生叶片小，1～3对，宽卵形，并有小形叶片。茎生叶有3～5叶片，卵形，3浅裂或羽状分裂。花单生茎顶，黄色，直径10～15毫米；两性，5数，雄蕊和雌蕊多数。聚合果球形，直径约1.5厘米，宿存花柱长，先端有长钩刺。花果期夏秋季。

产于东北、华北、中南、西南、山东、江西；生于林缘、路旁、河边湿草地。根及全草可入药。开花照片2006年7月14日摄于延庆西大庄科村旁山谷（上）；结果照片2005年7月3日摄于雾灵山仙人塔沟（下）。

水杨梅属 蔷薇科。约50种，分布于温带地区；中国有4种，产于西南至东北等地。有些种有药用价值，如产于欧洲和亚洲中部的欧亚路边青Geum urbanum L.，是欧洲较著名的传统草药。多年生草本；叶大部基生，茎生叶较小，互生，羽状复叶或琴状分裂，顶端裂片最大。花两性，单生或排成伞房花序；花萼管钟状，裂片5，副萼片5；花瓣5，黄色、白色或红色；雄蕊多数；心皮多数，分离。瘦果，有长而宿存的花柱。

蛇　莓

Duchesnea indica (Andrews) Focke

又称地莓、野杨梅。蔷薇科蛇莓属。多年生草本。根状茎粗壮。具多数长而纤细的匍匐茎，有柔毛。三出复叶，小叶片近无柄，菱状卵形或倒卵形，长1.5～3厘米，宽1.2～2厘米，边缘具钝锯齿；叶柄长1～5厘米。花单生于叶腋，直径1～1.8厘米，花梗长3～6厘米，有柔毛；花托扁平，果期膨大成半圆形，海绵质，红色；副萼5，先端3裂，稀5裂；萼裂片5，卵状披针形，先端具长尖头，比副萼小；花瓣5，黄色。聚合瘦果红色，球形，直径1～1.5厘米。花期4—7月；果期6—9月。

世界广布种。分布于辽宁南部以南各省区；生于林下草丛中、路旁或水边湿地。该种分布范围广，枝叶铺地，耐荫，花果期长，在林下鲜艳夺目，适于在园林中做耐阴地被植物栽培。全草入药，有清热、凉血、消肿、解毒等功效。

开花照片2007年5月15日摄于延庆西大庄科村旁山谷；结果照片2006年7月13日摄于海坨山南麓山谷。

山楂叶悬钩子

Rubus crataegifolius Bunge

又俗称牛叠肚、托盘。蔷薇科悬钩子属。落叶灌木，高达3米。小枝红褐色，具棱，幼枝被毛及具钩刺。单叶互生，宽卵形或近圆形，长5～12厘米，3～5掌状分裂，先端渐尖，基部心形或平截，花枝叶较小，常3裂，边缘具不整齐粗锯齿，下面沿脉被柔毛，中脉有小皮刺；叶柄长2～5厘米，散生小钩刺。花2～6集生或成短伞房花序；花梗长0.5～1厘米；花径1～1.5厘米，萼片卵形，先端渐尖，反曲；花瓣白色，椭圆形。聚合果近球形，径约1厘米，红色。花期6—7月；果期8—9月。

产于东北、华北及河南、山东等地；生于海拔300～1500米荒地、山坡、山谷。北京山区较常见。果可食用。照片2007年6月9日摄于海坨山南麓山谷（上、中）；2006年8月24日摄于西大庄科村旁山谷（下）。

悬钩子属 蔷薇科。约500种，广布于全球，主产于北温带；中国有150种以上，南北均有，南方尤盛。果可食；有些种类可药用。灌木，直立或攀缘状；常有刺；叶互生，单叶或复叶，有托叶。花两性，稀单性异株；总状、圆锥状或伞房花序，有时花单生或集生；花萼5（3～7）裂，宿存；花瓣5或无花瓣；雄蕊多数；离生心皮雌蕊多数，稀少数，生于凸起的花托上，每子房2胚珠，花柱近顶生。聚合小核果，果期花托肉质或干燥；果红色、橘红色、黄色或黑色。

风箱果

Physocarpus amurensis (Maxim.) Maxim.

又称阿穆尔风箱果、托盘幌。蔷薇科风箱果属。落叶灌木，高可达 3 米。单叶，互生，叶片三角状卵形至宽卵形，长 3.5～5.5 厘米，宽 3～5 厘米，先端尖，基部心形或近心形，通常 3 裂，稀 5 裂，边缘有重锯齿，下面有毛；叶柄长 1.2～2.5 厘米。花序伞形总状；花梗长 1～1.8 厘米，密被星状柔毛；花直径 8～13 毫米；萼筒杯状，外面密被星状绒毛，萼裂片 5，三角形，长约 3～4 毫米，宽 2 毫米，内外均被星状绒毛；花瓣 5，倒卵形，长约 4 毫米，先端圆钝，白色；雄蕊 20～30，着生于萼筒边缘，雄蕊短于花瓣，花丝白色，花药紫色；心皮 2～4，外被星状绒毛，花柱顶生。蓇葖果卵形。花期 6—7 月。

分布于黑龙江、河北；生于山谷和山坡林缘。朝鲜和俄罗斯远东地区也有分布。

照片 2006 年 6 月 27 日摄于雾灵山。

委陵菜

Potentilla chinensis Ser.

蔷薇科委陵菜属。多年生草本，高30～60厘米。茎丛生，直立或斜上，有白色柔毛。羽状复叶，基生叶有小叶15～31，小叶矩圆状倒卵形或矩圆形，长3～5厘米，宽1.5厘米，羽状深裂，裂片三角状披针形，下面密生白色绵毛；叶柄长约1.5厘米，叶轴有长柔毛；茎生叶与基生叶相似。聚伞花序顶生，总花梗和花梗有白色毛；花径约1厘米，花瓣5，黄色。瘦果卵形，多数，聚生于有绵毛的花托上。花期夏秋季。

分布于东北、华北至华南、西南的大部分省区；生于山坡、路旁、沟边。亚洲东部广布。北京各地较常见。照片2007年9月5日摄于海坨山。

雪白委陵菜

Potentilla nives L.

蔷薇科委陵菜属。多年生草本。高20～50厘米。茎多直立或呈弧形斜生，生白色绒毛。叶为三出复叶，小叶卵形，长1～4厘米，宽0.6～2厘米，边缘具深而圆的锯齿，下面密生白色绒毛；基生叶较大，有长柄，小叶无柄；茎生叶较小，叶柄短，托叶卵形，在叶柄基部成鞘状，小叶有短柄。聚伞花序，总花梗和花梗密生白色绒毛；花朵直径1～1.8厘米；花瓣5，黄色，宽倒卵形，顶部凹缺。瘦果卵形，光滑，无毛。花期夏季。

分布于东北、华北、西北的高山上；生于多石和干燥的山坡。欧亚大陆北部广布。北京西北部高山上有分布。照片2008年6月13日摄于东灵山。

三叶委陵菜

Potentilla freyniana Bornm.

蔷薇科委陵菜属。多年生草本。茎细长柔软，稍匍匐，有柔毛。三出复叶；基生叶的小叶椭圆形、矩圆形或斜卵形，长 1.5～5 厘米，宽 1～2 厘米，基部楔形，边缘有粗锯齿，近基部全缘，下面沿叶脉处有较密的柔毛，叶柄细长，有柔毛；茎生叶小叶片较小，叶柄短或无。聚伞花序，总花梗和花梗有柔毛；花直径 1～1.5 厘米；花瓣 5，黄色，倒卵状椭圆形；雄蕊多数。瘦果黄色，无毛，有小皱纹。花期 6—8 月。

分布于东北、华北、华东、华中、西南等地；俄罗斯、朝鲜、日本也有。照片 2008 年 7 月 3 日摄于十渡孤山寨。

匍匐委陵菜

Potentilla reptans L.

蔷薇科委陵菜属。多年生草本。茎匍匐，节上生根，微生柔毛。基生叶为三出复叶或鸟足状五出复叶，小叶片倒卵形，长 1～3 厘米，宽 0.6～2 厘米，边缘有钝裂齿，近基部 1/3 全缘，两面有柔毛，下面毛较密，叶柄细长，有柔毛；茎生叶与基生叶相似。花单生，花梗细长，长 2～4 厘米以上。花直径约 1.4 厘米；花瓣 5，黄色，倒卵状圆形；雄蕊多数。瘦果褐色，有小突起，花柱近顶生。花期 6—7 月。

分布于华北、河南、山东、江苏、浙江、四川、云南、陕西、甘肃、新疆；生于山坡林下或山谷路旁。俄罗斯西伯利亚地区、中亚、欧洲、北非也有。照片 2008 年 6 月 18 日摄于海坨山落叶松林缘。

多茎委陵菜

Potentilla multicaulis Bunge

蔷薇科委陵菜属。多年生草本，高约 20 厘米。根粗壮，木质化。茎常倾斜或弧形上升，有灰白色长柔毛和短柔毛。羽状复叶：基生叶有小叶 6～8 对，矩圆形或矩圆状卵形，小叶片羽状深裂，上面深绿色，散生柔毛，下面密生灰白色绒毛和柔毛，小叶无柄，叶柄上有长柔毛，托叶膜质；茎生叶小叶 3～5 对，叶柄短，托叶披针形。聚伞花序，总花梗和花梗密生灰白色长柔毛和短柔毛；花直径约 1.2 厘米；花萼 5 裂，裂片间有 5 枚副萼片；花瓣 5，黄色，近于圆形，平展；雄蕊多数，花药黄色；心皮多数。瘦果小，褐色，包于宿存的花萼内。花期 5—6 月。

分布于辽宁、华北、西北、河南、四川等地；生于向阳山坡草地或路旁。模式标本采自北京附近。照片 2007 年 5 月 15 日摄于松山保护区路旁。

鹅绒委陵菜

Potentilla anserina L.

又称莲花菜、人参果、蕨麻委陵菜。蔷薇科委陵菜属。多年生草本。根肉质，纺锤形。匍匐茎细长，节上生根，微生长柔毛。基生叶为羽状复叶，小叶 3～12 对；小叶片卵状矩圆形或椭圆形，长 1～3 厘米，宽 0.6～1.5 厘米，先端圆钝，边缘有深锯齿，下面密生白色绵毛；小叶间有极小的小叶片；叶柄长，有白毛；茎生叶有较少数小叶。花单生于长匍匐茎的叶腋，花梗长 1～10 厘米。有长柔毛；花直径 1～2 厘米；花萼裂片 5，宽卵形，副萼宽条形；花瓣 5，黄色；雄蕊多数；心皮多数。瘦果卵形，背部有槽。花果期 5—9 月。

温带广布种；我国见于东北、华北、西北、西南等省区；生于湿润沙地、湖盆边缘、河滩湿草地及轻度盐渍化草地。该种用途广泛：花蜜丰富，可作蜜源植物；根富含淀粉，可食用和酿酒；其全株含鞣质，可提取栲胶。照片 2008 年 7 月 3 日摄于十渡孤山寨。

匍枝委陵菜

Potentilla flagellaris Willd.

蔷薇科委陵菜属。多年生匍匐草本。匍匐枝长 8～60 厘米，被柔毛。基生叶为掌状复叶，小叶 5，稀 3，连叶柄长 4～10 厘米，叶柄被柔毛，小叶无柄；小叶片菱状倒卵形，长 2～5 厘米，宽 1.5～2 厘米，顶端尖，基部楔形，边缘有缺刻状大小不等的锯齿，下部 2 小叶有时 2 裂；匍匐枝上叶与基生叶相似。单花与叶对生，花梗长 1.5～4 厘米，被短柔毛；花直径 1～1.5 厘米；副萼片 5，卵状长圆形，顶端急尖，与萼片近等长，稀稍短，外面被柔毛；花瓣 5，黄色，顶端微凹或圆钝，比萼片长；雄蕊多数；花柱近顶生，基部细，柱头略扩大。瘦果。花果期 5—9 月。

分布于东北、河北、山西、甘肃、山东、江苏等地；生于山坡草地、河岸和路旁。俄罗斯西伯利亚地区、蒙古、朝鲜也有。照片 2007 年 5 月 25 日摄于北京西山。

莓叶委陵菜

Potentilla fragarioides L.

蔷薇科委陵菜属。多年生草本。茎多数，丛生，上升或铺散，长 8～25 厘米，被开展长柔毛。单数羽状复叶，小叶 5～7，稀 3 或 9，顶端 3 小叶较大，小叶有短柄或几无柄；小叶片倒卵形、椭圆形或长椭圆形，长 0.5～7 厘米，宽 0.4～3 厘米，顶端圆钝或急尖，基部楔形或宽楔形，边缘有多数急尖或圆钝锯齿，近基部全缘，两面被平铺疏柔毛，下面沿脉较密，叶柄长，有长柔毛；茎生叶常有 3 小叶，小叶与基生叶小叶相似，叶柄短或几无柄。伞房状聚伞花序顶生，多花，松散；花梗纤细，长 1.5～2 厘米，外被疏柔毛；花直径 1～1.7 厘米；萼片三角状卵形，副萼片长圆披针形，与萼片近等长或稍短；花瓣 5，黄色，倒卵形，顶端圆钝或微凹；雄蕊多数。瘦果直径约 1 毫米。花期 4—6 月。

分布于东北、华北、华东、华中、陕西、甘肃、四川、贵州、云南、广西；多见于山坡多石地、草原及田边。东北亚其他国家也有。照片 2007 年 4 月 28 日摄于松山保护区。

金露梅

Potentilla fruticosa L.

蔷薇科委陵菜属。落叶灌木，高达 1.5 米。树皮纵裂剥落，分枝多，幼枝被丝毛。羽状复叶集生，小叶 5（3～7），长椭圆形，卵状披针形或长圆状披针形，长 0.6～1.5 厘米，先端急尖，基部楔形，全缘，边缘常外卷，两面微被丝毛；叶柄短，被柔毛；托叶披针形，膜质。花单生或成聚伞花序；花梗长 0.8～1.2 厘米，被丝毛；花径 2～3 厘米；附萼 5，披针形，萼筒疏被长柔毛或丝毛，萼片 5，三角状卵形；花瓣黄色，圆形，具爪；雄蕊多数。瘦果卵圆形，紫褐色，密被长柔毛。花期 6—7 月；果期 8—9 月。

分布于东北、华北、西北、西南各地；生于海拔 1000 米以上地带林缘、草地、水甸子及高山灌丛中。日本、蒙古、俄罗斯、欧洲、北美洲也有分布。北京地区见于海拔 1800 米以上山地。照片 2017 年 7 月 29 日摄于雾灵山（上）；2007 年 6 月 9 日摄于海坨山（下）。

银露梅

Potentilla glabra Lodd.

蔷薇科委陵菜属。落叶小灌木，高约 60 厘米。羽状复叶互生，小叶 3～5，椭圆形，椭圆状宽卵形或椭圆状倒卵形，长 5～12 毫米，先端急尖，基部圆，稍窄，全缘，边反卷，下面灰绿色。花单生，稀 2 花或聚伞花序，花梗长 2 厘米，被毛；花径 2～2.5 厘米；附萼 5，条形或卵形，萼片 5，卵形或卵状椭圆形；花瓣 5，白色，全缘；雄蕊 20；离生心皮雌蕊。聚合瘦果多数。花期 6—8 月。

分布于华北、陕西、甘肃、青海、湖北、四川、云南及安徽；生于较高海拔山地岩石缝隙中或灌丛中。北京东灵山、海坨山海拔 2000 米以上山地有分布。照片 2007 年 6 月 24 日摄于东灵山近顶峰处。

委陵菜属 蔷薇科。有 200 种以上，广布于北温带；中国有 90 种左右，各地均有；北京有 17 种。多为草本，少数种为灌木。叶均为复叶。花多为两性，单生或排成聚伞花序；萼广展，5 裂而有 5 枚附萼介于期间；花瓣 5，多为黄色，少数为白色或红色；雄蕊多数；心皮多数，1 室、1 胚珠。瘦果小。属名 Potentilla 来自拉丁词 Potentia，意为“力量”。

山刺玫

Rosa davurica Pall.

蔷薇科蔷薇属。落叶灌木，高 1～2 米。枝无毛，小枝及叶柄常有成对的皮刺，刺弯曲，基部宽大。羽状复叶互生，小叶 5～7，矩圆形或长椭圆形，小叶片长 1.5～3 厘米，宽 0.8～1.5 厘米，先端急尖或稍钝，基部宽楔形，边缘有锐锯齿，上面无毛，下面灰绿色，有白霜、柔毛和腺体；托叶大部附着于叶柄上。花单生或数朵聚生，深红至浅玫瑰红色，直径约 4 厘米；花梗具腺毛；花萼 5，结果时宿存、伸长；花瓣 5，宽倒卵形；雄蕊多数；柱头略伸出花托口部。蔷薇果球形或卵形，直径 1～1.5 厘米，熟时红色，表面平滑无毛；宿萼长尾状直伸。花期 6—7 月；果期 8—9 月。

分布于东北、华北；生于山坡草地上、灌丛中、杂木林林缘及疏林内。该种的叶和果的形态与美蔷薇区别明显。花可制作玫瑰酱或提取香精；果可制作果酱和果酒。开花照片 2006 年 7 月 14 日摄于海坨山（上、中）；结果照片 2006 年 8 月 25 日摄于海坨山（下）。

蔷薇属 蔷薇科。约有 200～250 种，分布于北半球温带和亚热带；中国有七十余种，各地均有。花大艳丽，多已栽培观赏，形成众多栽培品种。果富含维生素 C。灌木，直立或攀缘；多具皮刺或刺毛。叶互生，奇数羽状复叶，稀单叶。花两性，辐射对称，周位花；花托壶状，稀杯状；萼片和花瓣 5，稀 4，或重瓣；雄蕊多数；离生心皮雌蕊多数。聚合瘦果包藏于花托内，特称为蔷薇果。

美蔷薇

Rosa bella Rehd. et Wils.

蔷薇科蔷薇属。灌木，高 1～3 米。有细而较直的皮刺，近基部有刺毛。羽状复叶互生，小叶 7～9，小叶片长圆形或卵形，长 1～2.5 厘米，宽 0.5～1.5 厘米，先端急尖或稍钝，基部楔形或近圆形，边缘有锐锯齿；叶柄及叶轴被腺毛和柔毛，有时有小刺；托叶大部与叶柄连合，边缘具腺毛。花直径 4～5 厘米，芳香，单生或 2～3 朵集生；花梗长 5～10 毫米，有腺毛；苞片 1～3；萼片 5，外面有柔毛及腺毛，果期宿存；花瓣 5，粉红色至鲜红色，倒卵形；雄蕊多数；柱头不伸出。蔷薇果椭圆形，长 1.5～2 厘米，深红色，有光泽，顶端呈短颈状，果及果梗被刺状腺毛。花期 6—7 月；果期 8—9 月。

分布于吉林、河北、山西、内蒙古、河南、陕西、甘肃、山东；多生于山地针阔混交林或杂木林林缘及疏林内。花芳香，可制玫瑰酱，提取芳香油；果可制果酱、酿酒及药用。开花照片 2007 年 6 月 23 日摄于东灵山（上），2005 年 6 月 30 日（中）及 2006 年 6 月 28 日（下左）摄于雾灵山；结果照片 2007 年 9 月 5 日摄于海坨山（下右）。

花楸树

Sorbus pohuashanensis (Hance) Hedl.

又称百花山花楸。蔷薇科花楸属。落叶乔木，高达 8 米。单数羽状复叶互生；小叶片 11～15，卵状披针形或椭圆状披针形，长 3～5 厘米，宽 1.4～2 厘米，先端尖，基部偏斜，圆形，边缘有细锐锯齿，基部或中部以下全缘。复伞房花序多花密集，总花梗和花梗皆密生白色绒毛；花白色，直径 6～8 毫米；萼筒钟形，萼片 5，三角形，被绒毛；花瓣 5，宽卵形或近圆形，长 3.5～5 毫米；雄蕊 20，与花瓣近等长；花柱 3，较雄蕊短。果实近球形，直径 6～8 毫米，红色或橘红色。花期 6 月；果期 9—10 月。

分布于东北、华北及甘肃、山东；生于山坡或山谷杂木林内，海拔 900～2500 米。模式标本采自北京百花山。开花照片 2017 年 5 月 29 日摄于雾灵山莲花池（上、下）；结果照片 2008 年 9 月 3 日摄于百花山北坡海拔约 1600 米的溪流边（中）。

水榆花楸

Sorbus alnifolia (S.et Z.) K.Koch

蔷薇科花楸属。落叶乔木，高达 20 米。单叶互生，叶片卵形或椭圆状卵形，长 5～10 厘米，先端短渐尖，基部宽楔形或圆，边缘具不整齐尖锐重锯齿，或微浅裂，侧脉 6～10（～14）对，直达齿端；叶柄长 1.5～3 厘米。复伞房花序；萼筒无毛，萼片内面密被白色绒毛；花瓣 5，白色，卵形或近圆形；雄蕊 20；花柱 2，基部或中部以下连合。果椭圆形或卵形，径 0.7～1 厘米，红色或黄色。花期 5 月。

分布于东北至华东、华中广大地区，陕西和甘肃南部及四川也有；生于海拔 500～2300 米的山林中或林缘、灌丛中。北京山地杂木林中有分布。北京市重点保护植物。果含糖分，可食用或入药治支气管炎。本种树体高大，花繁、果艳，可在园林中栽培观赏。

花楸属 蔷薇科。约 80 种，分布于北温带；中国有 50 种以上，分布于全国大部分地区。多数种类有观赏价值和经济价值。落叶乔木或灌木；叶互生，单叶或奇数羽状复叶，有托叶。花白色，稀粉红色，两性；多数排成顶生的复伞房花序；萼片 5；花瓣 5；雄蕊 15～25；心皮 2～5，一部分合生而半下位，或全部合生而下位，2～5 室，每室胚珠 2 颗。果为一小梨果，2～5 室，各室具 1～2 种子。

水栒子

Cotoneaster multiflorus Bunge

又称栒子木、多花栒子。蔷薇科栒子属。落叶灌木，高达4米。枝条细瘦，常呈弓形弯曲，小枝红褐色或棕褐色，无毛。单叶互生，叶片卵形或宽卵形，长2～4厘米，宽1.5～3厘米，先端急尖或圆钝，基部宽楔形或圆形；叶柄长3～8毫米。聚伞花序有花5～21朵；花梗长4～6毫米；萼筒钟状，无毛，萼片5，三角形，先端急尖；花瓣5，白色，平展，瓣片近圆形，直径约4～5毫米，先端圆钝或微缺，基部有短爪，内面基部有白色细柔毛；雄蕊约20，稍短于花瓣；子房先端有柔毛，花柱通常2，离生，比雄蕊短。果实近球形或倒卵形，直径约8毫米，红色。花期5—6月；果期8—9月。

分布于东北、华北、西北、西南及河南；生于沟谷、山坡杂木林中，海拔1200～3500米。俄罗斯东部、亚洲中部和西部均有。北京见于北部山林中。该种花果繁盛，观赏期较长，有景观价值；也可做苹果矮化栽培的砧木。开花照片摄于2017年4月；结果照片摄于2014年8月。

栒子属 蔷薇科。约九十余种，分布于亚洲（日本除外）、欧洲和北非的温带地区；中国有五十余种，主产于西部和西南部。落叶或常绿灌木，有时成小乔木状；叶互生，有时成两列状，全缘，柄短。花单生，2～3朵或多朵成聚伞花序，腋生或着生在短枝顶端；萼筒钟状、筒状或陀螺状，有短萼片5；花瓣5，白色、粉红色或红色；雄蕊常20，稀5～25；子房下位或半下位，花柱2～5，离生。果实小形梨果状，先端有宿存萼片。

山荆子

Malus baccata (L.) Borkh.

又称山定子。蔷薇科苹果属。落叶乔木，高达 14 米。小枝无毛，暗褐色。单叶互生，叶片椭圆形或卵形，长 3～8 厘米，宽 2～3.5 厘米，先端渐尖，稀尾状渐尖，基部楔形或圆形，边缘有细锯齿；叶柄长 2～5 厘米。伞形花序有花 4～6 朵，无总梗，集生于小枝顶端；花梗细，长 1.5～4 厘米，无毛；花白色，直径 3～3.5 厘米；萼筒外面无毛，裂片 5，披针形，长 5～7 毫米；花瓣 5，倒卵形，长 2～2.5 厘米，先端圆钝，基部有短爪；雄蕊 15～20，长短不齐，约为花瓣长度的 1/2；花柱 5 或 4，基部有长柔毛。果近球形，直径 0.8～1 厘米，红色或黄色。花期 4—6 月；果期 8—9 月。

分布于东北、华北、山东、陕西、甘肃；生于海拔 1500 米以下的山坡杂木林中或山谷灌丛中。蒙古、朝鲜、俄罗斯西伯利亚地区也有。北京山区较常见，可在园林中栽培观赏；也可做嫁接苹果的砧木。开花照片 2008 年 6 月 17 日摄于松山保护区。

杜　梨

Pyrus betulaefolia Bunge

又称棠梨。蔷薇科梨属。落叶乔木，高达 10 米，树冠开展，枝常具刺。叶片菱状卵形至长圆卵形，长 4～8 厘米，宽 2.5～3.5 厘米，先端渐尖，基部宽楔形或近圆形，边缘有尖锐锯齿；叶柄长 2～3 厘米，被灰白色绒毛。伞房花序，有花 10～15 朵；总花梗和花梗均被灰白色绒毛，花梗长 2～2.5 厘米；花直径 1.5～2 厘米；萼片 5，三角状卵形，长约 3 毫米，密被绒毛；花瓣 5，白色，宽卵形，长 5～8 毫米，先端圆钝，基部具短爪；雄蕊 20，长为花瓣之半，花药紫色；子房 2～3 室，花柱 2～3。果实近球形，直径 5～10 毫米，褐色，有淡色斑点。花期 4 月；果期 8—9 月。

分布于辽宁、河北、山西、陕西、甘肃、湖北、河南、山东、江苏、安徽、江西；生于平原或山区向阳处。北京低山区较常见。常被用作栽培梨树的砧木；花朵洁白、繁盛，景色绚丽，可于园林中栽培观赏。照片 2017 年 4 月 13 日摄于北京西山脚下。

欧　李

Prunus humilis Bunge

蔷薇科李属。落叶灌木。茎常单一直立，高1～1.5米。单叶互生，矩圆状倒卵形，或椭圆形，长2.5～5厘米，宽1～2厘米，先端急尖或短渐尖，基部宽楔形，边缘有细密锯齿，无毛；叶柄短。花与叶同时开放，1～2朵生于叶腋，直径1～2厘米；花梗长约1厘米，有稀疏短柔毛；萼筒钟状，裂片5，长卵形，花后反折；花瓣5，白色或微带红色；雄蕊多数；心皮1，无毛。核果近球形，无沟，直径约1.5厘米，鲜红色有光泽，核平滑。花期4—5月。

分布于黑龙江、辽宁、河北、山东、江苏、河南、陕西；生于山坡、草地、路旁。照片2007年4月22日摄于北京西山。

毛樱桃

Prunus tomentosa Thunb.

蔷薇科李属。落叶灌木，高约3米。单叶互生，倒卵形、椭圆形或卵形，长4～7厘米，宽2～4厘米，先端急尖或微渐尖，边缘有锯齿，上面深绿色有皱纹，散生柔毛，下面密生绒毛；叶柄长3～5毫米，有毛。花先于叶开放或同时开放，1～2朵生于叶腋；花梗短，有毛；花直径1.5～2厘米；萼筒筒状，有毛，裂片5，卵形，有锯齿，短于萼筒；花瓣5，白色或微带红色，倒卵形；雄蕊多数；心皮1，有毛，花柱长于雄蕊。核果近球形，无沟，深红色，直径约1厘米。花期4月；果期6月。

分布于东北、河北、山东、江苏、河南、陕西、甘肃、四川、云南、西藏；生于向阳山坡丛林中。照片2008年4月7日摄于北京西山。

山 桃

Prunus davidiana (Carr.) Franch.

又称野桃、花桃。蔷薇科李属。落叶乔木，高可达 10 米。树皮暗紫色或灰褐色，枝条多直立，小枝细，无毛；芽 2～3 并立，中间为叶芽，两侧为花芽。单叶互生，叶片卵状披针形，长 6～10 厘米，宽 2～4 厘米，先端长渐尖，基部宽楔形，边缘具细锐锯齿，两面无毛；叶柄长 1～2 厘米。花单生，先于叶开放，近无柄，直径 2～3 厘米；萼筒钟状，无毛，裂片 5，卵形；花瓣 5，粉红色或白色，宽倒卵形或卵形；雄蕊多数，离生，约与花瓣等长或短于花瓣；心皮 1，稀 2，有短柔毛。核果球形，直径约 3 厘米，有沟，有毛，果肉干燥，离核；核小，球形，有沟。花期 3—4 月。

分布于河北、山西、山东、河南、陕西、甘肃、四川、云南、贵州；多生于向阳山坡。北京海拔 1000 米以下山地常见。园林中多作花木栽培；也可做嫁接桃树的砧木。照片 2006 年 4 月 15 日摄于松山保护区溪水边（上）；2008 年 3 月 24 日摄于西山凤凰岭（下）。

山　杏

Prunus sibirica L.

又称西伯利亚杏。蔷薇科李属。落叶小乔木，高达 5 米。树干灰黑色，粗糙；小枝无毛。芽卵形，无毛，芽鳞边缘被疏柔毛。叶卵圆形或近圆形，先端尾尖，基部平截，稀近圆，叶缘锯齿圆钝，无毛；叶柄长 2～3 厘米，无毛；托叶早落。花单生，近无梗，先叶开花；萼筒短，无毛，萼片长椭圆形，开花后反折；花瓣白色或粉红色，倒卵圆形或近圆形，雄蕊多数；花柱上半部无毛。果扁球形，黄色带红晕，密被短茸毛；果肉薄，成熟后开裂，核两侧扁，径 1.2～1.5 厘米，扁圆形，先端圆，基部不对称，棱脊宽，锐利。花期 3—4 月；果期 6—8 月。

分布于黑龙江、辽宁、内蒙古、山西、河北；生于海拔 200～1500 米荒山丘陵、草原、灌丛中。喜光，耐寒，耐干旱瘠薄。该种为北京荒山绿化首选树种之一；可作培育抗寒果树品种的砧木；种仁味苦，可入药。照片 2007 年 4 月 27 日摄于延庆西大庄科村。

榆叶梅

Prunus triloba Lindl.

蔷薇科李属。落叶灌木，稀小乔木，高 2～5 米。枝常有刺，紫褐色或褐色。单叶互生，叶片宽椭圆形或倒卵形，长 3～6 厘米，宽 1.5～3 厘米，先端渐尖，常 3 裂，基部宽楔形，边缘具粗重锯齿，上面有稀疏柔毛或无毛，下面有短柔毛；叶柄长 5～8 毫米，有短柔毛。花 1～2 朵腋生，直径 2～3 厘米，先于叶开放，花梗短或几乎无柄；萼筒钟状，裂片 5，卵形或卵状三角形，有细锯齿；花瓣 5，粉红色，倒卵形或近圆形；雄蕊 30，离生，短于花瓣；心皮 1，稀 2，密生短柔毛。核果近球形，直径 1～1.5 厘米，红色，有沟，被毛，果肉薄，成熟时开裂；核有厚硬壳，表面有皱纹。花期 4 月；果期 6 月。

分布于黑龙江、河北、山西、山东、江苏、浙江；生于低山林缘、山坡灌丛中。早春开花，花朵鲜艳繁盛，庭院中常见栽培。照片 2008 年 4 月 24 日摄于延庆营盘村山脚下（上）；2007 年 4 月 27 日摄于延庆西大庄科村旁山谷（下）。

苦　参

Sophora flavescens Ait.

又称地槐。蝶形花科槐属。草本或亚灌木，通常高 1 米左右，稀达 2 米。茎具纵棱。单数羽状复叶长达 25 厘米，小叶 13～25，互生或近对生，小叶片椭圆形、卵形、披针形至披针状线形，长 3～4（～6）厘米，宽（0.5～）1.2～2 厘米，先端钝或急尖，基部宽楔形或浅心形。总状花序顶生，长 12～25 厘米，花多数；花梗纤细，长约 7 毫米；苞片线形，长约 2.5 毫米；花萼钟状，长约 5 毫米，宽约 6 毫米，明显歪斜，具不明显波状齿，完全发育后近截平；花冠蝶形，白色或淡黄色，旗瓣长 14～15 毫米，宽 6～7 毫米，先端圆或微凹，基部渐狭成柄，翼瓣单侧生，强烈皱褶几达瓣片的顶部，柄与瓣片近等长，长约 13 毫米，龙骨瓣与翼瓣相似，稍宽，宽约 4 毫米；雄蕊 10，分离或近基部稍连合；子房被淡黄白色柔毛，花柱稍弯曲。荚果长 5～10 厘米。花期 6—8 月；果期 7—10 月。

分布于南北各地；生于沙地或山坡草地、灌丛中。印度、日本、朝鲜、俄罗斯西伯利亚地区也有。根可药用；因含苦参碱等多种生物碱，有毒，种子也有毒。照片 2009 年 6 月 30 日摄于松山塘子沟（上）；2007 年 6 月 10 日摄于西大庄科村（下）。

红花锦鸡儿

Caragana rosea Turcz.

又称黄枝条、金雀儿。蝶形花科锦鸡儿属。落叶灌木，高 1 米左右。树皮绿褐色或灰褐色。小枝细长，具棱。长枝托叶刺长 3～4 毫米，短枝者脱落；叶轴刺长 0.5～1 厘米，脱落或宿存。小叶 2 对，簇生，楔状倒卵形，长 1～2.5 厘米，先端圆或微凹，具短针尖，基部楔形，下面无毛。花单生，花梗长 0.8～1 厘米，中部具关节，无毛；萼筒常带紫红色，长 7～9 毫米，齿三角形；花冠黄色，常带紫红或淡红色，凋时变为红色，旗瓣长圆状倒卵形，先端凹，翼瓣耳短齿状，龙骨瓣耳不明显。荚果圆筒形，长 3～6 厘米。花期 4—6 月；果期 6—7 月。

分布于东北、华北及山东、江苏、浙江、河南、陕西、甘肃、四川等省区；散生于山坡、河谷灌丛中。北京低山地带常见。开花照片 2007 年 4 月摄于北京西山（上）；荚果成熟时干燥果荚旋卷散出种子后照片，2008 年 7 月 2 日摄于十渡孤山寨（下）。

锦鸡儿属 蝶形花科。100 种以上，分布于欧洲东部和亚洲；中国有 62 种左右，产于西南、西北、东北及东部多省区。有些种花朵繁盛、艳丽，可栽培供观赏或做绿篱。落叶灌木，有时为小乔木，有刺或无刺；偶数羽状复叶，总轴顶常有一刺或刺毛；花多单生，很少为 2～3 朵花组成小伞形花序，着生于老枝的节上或腋生于幼枝的基部；萼背部稍偏肿，裂齿近相等或上面 2 枚较小；花冠黄色，稀白带红色，旗瓣卵形或近圆形，直展，边微卷，基部渐狭为长柄，翼瓣斜长圆形，龙骨瓣直、钝头；雄蕊 10，二体（9+1）；子房近无柄，花柱直或稍内弯。荚果线形，成熟时圆柱状，2 瓣裂，旋卷。

北京锦鸡儿

Caragana pekinensis Kom.

蝶形花科锦鸡儿属。落叶灌木，高 1～2 米。长枝上的托叶宿存并硬化成针刺状，长约 12 毫米，短枝托叶脱落或偶有宿存而硬化成 3～4 毫米长的针刺；羽状复叶，叶轴细，长 4～7.5 厘米，密生短柔毛，先端有针尖，不硬化而脱落；小叶 12～16 枚，椭圆形或倒卵状椭圆形，长 5～12 毫米，宽 5～7 毫米，先端圆，有细尖，两面密生短柔毛。花单生，长 2.5 厘米；花梗长 5～15 毫米，上部有关节；花萼圆筒状，基部偏斜，长 8～10 毫米，宽 6 毫米，密生短柔毛；花冠黄色，旗瓣宽椭圆形，翼瓣的耳三角形。荚果长 4～6 厘米，扁平，密生平伏柔毛。花期 5 月；果期 7 月。

分布于河北、山西；生于低山向阳山坡和路边。模式标本采自北京西山。

树锦鸡儿

Caragana arborescens Lam.

蝶形花科锦鸡儿属。落叶大灌木或小乔木，高 2～6 米。树皮平滑有光泽，绿灰色。托叶三角状披针形，脱落，长枝上的托叶有时宿存并硬化成粗壮的针刺，长约 10 毫米；叶轴细瘦，上面有沟，长 4～9 厘米，脱落；小叶 8～14，羽状排列，卵形、宽椭圆形至长椭圆形，长 10～25 毫米，宽 5～12 毫米，先端圆，有细尖，基部圆形或宽楔形，近无毛。花长 2.5～2.7 厘米，1 朵或偶有 2 朵生于 1 个花梗上；花梗单生或簇生，长 2～6 厘米，近上部有关节；花萼圆筒状，长约 10 毫米，宽约 7 毫米，基部偏斜，萼齿极短；花冠黄色，蝶形，旗瓣菱状宽卵形，先端圆钝，具短柄。荚果条形，扁，长约 3.5～6.5 厘米，宽 4～6.5 毫米，无毛。花期 5—6 月；果期 8—9 月。

分布于东北、华北、西北；生于林间、林缘。蒙古、俄罗斯也有。照片 2008 年 6 月 13 日摄于东灵山西坡海拔 1600 米左右的“铃兰脊”阔叶林中。

鬼箭锦鸡儿

Caragana jubata (Pall.) Poir.

又俗称鬼见愁。蝶形花科锦鸡儿属。多刺矮灌木，直立或横卧，高 1～3 米。基部分枝，树皮深灰色或黑色。托叶不硬化成针刺状；叶轴全部宿存，并硬化成针刺状，长 5～7 厘米；叶密集于枝的上部；偶数羽状复叶，小叶 8～12，小叶片长椭圆形至条状长椭圆形，长 7～24 毫米，宽 1.5～7 毫米，先端有针尖，两面疏生长柔毛。花单生，长 2.5～3.6 厘米；花梗极短，长不及 1 毫米，基部有关节；花萼筒状，长 14～17 毫米，密生长柔毛，萼齿披针形，长为萼筒的 1/2；花冠蝶形，浅红色至近白色，旗瓣有由基部放射出的红色脉纹。子房长椭圆形，密生长柔毛。荚果长椭圆形，长约 3 厘米，密生丝状长柔毛。花期 6—7 月。

分布于辽宁、华北、西北、四川的高海拔地区；生于山地的灌草丛中。俄罗斯、蒙古也有。北京仅见于东灵山海拔 2000 米以上地带。照片 2008 年 6 月 13 日（上）和 2007 年 6 月 22 日（下）摄于东灵山。

阴山胡枝子

Lespedeza inschanica (Maxim.) Schindl.

又称白指甲花。蝶形花科胡枝子属。落叶小灌木，高达1米。3小叶复叶，小叶片矩圆形，长1.2～2.5厘米，宽3～7毫米，先端圆钝，或微凹，有短尖，基部宽楔形，全缘，上面无毛，下面有短柔毛，侧生小叶较小；叶柄短。花两型：有花冠花，结实或不结实；总状花序腋生，有花2～6朵，总花梗短，花梗无关节；花萼近钟状，长5～6毫米，5深裂，狭披针形，有柔毛；花冠蝶形，白色，旗瓣近圆形，长7毫米，基部带紫色纵斑纹，翼瓣较旗瓣短，龙骨瓣与旗瓣近等长。无花冠花（“闭锁花”）簇生于叶腋，均结实。荚果卵形，长约4毫米，包于宿存萼内，有白色柔毛。花期8—9月。

分布于辽宁、华北、陕西、甘肃、华中、山东、江苏、安徽、四川、云南等地；生于山坡草地、灌丛。朝鲜、日本也有。模式标本采自内蒙古阴山。照片2014年9月5日摄于北京西山凤凰岭（上）；2008年9月3日摄于百花山（下）。

多花胡枝子

Lespedeza floribunda Bunge

蝶形花科胡枝子属。落叶小灌木，高30～100厘米。茎常近基部分枝；枝有条棱，被灰白色绒毛。羽状复叶具3小叶，小叶具柄，倒卵形、宽倒卵形或长圆形，长1～1.5厘米，宽6～9毫米，先端微凹、钝圆或近截形，具小刺尖，基部楔形，上面疏被伏毛，下面密被白色伏柔毛；侧生小叶较小。总状花序腋生，总花梗细长，显著超出叶；花多数；花萼长4～5毫米，被柔毛，5裂，上方2裂片下部合生，裂片披针形或卵状披针形，长2～3毫米；花冠紫色或紫红色，旗瓣椭圆形，长8毫米，基部有柄，翼瓣稍短，龙骨瓣长于旗瓣。荚果宽卵形，长约7毫米，超出宿存萼，密被柔毛。花期6—9月；果期9—10月。

分布于辽宁、河北、山西、陕西、甘肃、宁夏、青海、山东、江苏、安徽，江西、福建、河南、湖北、广东、四川等地，生于海拔1300米以下的山坡。模式标本采自北京。照片2007年6月10日摄于松山保护区（上）；2005年9月摄于西山（下）。

胡枝子

Lespedeza bicolor Turcz.

又称随军茶。蝶形花科胡枝子属。落叶灌木，高达 3 米。幼枝被柔毛，后脱落。三出复叶，小叶片卵状长圆形、宽椭圆形或近圆形，长 1.5～7 厘米，先端圆钝或凹，有芒尖，下面灰绿色，两面疏被平伏毛；叶柄密被柔毛；托叶钻形，宿存。总状花序较叶长，花双生于苞腋，花梗密被柔毛，花梗顶端无关节；萼杯状，4 裂，密被柔毛；花冠红紫色、蝶形，长达 1.5 厘米，旗瓣倒卵形。荚果斜卵形，长约 1 厘米，被柔毛。花期 7—9 月；果期 9—10 月。

分布于东北、华北、陕西、宁夏、甘肃，山东、安徽、浙江、河南、湖北；生于山地向阳处。俄罗斯西伯利亚东部、朝鲜、日本也有。北京中、低海拔山区常见，在较平坦向阳处常成大片胡枝子灌丛。该种为水土保持、荒山绿化和蜜源植物；可在园林中作花灌木栽培。照片 2017 年 6 月 8 日（上）和 8 月 17 日（下）摄于北京西山。

胡枝子属 蝶形花科。约 90 种以上，分布于亚洲、大洋洲和北美洲；中国有六十余种，广布于全国各地。有些种可供观赏或做饲料。多年生草本或灌木；羽状 3 小叶；托叶小，宿存。花组成腋生的总状花序或成簇生花束；苞片小，宿存；小苞片 2，着生于花梗先端；花常 2 型：一种有花冠，结实或不结实，另一种无花冠，结实；萼钟状，4 或 5 裂，裂片近相等；花冠白、黄、红或紫色，龙骨瓣先端钝，无耳；雄蕊 10，二体（9+1）；子房有胚珠 1 颗。荚果扁平，卵形或圆形，不开裂，果瓣常有网纹。

杭子梢

Campylotropis macrocarpa (Bunge) Rchd.

又称落豆花、马料梢。蝶形花科杭子梢属。落叶灌木，高达2.5米。幼枝密生白色短柔毛。3小叶，全缘，顶生小叶矩圆形或椭圆形，长3～6.5厘米，宽1.5～4厘米，先端圆或微凹，有短尖，基部圆形，上面无毛，下面有淡黄色柔毛，侧生小叶较小。总状花序腋生；花梗细长，长可达1厘米，有关节，有绢毛；花萼宽钟状，萼齿4，有疏柔毛；花冠淡紫红色。荚果斜椭圆形，膜质，长约1.2厘米，先端具短喙尖，具明显网脉；内有1种子。花期6—9月；果期10月。

分布于辽宁、华北、华东、华中、西南及陕西、甘肃、广西等地；生于山坡、山谷溪边的灌丛、林中及林缘，海拔150～2000米。该种花期长，花多而较艳丽，有一定观赏价值；也是蜜源植物。照片2017年9月7日摄于门头沟京西古道旁山坡（上）；2005年9月初摄于碧云寺后山（下）。

杭子梢属 蝶形花科。约六十余种，分布于亚洲温带地区；中国有大约五十余种，大部分产于西南部。落叶灌木；三出复叶，托叶2，宿存。花通常组成腋生的总状花序，有时再结成圆锥花序；花梗单生，接近萼下有节；萼钟形，5裂；花冠蝶形，通常紫色，旗瓣卵形或近圆形，先端常急尖，龙骨瓣弯曲，先端有尖喙；雄蕊10，二体（9+1）；子房具短柄，有胚珠1颗。荚果卵形或长圆形，扁平，不开裂，具1种子，果瓣有网纹。本属由胡枝子属Lespedeza中分出，其不同于胡枝子属的特点为：花梗通常单生（胡枝子属为双生），且于萼下有节；龙骨瓣中部成直角弯曲，先端尖。属名Campylotropis来自希腊词kampylos（意为“弯曲的”）+tropis（意为“龙骨”），表明该属龙骨瓣弯曲的特征。

米口袋

Gueldenstaedtia multiflora Bunge

蝶形花科米口袋属。多年生草本。根圆锥形。茎缩短，在根颈丛生。单数羽状复叶丛生，春季较短，夏秋时可长达 15 厘米；小叶 7～21 片，椭圆形、卵形到长椭圆形，长 6～22 毫米，宽 3～8 毫米，被长柔毛。伞形花序有 2～6 朵花，花萼钟状，被白色柔毛，具 5 尖齿，其中 2 齿较大；花冠紫色，旗瓣卵形，长约 13 毫米，翼瓣长约 10 毫米，龙骨瓣长约 5～6 毫米；子房圆筒状，花柱内卷。荚果圆筒状，长 17～22 毫米，内有多数种子。花期 4 月；果期 5—6 月。

分布于东北、华北、陕西、甘肃等地；生于山坡、草地、路旁。模式标本采自北京西山。照片 2007 年 4 月 28 日摄于松山保护区（上）；2017 年 4 月 13 日摄于鹫峰（下）。

米口袋属 蝶形花科。13 种，分布于亚洲；中国有 11 种，产于西南至东北。多年生草本。主根圆锥状，主茎极短缩而成根颈，自根颈发出多数缩短的分茎；奇数羽状复叶具多对全缘小叶，着生于分茎上而呈莲座丛状，稀退化为 1 小叶。伞形花序具 3～12 朵花；花紫堇色、淡红色或黄色；花萼钟状，密被贴伏白色长柔毛，间有黑色毛，稀无毛，萼齿 5，上方 2 齿较长而宽；花冠蝶形，旗瓣基部成瓣柄，顶端微凹，翼瓣离生，稍短于旗瓣，龙骨瓣短小，约为翼瓣长之半；雄蕊 10，2 体（9+1）；子房圆柱形，花柱内卷，柱头圆形。荚果圆筒形，1 室，无假隔膜，具多数种子。

二色棘豆

Oxytropis bicolor Bunge

又称地角儿苗。蝶形花科棘豆属。多年生草本。茎极短，似无茎。羽状复叶长4～20厘米；托叶卵状披针形，密被长柔毛，与叶柄连合；小叶7～17轮（对），多为4片轮生，少有2片对生，无柄，叶片披针形，长3～23毫米，宽1.5～6.5毫米，两面有密长柔毛，先端急尖，基部圆形。花多数，排列成疏或密的总状花序；花萼筒状，长9～12毫米，宽约2.5～4毫米，密生长柔毛，萼齿线状披针形；花冠蝶形，紫红色、蓝紫色，旗瓣近圆形，下部具爪，先端略微凹，中部有绿黄色圆斑，连同爪长14～20毫米。荚果矩圆形，长约19毫米，密被长柔毛。花果期4—9月。

分布于华北、西北及河南；生于干燥山坡、砂地及路旁荒地上。蒙古东部也有。模式标本采自北京郊区。照片2007年4月27日摄于松山保护区大门外路边。

棘豆属 蝶形花科。约300种，主要分布于中亚，亦分布于东亚、欧洲、非洲和北美洲；中国有146种12变种，多分布于内蒙古和新疆，也分布于青藏高原和西南至华北、东北等地。多年生草本、半灌木和矮灌木。茎发达、缩短或成根颈状。被毛、腺毛或腺点。单数羽状复叶；叶轴有时硬化成刺状；小叶对生、互生或轮生，全缘。总状花序、穗形总状花序或密集成头形总状花序，有时为伞形花序；花萼5齿，近等长；花冠紫色、紫堇色、白色或淡黄色，蝶形，旗瓣直立，卵形或长圆形，翼瓣长圆形，龙骨瓣与翼瓣等长或较短，直立，先端具喙；雄蕊两体（9+1）；子房具多数胚珠，花柱线状，柱头头状。荚果长圆形、线状长圆形或卵状球形，膨胀，腹缝通常成深沟槽；种子肾形，无种阜。

蓝花棘豆

Oxytropis coerulea (Pall.) DC.

蝶形花科棘豆属。多年生草本。茎短缩，基部分枝呈丛生状。羽状复叶，长 7～18 厘米；托叶条状披针形，膜质，基部与叶柄合生；叶轴细弱，疏生短柔毛；小叶对生，17～41 片，卵形，矩圆状或卵状披针形，长 3～25 毫米，宽 2～9 毫米，先端急尖或钝，基部圆形，两面疏生平贴长柔毛。花 12～20 朵排成总状花序；总花梗比叶长或近等长，疏生短柔毛；花萼钟状，长约 4 毫米，有密短柔毛，萼齿披针形，与筒几等长；花冠蓝色、紫蓝色、紫色、深紫色、紫红色或白色，长 8～15 毫米，旗瓣卵圆形，龙骨瓣有长约 3 毫米的喙。荚果长 10～25 毫米，宽 5～6 毫米，1 室，膨胀。花期 7—8 月。

分布于东北、华北；生于山坡草地或疏林下。俄罗斯西伯利亚地区、蒙古也有。

照片 2006 年 7 月 21 日摄于黄草梁（上）；2009 年 7 月 30 日摄于东灵山西坡（下）。

达乌里黄芪

Astragalus dahuricus (Pall.) DC.

蝶形花科黄芪属。多年生草本。茎高30～60厘米，有白色疏长毛。羽状复叶互生，小叶11～21，矩圆形或狭矩圆形，长10～25毫米，宽3～6毫米，先端钝，基部楔形，下面有白色长毛；小叶柄极短；托叶狭三角形，长近1厘米。总状花序腋生，花多而密，总花梗有长柔毛；花萼钟状，上唇2齿较短，三角形，下唇3齿，刚毛状，有长柔毛；花冠紫色，旗瓣近倒卵形，长12～14毫米，宽6～8毫米，先端微缺，基部楔形。荚果直立，内弯，长1.5～2.5厘米，宽2～2.5毫米，先端凸尖。花果期7—10月。

分布于东北、华北、西北及山东、河南、四川北部；生于山坡草地、路旁及河滩地。北京山地有分布。照片2013年9月20日摄于百花山北坡黄安坨路边。

黄芪属 蝶形花科。约两千多种，全球广布；中国有278种，2亚种和35变种，各地均产，尤以西藏、西北和东北为多。草本，稀为小灌木或半灌木。羽状复叶，稀三出复叶或单叶。总状花序或密集呈穗状、头状与伞形花序式，稀花单生；花紫红色、紫色、蓝紫色、淡黄色或白色；花萼管状或钟状，5齿；蝶形花冠，旗瓣直立；雄蕊10，2体。荚果多样，一般肿胀，先端喙状；种子通常肾形，无种阜。

直立黄芪

Astragalus adsurgens Pall.

又称斜茎黄芪、沙打旺。蝶形花科黄芪属。多年生直立草本，高 40～80（100）厘米。羽状复叶互生，小叶 7～23，小叶片卵状椭圆形或椭圆形，长 1～3 厘米，宽 0.5～0.8 厘米，下面有白色丁字毛；叶轴和小叶柄疏生丁字毛。总状花序腋生；花萼筒状，萼齿 5，有黑色丁字毛；花冠蝶形，蓝色或紫红色，旗瓣倒卵状匙形，长约 1.5 厘米，翼瓣长约 1.2 厘米，龙骨瓣短于翼瓣。荚果圆筒形，长约 1.5 厘米，有黑色丁字毛。花期 6—9 月。

分布于东北、华北、河南、陕西、甘肃、四川、云南；生于山坡草地、山谷溪旁、沙质地和草原上。北京山区多见。该种是优良牧草和沙地绿化植物。照片 2007 年 6 月 24 日摄于东灵山西麓（上）；2008 年 9 月 3 日摄于百花山公路旁（下）。

糙叶黄芪

Astragalus scaberrimus Bunge

蝶形花科黄芪属。多年生草本。茎矮小蔓生，全株密生白色丁字毛。羽状复叶互生；小叶 7～15，椭圆形，长 5～15 毫米，宽 3～8 毫米，先端圆，有短尖，基部圆楔形，无小叶柄；托叶狭三角形。总状花序腋生；萼筒状，长 6～8 毫米，萼齿披针形，长 2～4 毫；花冠淡黄色或白色，长达 2.5 厘米，旗瓣长于翼瓣和龙骨瓣，翼瓣顶端微缺。荚果圆柱形，略弯，密生白色丁字毛，长 1～1.5 厘米，先端有硬尖。花期 4—8 月。

分布在东北、华北、西北各省区；生于山坡草地、草原、沙丘及河岸砂地。北京平原、山地均有分布。可作水土保持植物和地被植物。照片 2007 年 4 月 13 日摄于圆明园。

短花梗黄芪

Astragalus hancockii Bunge

蝶形花科黄芪属。多年生草本。茎多丛生，具棱，高 20～50 厘米，除花序外全株近无毛。羽状复叶长 5～10 厘米，有小叶 7～13 片；下部的叶柄长 1～2 厘米，上部的叶柄极短；小叶片长圆形、椭圆形或近圆形，长 5～15 毫米，宽 3～10 毫米，先端钝或微凹，具短柄。总状花序稍密，有花 10 余朵；花序轴疏被棕色或黑色柔毛；花梗长 1～2 毫米，密被柔毛；花萼钟状，萼齿钻形；花冠淡黄白色，旗瓣长圆形，长 15～16 毫米，先端微凹，翼瓣长 13 毫米，狭长圆形，龙骨瓣最短。荚果狭卵形，长 16 毫米，宽 6 毫米，两端尖。花期 5—6 月。

分布于河北西北部；生于 1600～2700 米的山坡、石隙及沟旁。模式标本采自小五台山。照片 2008 年 6 月 13 日摄于东灵山顶峰附近。

花苜蓿

Medicago ruthenica (L.) Trautv.

蝶形花科苜蓿属。多年生草本，高 30～70（～100）厘米。茎直立或上升，基部分枝。羽状复叶，3 小叶，叶柄长 2～7（～12）毫米，被柔毛；小叶长圆状倒披针形、卵状长圆形，以至线形，长 10～15 毫米，宽 3～7 毫米，先端中央具细尖，基部楔形至钝圆，边缘中、上部具不整齐尖锯齿，侧脉明显，直达叶缘，8～18 对，顶生小叶稍大。花序伞形，总花梗腋生；花萼钟形，萼齿锥尖；蝶形花冠黄褐色，中央有深色条纹，旗瓣先端凹头；子房线形，无毛，花柱短。荚果长圆形，扁平，长 8～20 毫米。花期 6—9 月。

分布于东北、华北及甘肃、山东、四川；生于草原、山坡旷野及河边的砂质土地上。照片 2006 年 6 月 28 日摄于雾灵山莲花池附近。

紫苜蓿

Medicago sativa L.

蝶形花科苜蓿属。多年生草本，高 30～100 厘米。茎直立、丛生，四棱形，枝叶茂盛。羽状复叶，3 小叶，托叶卵状披针形；小叶长卵形、倒长卵形至线状卵形，顶生小叶稍大，长 1～4 厘米，宽 0.3～1 厘米，先端圆钝，具有中脉伸出的长齿尖，基部楔形，边缘上部具锯齿，侧脉 8～10 对，与中脉成锐角。花序总状或近似头状，具 5～30 朵花；总花梗挺直，长于叶；花梗短，长约 2 毫米；萼钟状，长 3～5 毫米，萼齿线状锥形，比萼筒长；蝶形花冠，淡黄、淡蓝至暗紫色，花瓣均具长瓣柄，旗瓣长圆形，先端微凹，明显长于翼瓣和龙骨瓣；子房线形，具柔毛，花柱短阔，上端细尖，柱头点状。荚果螺旋状紧卷 2～6 圈，熟时棕色。花期 5—7 月；果期 6—8 月。

欧亚大陆和世界各国做饲料和牧草广泛种植；我国各地有栽培或呈野生状态分布，见于田边、路旁、旷野、草原和河谷。北京山区有野生状态种群分布。花期长，花繁盛，亦有观赏价值。照片 2007 年 5 月 25 日摄于门头沟东山村路旁。

葛 藤

Pueraria lobata (Willd.) Ohwi

又称葛、野葛。蝶形花科葛属。藤本。块根肥厚。植株被黄色硬毛。羽状复叶互生，3 小叶，两面被毛，顶生小叶菱状卵形，长 5.5～19 厘米，宽 4.5～18 厘米，先端渐尖，基部圆形，全缘或有时 3 浅裂，侧生小叶偏斜，有时 2～3 浅裂；托叶盾形，小托叶针状。总状花序腋生，花密；小苞片卵形或披针形；萼钟状，萼齿 5，披针形，上面 2 齿合生，下面 1 齿较长，内外面均有黄色柔毛；花冠紫红色或蓝紫色，长 1～1.5 厘米，旗瓣近圆形，中部具黄色胼胝，下部具短爪，翼瓣及龙骨瓣具耳；雄蕊 10，单体；子房上位，1 室。荚果条形，长 5～10 厘米，宽约 9 毫米，密被黄色硬毛。花期 8—9 月；果期 9—10 月。

分布几乎遍及全国；生于草坡、路边或疏林中；日本、朝鲜也有。北京低山地区较常见。该种喜光，耐干旱瘠薄，长势强健，可作垂直绿化植物和护坡水土保持植物利用。块根富含淀粉和葛根素等有效成分，可食用和药用。

大山黧豆

Lathyrus davidii Hance

又称茳芒香豌豆。蝶形花科山黧豆属（又称香豌豆属）。多年生高大草本，高1～1.8米。茎粗壮，具纵沟，直立或上升，无毛，托叶大，半箭形，长4～6厘米，宽2～3.5厘米。偶数羽状复叶，叶轴末端具分枝的卷须，小叶（2）3～4（5）对，小叶片通常为卵形，具细尖，基部宽楔形或楔形，全缘，长4～6厘米，宽2～4厘米，两面无毛。总状花序腋生，有花10余朵；花萼钟状，长约5毫米，无毛，萼齿短小；花冠蝶形，初白色至淡黄色，后变深黄色至橘黄色，长1.5～2厘米，直角折弯如靴状，旗瓣长1.6～1.8厘米，瓣片扁圆形，瓣柄狭倒卵形；雄蕊10（9+1）；子房线形，无毛。荚果线形，长8～15厘米，宽5～6毫米。花果期5—9月。

分布于东北、华北、陕西、甘肃、湖北、河南、山东、安徽；生于山地林缘和灌丛中。俄罗斯远东地区、朝鲜、日本也有。模式标本采自北京；种加词davidii来自19世纪著名的法国博物搜集家大卫的姓氏。照片2006年7月14日摄于延庆西大庄科。

山黧豆属（香豌豆属）蝶形花科。约130种，主产于北温带，南美洲及非洲也有；中国产18种，大部分省区均有。草本，茎直立、上升或攀缘；偶数羽状复叶，叶轴末端具卷须或针刺；托叶通常半箭形。总状花序腋生；花冠蝶形，紫色、粉红色、黄色或白色，有时具香味；雄蕊二体（9+1），雄蕊管顶端常截形；花柱近轴一面被刷毛。荚果。

三籽两型豆

Amphicarpaea edgeworthii Beath.

又称野毛扁豆。蝶形花科两型豆属。一年生缠绕草本。枝密生淡黄色柔毛。羽状复叶具3小叶，小叶片菱状卵形或扁卵形，长3～6厘米，宽1.5～3.5厘米，先端急尖，基部圆形，两面有白色长柔毛。花两型：生于茎基部的花单生，无花瓣，自花授粉，于地下结实。生于茎上部的花，3～5朵排成腋生总状花序；苞片卵形有柔毛，小苞片披针形，2枚；萼筒状，萼齿5，不整齐，有淡黄色长柔毛；花冠蝶形，白色或淡紫色，长1～1.5厘米；雄蕊10（9+1）；子房有毛。荚果两型：地下结实者扁圆形，具1粒种子；地上结实荚果矩形，扁平，长约2～3厘米，有毛，有3粒种子。花期7—8月；果期8—9月。

分布于东北、华北至陕西、甘肃及江南各地；生于山野灌草丛中或丛林边。俄罗斯、朝鲜、日本、越南、印度也有。该类植物同时具有无花冠花地下结实和有花冠花地上正常结实的现象，是对环境变化的适应，有利于种群的繁衍。植株上部有花冠花照片2014年8月26日摄于鹫峰山脚路边。

山野豌豆

Vicia amoena Fisch.

蝶形花科野豌豆属。多年生草本，高30～100厘米，疏被柔毛，稀近无毛。茎具棱，多分枝，细软，斜升或攀缘。偶数羽状复叶，长5～12厘米，几无柄，顶端具卷须，卷须有2～3分枝；托叶半箭头形，长0.8～2厘米；小叶4～7对，互生或近对生，椭圆形或卵状披针形，长1.3～4厘米，宽0.5～1.8厘米，先端圆、微凹，基部近圆形。总状花序腋生，通常长于叶，有花10～20（～30）朵，密集于花序轴上部；花萼斜钟状，萼齿近三角形，上萼齿短于下萼齿；花冠蝶形，红紫色、蓝紫色或蓝色，旗瓣倒卵圆形，长1～1.6厘米，先端微凹，瓣柄较宽；子房无毛，胚珠6，花柱上部被毛。荚果长圆形，长1.8～2.8厘米，两端渐尖，无毛。花期5—7月；果期7—10月。

分布于东北、华北、西北东部、河南、湖北、山东、江苏、安徽等地；生于山坡、山谷灌丛或杂木林中。东北亚广布。优良牧草。产地民间作“透骨草”入药。

照片2006年7月14日（上）和2007年7月26日（下）摄于松山保护区。

野豌豆属 蝶形花科。约200种，间断分布于北温带、南美洲和东部非洲；中国有43种5变种，各地广布。多优良牧草，蜜源植物和水土保持植物；蚕豆为重要的农作物。草本，茎细长、具棱，多分枝，多攀缘、蔓生或匍匐，稀直立；偶数羽状复叶，叶轴先端具卷须或尖头；托叶多半箭头形。花序总状或复总状，腋生；花冠蝶形，多蓝紫色或紫红色；二体雄蕊（9+1）；子房具2～7胚珠，花柱上部具毛。荚果两端渐尖（除蚕豆外）。

歪头菜

Vicia unijuga A. Br.

又称两叶豆苗。蝶形花科野豌豆属。多年生草本植物，高可达1米。卷须不发达而变为针状；复叶仅有小叶2枚，大小和形状变化大，卵形至菱形，长3～10厘米，先端急尖，基部斜楔形；托叶戟形，大。总状花序腋生，有花8～20朵，密集于花序轴上部，多偏向一侧；萼紫色，斜钟状，萼齿5，三角形，下面3齿高；花冠蝶形，蓝紫色、紫红色或淡蓝色，长约1.5厘米，旗瓣倒提琴形，向上反曲，先端圆，有凹；雄蕊10，2体（9+1）；子房有柄，线形，花柱与子房成直角弯曲。荚果扁，长圆形，长2～3.5厘米，宽0.5～0.7厘米，先端具喙，成熟时腹背开裂，果瓣扭曲；种子3～7。花果期6—9月。

分布于东北、华北、华东、西南等地；生于山地、林缘、草地、沟边及灌丛。东北亚其他国家和地区也有。照片2006年7月14日摄于海坨山南麓山谷（上）；2015年8月26日摄于鹫峰（下）。

千屈菜

Lythrum salicaria L.

又俗称水柳。千屈菜科千屈菜属。多年生草本。根状茎横卧于地下。茎直立，多分枝，高30～100厘米，被粗毛或绒毛，通常具4棱。叶对生或3叶轮生，叶片披针形或阔披针形，长4～6厘米，宽0.8～1.5厘米，基部圆形或心形，有时略抱茎，全缘，无柄。花簇生成小聚伞花序，花梗及总花梗极短，使花枝似一大型穗状花序；萼筒长5～8毫米，有纵棱12条，裂片6，三角形，附属体针状；花瓣6，红紫色或淡紫色，长7～8毫米，倒披针状长圆形，基部楔形，着生于萼筒上部，有短爪；雄蕊12，6长、6短；子房2室，花柱1，线形，有长、中、短3种类型，以适应异花授粉。蒴果扁球形，全包于宿存萼内。花果期7—9月。

广布种，全国各地均有分布；生于水边和潮湿草地。亚洲、欧洲、北非、北美和澳大利亚东南部均有。已普遍栽培供观赏。照片2017年8月17日和2009年8月12日摄于北京近郊。

河朔荛花

Wikstroemia chamaedaphne Meisn.

又称黄芫花、羊厌厌。瑞香科荛花属。灌木，高 1 米左右。分枝多而纤细，幼时淡绿色，具棱，后变深褐色，无毛。叶对生，或近对生，叶片近革质，无毛，披针形至条状披针形。长 2～5.5 厘米，宽 2～10 毫米，全缘，基部渐狭成短柄。花排成穗状花序或圆锥花序，顶生或腋生，被灰色短柔毛；花梗极短，具关节，花后残留；花萼黄色，筒状，长 8～10 毫米，密被灰黄色绢状短柔毛，裂片 4，近圆形，顶端钝；无花瓣；雄蕊 8，2 列着生于花萼筒的中部以上，花药长圆形，长约 1 毫米，花丝短，近无；子房棒状，具柄，花柱短，柱头圆珠形。果卵形。花期 6—9 月。

分布于华北、河南、陕西、甘肃、四川、湖北、江苏等地；生于海拔 1900 米以下的山坡、路旁。蒙古也有。北京低山区较常见。茎皮纤维可造纸。有毒植物，含河朔荛花素，对皮肤有强烈的刺激作用；茎叶可作土农药毒杀害虫，根可毒鱼。照片 2017 年 8 月 31 日摄于百望山（上）；2014 年 9 月 5 日摄于凤凰岭（下）。

荛花属 瑞香科。约 70 种，分布于亚洲东南部、大洋洲和太平洋岛屿；中国有 44 种 5 变种，主产于西南至东南。韧皮纤维为造纸原料。灌木或小乔木；叶对生，稀互生。花两性，无花瓣，排成顶生或腋生的短总状花序或穗状花序；花萼管状 4（～6）裂；雄蕊为花萼裂片数的 2 倍，2 轮排列于花萼管的近顶部，无花丝；下位花盘膜质，2～4 深裂，裂片鳞片状；子房 1 室，有倒垂的胚珠 1 颗。核果，果皮肉质或膜质。

狼 毒

Stellera chamaejasme L.

瑞香科狼毒属。多年生草本。有圆柱形粗大的木质根状茎。茎直立丛生，高 20～50 厘米。叶通常互生无柄，披针形至椭圆状披针形，长 1.4～2.8 厘米，宽 3～9 毫米，全缘，无毛。头状花序顶生；具绿色总苞；花被 1 层，无花冠；花萼筒细瘦，长 8～12 毫米，紫红色，下部颜色较深，中部以上略粗，蕾时顶部近球形；花萼筒顶部 5 裂，裂片卵状长圆形，长 2～4 毫米，开放后平展，白色或淡黄色；雄蕊 10，上下 2 轮，生于花被筒中部以上，花药黄色，上轮花药不高于筒口。果实圆锥形，长 5 毫米，包藏于宿存的花萼筒基部内。花期 5—7 月；果期 7—9 月。

产于东北至西北、西南多省区；生于较高海拔的干燥、向阳的草坡或河滩台地。北京高山地带有分布。剧毒植物，可制杀虫剂；纤维造纸可防虫蛀。照片 2006 年 6 月 28 日摄于雾灵山海拔 1900 米的山脊上。

柳　兰

Epilobium angustifolium L.

柳叶菜科柳叶菜属。多年生草本，高达 1.3 米。茎直立，通常不分枝。叶互生，披针形，长 7～15 厘米，宽 1～3 厘米，边缘有细锯齿；具短柄。总状花序顶生，伸长；苞片条形，长 1～2 厘米；花大，两性，红紫色，具长约 1～2 厘米的花柄；萼筒裂片 4，条状披针形，长 1～1.5 厘米；花瓣 4，倒卵形，长约 1.5 厘米，顶端圆钝，基部具爪；雄蕊 8，向一侧弯曲；子房下位，花柱细长，柱头 4 裂。蒴果圆柱形，长 7～10 厘米；种子多数，顶端具一簇长 1～1.5 厘米的白色种缨。花期 7—9 月；果期 8—10 月。

分布于东北、华北、西北及西南；北半球温、寒带广布。生于河谷或山坡林缘湿草地。北京西部和北部较高海拔山区常见。

柳叶菜

Epilobium hirsutum L.

柳叶菜科柳叶菜属。多年生草本，高约1米。茎密生展开的白色长柔毛及短腺毛。下部叶对生，上部叶互生，矩圆形至长椭圆状披针形，长4～9厘米，宽7～17毫米，边缘具细锯齿，基部无柄，略包茎，两面被长柔毛。花两性，单生于上部叶腋，浅紫色，长1～1.2厘米；萼筒圆柱形，裂片4，长7～9毫米，外被毛；花瓣4，宽倒卵形，长1～1.2厘米，顶端凹缺成2裂；雄蕊8，4长、4短；子房下位，柱头4裂。蒴果圆柱形，长4～6厘米；果柄长4～10毫米；种子长1毫米，密生小乳突，顶端具1簇白色种缨。花期6—7月，果期8—9月。

旧大陆广布种，在我国产于南北多省区；生于沟边或沼泽地。照片2009年7月1日摄于松山保护区溪水边。

牛泷草

Circaea cordata Royle

又称露珠草。柳叶菜科露珠草属。多年生草本，高40～70厘米。茎绿色，密被短柔毛。叶对生，卵形，基部浅心形，长5～9厘米，宽4～8厘米，边缘疏生锯齿，两面均被短柔毛；叶柄长4～8厘米。总状花序顶生，花序轴密被短柔毛；花两性，白色；萼筒卵形，裂片2，长约1.5～2毫米；花瓣2，短于萼裂片，顶端凹缺；雄蕊2；子房下位。果倒卵状球形，直径2.5毫米，不开裂。花果期7—8月。

分布于东北、河北、山西、陕西、甘肃、山东、华中、西南、江西、安徽、浙江和台湾；生于林下阴湿处。照片2007年7月26日摄于海坨山南坡山谷。

沙 梾

Swida bretschneideri (L.Henry) Sojak

又称毛山茱萸。山茱萸科梾木属。落叶灌木或小乔木，高 1～6 米。树皮红紫色、光滑，小枝带黄绿色或微带红色。单叶对生，卵形或长圆形，长 5～8.5 厘米，先端短渐尖或骤尖，基部圆形或宽楔形，全缘，下面灰白色，被白色丁字毛，侧脉弧形，5～7 对；叶柄长 0.7～1.5 厘米。伞房状复聚伞花序，顶生；花白色，花瓣 4，舌状长圆形；雄蕊 4；子房下位，2 室，近球形，密生灰白色贴伏毛，花柱长约为花丝的 1/2，柱头扁球形。核果球形，直径 4～5 毫米，熟时蓝黑色。花期 6—7 月；果期 8—9 月。

分布于辽宁、华北、陕西、宁夏、甘肃、青海、河南、湖北及四川西北部；生于山地杂木林内或灌丛中。北京西部和北部山区有分布。照片 2005 年 6 月 30 日摄于雾灵山“仙人塔”旁（上、中）；2006 年 7 月 22 日摄于东灵山东麓江水河至洪水口路边（下）。

梾木属 山茱萸科。约 42 种，主要分布于北温带；中国有 24 种左右，南北均有分布，西南部种类最多，北京自然生长的有沙梾和毛梾 2 种。大部分可供观赏。落叶灌木或乔木；叶对生，全缘。花较小，两性，白色；为顶生的伞房状复聚伞花序；花序下无总苞；萼 4 齿裂；花瓣 4，镊合状排列；雄蕊 4，花药长圆形；有垫状花盘；子房下位，2 室，每室有胚珠 1 颗，花柱短圆柱状，柱头头状。核果，每果有种子 2 颗。

卫　矛

Euonymus alatus (Thunb.) Sieb.

又称鬼箭羽、四棱树。卫矛科卫矛属。落叶灌木，高达 3 米。枝常有 2～4 列宽木栓翅。单叶对生，叶片长圆状椭圆形、卵状椭圆形或倒卵形，长 2～8 厘米，宽 1～3 厘米，边缘具细锯齿，两面无毛；叶柄短。聚伞花序有 1～3 花，花序梗长约 1 厘米，花梗长约 5 毫米；花绿色，径 6～8 毫米，4 数；雄蕊花丝极短；花盘方形，4 浅裂；花柱短。蒴果紫色，常仅 1～2 瓣成熟，裂瓣椭圆形，长 7～8 毫米；假种皮橙红色。花期 5—6 月；果期 8—10 月。

我国除新疆、青海、西藏、广东、海南外，各省区均产；生于中低海拔山林中。日本、朝鲜也有分布。北京山地沟谷和水边较常见。本种带木栓翅枝条可入药，有破血、通经、杀虫等功用。树皮可提取硬橡胶，也可造纸；茎叶含鞣质，可提取栲胶；种子含油 48%，供制肥皂、润滑油用。秋季叶色红艳，有观赏价值。照片 2009 年 5 月 5 日摄于门头沟双龙峡（上、中）；2014 年 10 月 10 日摄于延庆玉渡山（下）。

白 杜

Euonymus maackii Rupr.

又称丝棉木、明开夜合。卫矛科卫矛属。落叶小乔木，高达8米。单叶对生，叶片宽卵形、矩圆状椭圆形或近圆形，长4～7厘米，宽3～5厘米，先端多为长渐尖，基部近圆形至楔形，边缘有细锯齿，有时锯齿深而锐尖；叶柄长2～3.5厘米。聚伞花序1～2次分枝，有3～7朵花；花淡绿色，直径约7毫米；萼片4；花瓣4，平展，矩圆状倒卵形，基部带紫色；雄蕊4，与花瓣互生，花药紫色；花盘肥大；子房藏于花盘内。蒴果熟时粉红色，倒圆锥形，直径约1厘米，上部4裂；种子淡黄色，有红色假种皮，上端有小圆口，稍露出淡黄色种子。花期5—6月；果期9—10月。

分布于东北、华北、陕西、甘肃、四川、湖北、河南、山东、安徽、江苏、浙江、福建、江西等地；生于山坡林缘、路边。俄罗斯东南部、朝鲜半岛也有。公园、校园、寺庙等处有栽培。种子含油40%以上，树皮含硬橡胶，可供工业用；花、果可入药。照片2011年5月17日摄于蓟门烟树碑旁。

卫矛属 卫矛科。约220种，分布于北温带及澳大利亚；中国有111种，各地广布。灌木或乔木；枝常方柱形；叶对生，很少互生或轮生。花两性，淡绿或紫色，排成腋生具柄的聚伞花序；萼片和花瓣4～5；雄蕊4～5，花丝极短，着生于花盘上；花盘扁平、肥厚，4～5裂；子房3～5室，藏于花盘内，柱头3～5裂。蒴果球状，有棱，纵裂，花萼宿存；种子具1条明显种脊，有肉质假种皮。

南蛇藤

Celastrus orbiculatus Thunb.

卫矛科南蛇藤属。藤状灌木。小枝多皮孔。叶互生，宽椭圆形，倒卵形或近圆形，长 5～10 厘米，宽 3～7 厘米，先端圆，具小尖头或短渐尖，基部宽楔形或近圆形，叶缘具锯齿或圆锯齿，侧脉 3～5 对；叶柄长 1～2 厘米。聚伞花序顶生及腋生，五至多花，花序梗长 1～3 厘米；花杂性，黄绿色；雄花 5 数，退化雌蕊柱状；雌花雄蕊不育，子房基部包在杯状花盘中，但不与之合生，花柱细长，柱头 3 裂，裂端再 2 浅裂。蒴果近球形，径 7～9 毫米，黄色，3 裂；种子每室 2 粒，具橘红色至红色肉质假种皮。花期 4—5 月；果期 9—10 月。

分布于除华南外的中、东部地区；生于山林下、灌丛中。朝鲜、日本（模式标本产地）也有。本种根、茎、叶、果均入药；根茎皮可制杀虫剂；种子含油 47%，可供工业用。照片 2007 年 5 月 25 日摄于西山（上、中）；2014 年 9 月 5 日摄于凤凰岭（下左）；2006 年 4 月 15 日摄于松山保护区（下右）。

乳浆大戟

Euphorbia esula L.

又称猫眼草。大戟科大戟属。多年生草本，高达40厘米。有白色浆汁。茎直立，有纵条纹，下面带淡紫色。短枝或营养枝上的叶密生，条形，长1.5～3厘米；长枝或生花的茎上的叶互生，倒披针形或条状披针形。总花序多岐聚伞状，顶生；通常5个伞梗成伞状，每伞梗再2～3回分叉；苞片对生，宽心形，顶端短骤凸；其上再生杯状花序，总苞顶端4裂；腺体4，位于裂片之间，新月形而两端呈短角状，淡橘红色；无花瓣状附属物；子房3室，有长柄，花柱3，分离，顶端2浅裂。蒴果3半球合生，无毛，有时有疣状小突起。花果期4—10月。

分布于全国绝大多数省区；欧亚广布。生于平原、山地草坡及路边。种子含油，可供工业用；全草可入药。植株形态颇奇特，可供观赏。照片摄于北京近郊。

大戟属 大戟科。约2000种，分布于世界各地；中国有60种以上，全国广布。有些种类有毒，有些种类有药用或观赏价值。草本或灌木及乔木，有白色乳汁；茎草质、木质或肉质；叶互生、对生或轮生，有的茎肉质而无叶。花无花被，组成杯状聚伞花序（大戟花序）：此花序由1朵雌花居中，周围环绕数朵或多朵雄花组成；总苞萼状，通常4～5裂，裂片弯缺处常有大的腺体，常具花瓣状附片；雄花多数生于1总苞内，每1花仅1枚雄蕊；雌花单生于总苞的中央，有长的子房柄伸出总苞之外；子房3室，每室1胚珠，花柱3，离生或多少合生，通常2裂或不裂。蒴果成熟时开裂为3个2瓣裂的分果爿。

雀儿舌头

Leptopus chinensis (Bunge) Pojark.

又称雀舌木、黑钩叶。大戟科雀儿舌头属（雀舌木属）。落叶灌木，高达3米。小枝绿色或浅褐色。单叶互生，叶片卵形或披针形，长1～4.5厘米，宽0.4～2厘米，先端尖或具小尖头，基部钝圆或近截形，全缘，两面无毛；叶柄纤细，长2～8毫米。花小，单性，雌雄同株；单生或2～4朵簇生于叶腋；花梗细，长2～8毫米；萼片5，基部合生。雄花花瓣5，淡黄绿色至白色；雄蕊5，短于花瓣；花盘腺体5，与花瓣互生，顶端2裂；退化雌蕊小。雌花萼片较雄花大；花瓣较小；子房无毛，3室，每室2胚珠，花柱3，顶部2裂。蒴果球形或扁球形，成熟时开裂为3个2裂的分果瓣。花果期5—11月。

分布在除黑龙江、新疆、广东、海南、福建、台湾外的其他各省区；生于山区灌丛中及疏林下。北京中低海拔山区常见。照片2007年5月15日摄于海坨山南麓山谷（上、中）；2014年9月5日摄于凤凰岭（下）。

雀儿舌头属 又称雀舌木属。大戟科。约21种，广布于热带和温带地区；中国有10种左右，主产于华南和西南部。多年生草本或灌木；叶互生，全缘。花小，单性，雌雄同株；单生或数朵簇生于叶腋。雄花萼片和花瓣均为5（～6）；花盘由5枚腺体组成；雄蕊5（～6），花丝离生或连合成圆柱状；退化雌蕊小。雌花单生；萼片较雄花的大；花瓣小或不明显；子房3室，每室有胚珠2颗，花柱短，2裂。蒴果开列为3个2裂的分果瓣。

小叶鼠李

Rhamnus parvifolia Bunge

又称琉璃枝、驴子刺。鼠李科鼠李属。落叶灌木。小枝灰色或灰褐色，顶端针刺状。叶通常密集丛生在短枝上或在长枝上互生，纸质，菱状卵圆形或倒卵形，长 1～3 厘米，宽 0.5～1.5 厘米，先端圆或急尖，基部楔形，边缘有小钝锯齿，两面无毛，侧脉 3 对；叶柄长达 1 厘米。花小，单性，成聚伞花序；花萼 4 裂；花瓣 4，黄绿色；雄蕊 4。核果球形，成熟时黑色，直径 3～4 毫米，有 2 个核；种子卵形，长 2.5～3 毫米，背面有长为种子 3/4 的纵沟。花期 4—5 月；果期 6—9 月。

分布于东北、华北、山东、河南、陕西、甘肃等地；常生于向阳山坡上或多岩石处，有时也生于林缘或疏林下。模式标本采自北京郊区。该种耐旱力强，可作荒山水土保持植物。果入药，可清热泻下。开花照片 2007 年 4 月 22 日摄于鹫峰。

酸　枣

Ziziphus jujuba var. **spinosa** (Bunge) Hu

鼠李科枣属。落叶灌木或小乔木，高 1～3 米；小枝节上有托叶刺，刺有两种形状：一种为针状直行的，较长；另一种为向斜下方反曲的，较短。单叶互生，叶片椭圆形或卵状披针形，长 2～3.5 厘米，宽 0.6～1.2 厘米，顶端圆钝，基部圆形或截形，边缘有细锯齿，基生三出脉。花小，黄绿色，2～3 朵簇生于叶腋，萼片、花瓣和雄蕊均为 5 枚；花盘肥厚；子房埋藏于花盘内，花柱 2 裂。核果近球形，直径 8～10 毫米，熟时红褐色。花期 5—7 月；果期 7—9 月。

分布于东北南部、华北、山东、安徽、江苏、河南、陕西、甘肃、宁夏、新疆、四川、湖北、湖南等地；常生长于低山、丘陵向阳、干燥的山坡，平原旷野、路旁也可见。果可药用或酿酒，亦为蜜源植物。北京多生于海拔 800 米以下的山地阳坡。照片 2007 年 5 月 25 日摄于西山。

西伯利亚远志

Polygala sibirica L.

远志科远志属。多年生草本，高10～30厘米。茎丛生，被短柔毛。单叶互生，下部叶小，卵形，长约6毫米，宽约4毫米，上部叶较大，披针形或椭圆状披针形，长1～2厘米，宽3～6毫米，先端具骨质短尖头，基部楔形，全缘，具短柄。总状花序腋外生或假顶生，通常高出叶柄，被短柔毛，具少数花；花长6～10毫米，具3枚小苞片，钻状披针形，长约3毫米，被短柔毛；萼片5，宿存，背面被短柔毛，具缘毛，外面3枚披针形，长约3毫米，里面2枚花瓣状，近镰刀型，长约7.5毫米，宽约3毫米；花瓣3，蓝紫色，两枚侧瓣倒卵形，长5～6毫米，2/5以下与龙骨瓣合生，中间龙骨瓣顶部撕裂成流苏样的鸡冠状附属物；雄蕊8。蒴果长约6毫米。花期4—7月。

各地广布；生于山坡草地。

远志属 远志科。约500种，世界广布；中国有42种，各地均产。有些种入药。草本，稀为亚灌木；单叶互生，稀轮生，全缘。花序穗状或总状；花两侧对称；萼片5，不等长，内面2枚大、花瓣状，称为“翼瓣”；花瓣3，下部与雄蕊鞘合生，下面1枚龙骨状，有冠状附属体；雄蕊8，花丝下部合生；子房2室。蒴果2室，每室有种子1颗。

省沽油

Staphylea bumalda DC.

又俗称水条。省沽油科省沽油属。落叶灌木，高约2～5米。树皮紫红色或灰褐色，有纵棱，枝条开展。三小叶复叶对生，小叶片椭圆形、卵圆形或卵状披针形，长3.5～8厘米，宽2～5厘米，先端锐尖，具长约1厘米的尖尾，基部楔形或圆形，边缘有细锯齿，齿尖具尖头；叶柄长2.5～3厘米，中间小叶柄长5～10毫米，两侧小叶柄长1～2毫米。圆锥花序顶生，直立；萼片5，长椭圆形，浅黄白色；花瓣5，白色，倒卵状长圆形，较萼片稍大，长5～7毫米；雄蕊5，与花瓣近等长；子房上位，心皮2～3，基部连合，柱头头状。蒴果膀胱状，扁平，2室，先端2裂；种子黄色，有光泽。花期4—5月；果期8—9月。

分布于东北、河北、山西、陕西、四川、河南、湖北、安徽、江苏、浙江；生于山地丛林中或溪边。北京西南部低海拔山地可见。种子含油，可制肥皂及油漆。

省沽油属 省沽油科。约11种，产于欧洲、印度、尼泊尔至亚洲东部及北美洲；中国有4种，分布于西南至东北部。落叶灌木或小乔木；叶对生，复叶，具3～7小叶或羽状分裂。花两性，白色，排成顶生圆锥花序或腋生总状花序；萼片5；花瓣5；雄蕊5，着生于花盘边缘；心皮2或3，基部合生，花柱2～3。果为膜质、肿胀的蒴果。

栾　树

Koelreuteria paniculata Laxm.

无患子科栾树属。落叶乔木。羽状复叶一回或偶为二回羽状复叶，小叶7～18片（顶生小叶片有时与最上部一对小叶片在中部以下合生），小叶片卵状长圆形，基部多有裂，小叶边缘有不规则的钝锯齿。聚伞圆锥花序宽散；花黄色；萼不等5裂；花瓣4，向上旋转，有爪，有2附属物；花盘上边钝齿形，偏于一侧；雄蕊8，花丝长；子房3室，每室2胚珠，花柱3，顶端3裂。蒴果囊状；种子球形，黑色。花期6—8月。果期7—9月。

分布于东北、华北、西北东部、华东北部、西南；生杂木林或灌木林中。北京海拔1000米以下山地有野生。花金黄色，盛夏开花，花朵十分繁盛；花后小灯笼样的果实挂满枝梢，观赏价值较高。城市园林中已普遍栽培。开花照片2006年7月20日摄于门头沟刘家窑至西大台路边山坡上（上）；结果照片2009年7月31日摄于门头沟江水河至洪水口路边荒地（下）。

文冠果

Xanthoceras sorbifolia Bunge

又称文官果、木瓜。无患子科文冠果属（单种属）。落叶灌木或小乔木，高 2～5 米；树皮灰褐色，小枝有短绒毛。单数羽状复叶，互生，长 15～30 厘米；小叶 9～19，狭椭圆形至披针形，长 2～6 厘米，宽 1～2 厘米，边缘有锯齿，下面疏生星状柔毛，无柄。花辐射对称，杂性，雄花和两性花同株，但不在同一花序上；排成顶生或腋生的总状花序，先叶或与叶同时开放；花梗长 1.2～2 厘米；萼片 5，长椭圆形；花瓣 5，白色，基部红色或黄色，长 1.7 厘米；花盘 5 裂，裂片背面有一角状橙色的附属体；雄蕊 8，花丝长而分离；子房 3 室，每室有胚珠 7～8 颗。蒴果长 3.5～6 厘米，果皮厚木栓质。花期 4—5 月；果期 8—9 月。

分布于辽宁、华北、河南、陕西、甘肃、宁夏；生于丘陵山坡、沟豁等处。北京北部和西部低山区可见野生。种子可食；种仁富含油脂和蛋白质，是有发展前途的木本油料植物；花朵繁盛，有较高的观赏价值。已普遍栽培。照片 2007 年 4 月 13 日摄于北京西郊。

平基槭

Acer truncatum Bunge

又称元宝槭。槭树科槭树属。落叶乔木，高 8～9 米。树皮深纵裂。当年生枝绿色。单叶对生，叶片长 5～10 厘米，宽 8～12 厘米，常 5 裂，稀 7 裂，基部截形或近于心形；裂片三角卵形或披针形，先端锐尖或尾状渐尖，边全缘，长 3～5 厘米，宽 1.5～2 厘米；主脉 5 条；叶柄长 3～5 厘米，稀达 9 厘米。花黄绿色，杂性，雄花与两性花同株；常成无毛的伞房花序，总花梗长 1～2 厘米；花梗长约 1 厘米，无毛；萼片 5，黄绿色，长圆形，长 4～5 毫米；花瓣 5，淡黄色或近白色，长圆倒卵形，长 5～7 毫米；雄蕊 8，生于雄花者长 2～3 毫米，生于两性花者较短，着生于花盘内缘，花药黄色；花盘微裂；子房嫩时有黏性，无毛，花柱仅长 1 毫米，无毛，2 裂，柱头反卷。双翅果成熟时淡黄褐色，常成下垂的伞房状果序；小坚果压扁状，翅长圆形，两侧近平行，宽约 8 毫米，两翅张开成锐角或钝角。花期 4 月；果期 8 月。

分布于东北、华北、山东、江苏北部、河南、陕西、甘肃等地；生于海拔 1000 米以下的疏林中。模式标本采自北京郊区，定名人为 19 世纪俄国植物学家邦奇。该种树冠大，适应性较强，秋叶红色，是良好的庭荫树和行道树，已普遍栽培。照片 2011 年 4 月 15 日摄于小月河旁（上）；2007 年 4 月 22 日摄于北京西山（下）。

黄 栌

Cotinus coggygria var. **cinerea** Engl.

漆树科黄栌属。落叶灌木或乔木。单叶互生，卵形或椭圆形，长3～8厘米，宽2.5～6厘米，叶柄细，长约1.5厘米以上。圆锥花序顶生；花杂性，直径约3毫米，萼片、花瓣、雄蕊均为5；花瓣黄绿色；子房1室，具2～3短侧生花柱。果序长5～20厘米，有多数不孕花的紫红色羽毛状细长花梗宿存（见下图）；核果小，直径3～4毫米，红色。花期4—5月；果期6—7月。

分布于河北、山东、河南、湖北、四川等地；生于向阳山林中。南欧、西亚及南亚北部也有。北京中低海拔山地有分布。著名深秋红叶树种。照片2009年5月5日摄于门头沟双龙峡景区（上）；2017年5月1日摄于小月河边（下）。

牻牛儿苗

Erodium stephanianum Willd.

又称太阳花。牻牛儿苗科牻牛儿苗属。多年生草本，高15～45厘米，平铺地面或稍斜生。茎多分枝，有柔毛。叶对生，长卵形或矩圆状三角形，长约6厘米，二回羽状深裂；羽片5～9对，基部下延，小羽片条形；叶柄长4～6厘米。伞形花序腋生，柄长5～15厘米，通常有花2～5朵；花柄长2～3厘米；萼片5，矩圆形，长6～8毫米，宽2～3毫米，先端有长芒，被长糙毛；花瓣5，紫红色，倒卵形，长不超过萼片；雄蕊10，2轮，外轮无花药；子房5裂，5室，花柱5。蒴果长约4厘米，顶端有长喙，5室，具5果瓣，每果瓣具1种子，成熟时5个果瓣与中轴分离，由基部向顶端呈螺旋状卷曲将种子弹出。花果期5—9月。

分布于长江中下游以北各地以及西北、西南；生于草坡、沟边、田边、路旁。中亚、东亚其他国家也有。全草可入药。照片6月（上）和9月（下）摄于松山保护区路旁。

“鹭鹳之喙”牻牛儿苗的属名Erodium源于希腊词，意为“鹭”；而老鹳草属的学名Geranium亦源于希腊词，意为“鹳”。这两类涉禽都具有长而尖的喙，而牻牛儿苗属和老鹳草属植物的蒴果均由中轴延伸成长而尖的喙状，定名人正是抓住了这一形象的特征确定了这两个属的名称。但这两类植物之所以有长“喙”，并非为了啄食水中的小动物，而是为了在果实成熟后，果瓣由基部开裂借助向上反卷的力，将种子弹射出去。

粗根老鹳草

Geranium dahuricum DC.

又称达乌里老鹳草。牻牛儿苗科老鹳草属。多年生草本，高30～60厘米。茎直立，近无毛，具棱槽，假二叉状分枝。茎生叶对生，肾状圆形，长3～4厘米，宽5～6厘米，掌状7深裂至基部不远处，裂片不规则羽状分裂，小裂片披针状条形，宽2～3毫米，锐尖头；下部茎生叶有长柄，上部叶柄短，顶部叶无柄。花序顶生或腋生，花序柄长3～6厘米，纤细，通常有2朵花，花柄丝状，长2～3厘米，有倒生疏散柔毛；萼片5，卵状椭圆形，长5～7毫米，宽约3毫米，先端具短尖头，背面和边缘被长柔毛；花瓣5，淡紫红色，有深色纵向脉纹，倒长卵形，长约为萼片的1.5倍，先端圆形，基部楔形、密被白色柔毛；雄蕊10，稍短于萼片，花丝与花瓣近同色；雌蕊密被短伏毛。花期7—8月；果期8—9月。

分布于东北、华北、陕西、甘肃、宁夏、青海、四川西部和西藏东部；生于山坡草地或亚高山草甸。俄罗斯东部、蒙古、朝鲜也有。北京较高海拔山地有分布。照片2007年7月27日（上）和2006年7月14日（下）分别摄于海坨山南坡。

老鹳草属 牻牛儿苗科。约400种，世界广布，主要分布于温带和热带山区；中国有55种5变种，全国广布，主产于西南和内陆山地落叶阔叶林区。绝大多数为草本，极少为灌木；通常被倒向毛；叶对生或互生，下部叶具长叶柄；叶片通常掌状分裂，稀二回羽状或仅边缘有锯齿。花序聚伞状或花单生，每总花梗通常具2花；花整齐，花萼和花瓣5，覆瓦状排列，腺体5。蒴果具长喙，5果瓣，每果瓣具1种子，果瓣在喙顶部合生，成熟时沿主轴从基部向上端反卷开裂，弹出种子或种子与主轴同时脱落。

老鹳草

Geranium wilfordii Maxim.

牻牛儿苗科老鹳草属。多年生草本，高30～50厘米。茎直立，单生，具棱槽，被倒向短柔毛。叶基生和茎生，茎生叶对生；基生叶和茎下部叶具长柄，茎上部叶柄渐短或近无柄；基生叶片圆肾形，长3～5厘米，宽4～9厘米，5深裂，裂片倒卵状楔形，下部全缘，上部不规则齿裂；茎生叶3裂，裂片长卵形或宽楔形，上部齿状浅裂，先端长渐尖，表面被短伏毛。花序聚伞状，腋生和顶生，总花梗被倒向短柔毛，每梗2花；苞片钻形，长3～4毫米；花梗长为花的2～4倍；萼片5，长5～6毫米，宽2～3毫米，先端具细尖头；花瓣5，白色或淡红色，倒卵形，与萼片近等长，内面基部被疏柔毛；雄蕊10，花丝淡棕色，花药紫色；雌蕊被短糙伏毛，花柱分枝5，淡紫红色。蒴果长约2厘米，被短柔毛和长糙毛。花期6—8月；果期8—9月。

分布于东北、华北、华东、华中及陕西、甘肃、四川；生于海拔1800米以下的山地林下、草地。俄罗斯远东地区、朝鲜、日本也有。全草可供药用，有祛风通络作用。照片2008年7月29日摄于门头沟小龙门南沟。

灰背老鹳草

Geranium wlassowianum Fisch. ex Link

牻牛儿苗科老鹳草属。多年生草本，高30～70厘米。茎2～3条，直立或基部仰卧，具棱角，被倒向短柔毛。叶基生或茎上对生；基生叶具长柄，柄长为叶片长的4～5倍，茎下部叶柄稍长于叶片，上部叶柄明显短于叶片；叶片五角状肾圆形，基部浅心形，长4～6厘米，宽6～9厘米，5深裂，裂片倒卵状楔形，下部全缘，上部3深裂，中间小裂片狭长，3裂，侧小裂片具1～3牙齿，表面被短伏毛，背面灰白色。花序腋生和顶生，稍长于叶，总花梗被倒向短柔毛，具2花；苞片狭披针形，长6～8毫米；花梗与总花梗相似，花期直立或弯曲，果期水平状叉开；萼片5，长8～10毫米，宽3～4毫米，先端具长尖头，密被柔毛；花瓣5，淡紫红色，具深紫色脉纹，宽倒卵形，长16～20毫米，先端圆形，基部楔形、被长柔毛；雄蕊10；雌蕊被短糙毛，花柱中部5分支。蒴果长约3厘米，被短糙毛。花期6—8月；果期8—9月。

分布于东北、华北及山东；生于山坡草地、林缘。俄罗斯东部、蒙古、朝鲜也有。照片2007年6月25日摄于东灵山海拔近2000米的石阶路边（上）和岩石旁（下）。

毛蕊老鹳草

Geranium platyanthum Duthie

牻牛儿苗科老鹳草属。多年生草本，高30～80厘米。茎直立，向上分枝或不分枝，有倒生白毛。叶基生和在茎上互生，叶片肾状五角形，长5～8厘米，宽8～18厘米，掌状5中裂或略深裂，裂片菱状卵形，下部全缘，上部边缘有不规则牙齿状缺刻，齿端急尖，上面有长伏毛；基生叶有长柄，茎生叶的柄短，顶部的叶无柄。伞形聚伞花序顶生，被糙毛和腺毛，花序柄2～3枚，顶端各有2～4朵花；花柄长约为花的1.5～2倍，开花时向下弯垂，在果期直立；萼片长8～10毫米；花瓣蓝紫色、淡紫色或紫红色，倒卵形或近圆形，长10～14毫米；宽8～10毫米，开放后常向后反折，基部具白色糙毛；雄蕊10，花丝基部扩大部分具白色长毛，花丝紫红色，花药深紫色；雌蕊稍短于雄蕊，被糙毛，花柱上部紫红色，分枝长3～4毫米。蒴果长约3厘米，被毛。花期6—7月；果期8—9月。

分布于东北、华北、西北、湖北西部、四川西北部；生于山地林下、灌丛和草地。俄罗斯西伯利亚、蒙古、朝鲜也有。北京见于深山区。照片2006年6月28日摄于雾灵山莲花池（上）；2017年7月8日摄于怀柔北部山地（下）。

鼠掌老鹳草

Geranium sibiricum L.

牻牛儿苗科老鹳草属。一年生或多年生草本，高 30～70 厘米。茎纤细，仰卧或近直立，多分枝，具棱槽，被倒向疏柔毛。叶对生，基生叶和茎下部叶具长柄，柄长为叶片的 2～3 倍；下部叶片肾状五角形，长 3～6 厘米，宽 4～8 厘米，掌状 5 深裂，裂片倒卵形、菱形或长椭圆形，中部以上齿状羽裂或齿状深缺刻，下部楔形，两面被疏伏毛；上部叶片具短柄，3～5 裂。总花梗丝状，单生于叶腋，长于叶，被倒向毛，具 1 花或偶具 2 花；萼片 5，长约 5 毫米，先端急尖，具短尖头；花瓣 5，倒卵形，淡紫色或白色，等于或稍长于萼片，先端微凹或缺刻状，基部具短爪；雄蕊 10，花丝扩大成披针形；子房上位，花柱短，5 裂。蒴果长 1.5～1.8 厘米。花果期 6—9 月。

分布于东北、华北、西北、西南及湖北等地；生于林缘、灌丛、河谷草甸，或为杂草。欧洲至东北亚广布。照片 2005 年 8 月摄于北京西山。

酢浆草

Oxalis corniculata L.

又称酸味草。酢浆草科酢浆草属。草本，高 10～35 厘米，全株被柔毛。茎细弱，多分枝，直立或匍匐，匍匐茎节上生根。叶基生或茎上互生，叶柄长 1～13 厘米，基部具关节；指状复叶，小叶 3，无柄，倒心形，长 4～16 毫米，宽 4～22 毫米，先端凹入，基部宽楔形。花单生或数朵集为伞形花序状，腋生，总花梗淡红色；花梗长 4～15 毫米，果后延伸；萼片 5，披针形或长圆状披针形，长 3～5 毫米，宿存；花瓣 5，黄色，长圆状倒卵形，长 6～8 毫米，宽 4～5 毫米；雄蕊 10，花丝基部合生，长、短互间，长者花药较大且早熟；子房长圆形，5 室，花柱 5。蒴果长圆柱形，长 1～2.5 厘米，具 5 棱。花果期 2—9 月。

北半球温带及亚热带广布种。全国各地均有分布；生于山坡草地、林下湿润处、城乡路边、田边、河边、荒地。

水金凤

Impatiens noli-tangere L.

凤仙花科凤仙花属。一年生草本，高40～100厘米。茎粗壮，直立，分枝。叶互生，卵形或椭圆形，长5～10厘米，宽2～5厘米，先端钝或短渐尖，下部叶基部楔形，叶柄长2～3厘米，上部叶基部近圆形，近无柄，叶缘有粗圆齿，齿端具小尖。总花梗腋生，有花2～3朵，花梗纤细，下垂，中部有披针形苞片；花较大，黄色，喉部常有红色斑点；侧生萼片2，卵形或宽卵形，长5～6毫米。旗瓣圆形或近圆形，直径10毫米，先端微凹，背面中肋具绿色鸡冠状突起，顶端具短喙尖；翼瓣无柄，长20～25毫米，2裂，大裂片宽斧形，小裂片长圆形；唇瓣宽漏斗形，基部渐狭成长10～15毫米、内弯的距。雄蕊5，花药卵球形，顶端尖；子房纺锤形，具短喙尖。蒴果线状圆柱形，长1.5～2.5厘米。花期7—9月。

分布于东北、华北、华中、山东、安徽、浙江、陕西、甘肃；生于山坡林下、林缘草地或山谷溪水边。俄罗斯远东地区、朝鲜、日本也有。照片2007年7月27日摄于松山保护区。

凤仙花属 凤仙花科。约1000种，主产于北半球热带、亚热带；中国有270种以上，主要分布于西南山区。花形奇特，多具观赏价值；亦有药用种类。草本，稀亚灌木；茎通常肉质；单叶互生、对生或轮生。花两性，两侧对称；总状或假伞形花序腋生或近顶生，或束生及单生；萼片3，稀5枚，其中2枚或4枚侧萼片，下面1枚大型萼片（亦称唇瓣）花瓣状，基部向后延伸成具蜜腺的距，稀无距；花瓣5，中上方1枚为旗瓣，下侧方各2枚合生成2裂的翼瓣；雄蕊5，在雌蕊上部环绕子房和柱头，在柱头成熟前脱落；子房上位，4或5室，花柱1，极短或无，柱头1～5。蒴果或假浆果。

刺五加

Acanthopanax senticosus (Rupr.et Maxim.) Harms

五加科五加属。灌木，高1～6米。多分枝，一、二年生的枝上通常密生刺，稀仅节上生刺或无刺；刺直而细长，针状，下向。掌状复叶，小叶5，稀3；叶柄长3～10厘米，常疏生细刺；小叶片椭圆状倒卵形或长圆形，长5～13厘米，宽3～7厘米，先端渐尖，基部阔楔形，上面粗糙，边缘有锐利重锯齿，小叶柄长0.5～2.5厘米，有棕色短柔毛，有时有细刺。伞形花序直径2～4厘米，单个顶生，或2～6个组成稀疏的圆锥花序，有多数花；总花梗长5～7厘米；花梗长1～2厘米；花萼杯状，无毛，近全缘或有5小齿；花瓣5，淡绿黄色或带紫色，卵形，长1.5～2毫米；雄蕊5；子房5室，花柱合生成柱状，宿存。果球形或卵球形，有5棱，黑色，直径7～8毫米，宿存花柱长1.5～1.8毫米。花期6—7月；果期8—10月。

分布于东北、河北、山西等地；喜冷凉、湿润、腐殖质丰厚的环境，多生于林下、林缘和灌丛中。俄罗斯远东地区、朝鲜、日本也有。北京较高海拔山地天然林中可见。北京市重点保护植物。北京尚有近缘种无梗五加 **A. sessiliflorus** (Rupr.et Maxim.) Seem.，这两种根皮可代“五加皮”入药。刺五加照片2009年7月14日摄于百花山北坡天然落叶阔叶林林缘。

五加属 五加科。约35种，产于亚洲；中国有20种左右。多为药用植物。灌木，直立或蔓生，稀小乔木。枝多具刺，稀无刺。掌状复叶或3小叶复叶，无托叶或托叶不明显。花两性，稀单性异株；伞形或头状花序组成复伞形或圆锥花序；萼筒具4～5小齿，稀全缘；花瓣5（4），镊合状排列；雄蕊与花瓣同数；子房5～2室，花柱宿存。果具棱；种子2～5。属名Acanthopanax来源于希腊词akantha（意为“针、刺”）+人参的属名Panax组成，意为“具刺的人参”，反映出该属植物具针刺的形态特征和具滋补功效的药用价值。

短毛独活

Heracleum moellendorffii Hance

伞形科独活属。多年生草本，高1～2米，全体有柔毛；根圆锥形，多分枝。基生叶宽卵形，三出式羽状全裂，裂片5～7片，宽卵形或近圆形，长5～15厘米，宽7～10厘米，不规则3～5浅裂至深裂，边缘有尖锐粗大锯齿；叶柄长5～25厘米；茎上部叶有膨大的叶鞘。复伞形花序；总苞片5，小苞片5～10，均为条状披针形；伞幅12～35；花梗20条以上，长4～10毫米；花瓣5，白色，瓣片大小不一，常叉状分裂至中部。双悬果矩圆状倒卵形，长6～8毫米，宽5～6毫米，扁平，有短刺毛。花期7—8月。

分布于东北、华北、山东、陕西、湖北、安徽、江苏、浙江、江西、湖南、云南；生长于山谷、林缘或草甸中。模式标本采自百花山。

照片2006年7月14日（上）和8月24日（下）摄于海坨山南麓山谷中。

独活属 伞形科。六十余种，分布于北温带；中国有二十余种，产于东北至西南。多药用种类。多年生草本，根圆锥形；叶大，三出式或羽状多裂。复伞形花序；花白色或淡红色，小伞形花序外面的花瓣扩大而呈放射状。果圆形、倒卵形或椭圆形，背向压扁，背棱和中棱丝线状，侧棱有翅，油管每棱槽中1，合生面2～4。

兴安白芷

Angelica dahurica (Fisch.) Benth.et Hook.f.

又称白芷。伞形科当归属。多年生草本，高1～2米。茎基部直径2～5（～9）厘米，中空，紫红色，接近花序处有短柔毛。茎下部的叶大，叶柄长，基部扩大呈鞘状，抱茎；叶二至三回三出式羽状全裂，最终裂片披针形至矩圆形，长2～6厘米，宽1～3厘米，先端锐尖，边缘有尖锐的重锯齿，基部下延成小柄；茎上部的叶较小，叶柄全部扩大成卵状的叶鞘。复伞形花序顶生或腋生；总花梗长10～30厘米；无总苞或有1～2片，鞘状；伞幅18～38；小总苞片14～16，条形，比花梗长或等长；花梗10条以上；花萼缺如；花瓣5，白色，初开时向内弯曲；雄蕊5，花丝细长，伸出花瓣外；子房下位，2室，花柱2。双悬果扁平椭圆形或近于圆形，长5～7毫米，宽4～5毫米，分果具5果棱，侧棱翅状。花期6—8月；果期7—9月。

分布于东北、华北；生于河边或山坡灌草丛中。朝鲜、日本、俄罗斯也有。全草含挥发油；根含多种抗菌有效成分。根为传统中药材，各地已普遍栽培。照片2009年7月30日摄于东灵山（上）；2017年7月30日摄于雾灵山（下）。

当归属 伞形科。约80种，大部分产于北温带和新西兰；中国有约40种，主产于西南、西北至东北。含芳香油，多药用种类，如当归（A. sinensis）、白芷等；有些可食用。二年生或多年生草本；叶为二至三回羽状分裂或羽状多裂；叶柄常膨大成管状或囊状叶鞘。复伞形花序；花白色、淡绿色或淡红色；萼齿小或无；果卵形至长圆形，背向压扁，背棱线形，突起，侧棱有阔翅。属名 Angelica 源于希腊词 angelikos，意为“天使的”。

泽 芹

Sium suave Walt.

伞形科泽芹属。多年生草本，高60～120厘米，全体无毛。具成束的纺锤形的根。茎有条棱，光滑。叶矩圆形至卵形，长6～25厘米，一回单数羽状复叶，具3～9对小叶，小叶片对生无柄，远离，条状披针形，长4～15厘米，宽3～15毫米，边缘有细或粗锯齿；叶柄细管状，长1～8厘米，有横隔。复伞形花序顶生和侧生；总花梗粗壮，长3～10厘米；总苞片3～10，披针形或条形，全缘或有缺刻，外折；伞幅8～20，长1.5～3厘米；小总苞片5～10，条状披针形；花梗约10；花白色，5数。双悬果卵形，长2～3毫米。花期7—9月。

分布于东北、华北、华东；生于水边或潮湿草地。俄罗斯、北美洲也有。照片2017年8月摄于海淀区。

泽芹属 伞形科。约16种，分布于北半球和南非；中国有4种，西南至东北广布，生于水湿地。多年生草本，光滑，有成束的须根和块根；羽状复叶互生，小叶全缘或有齿。复伞形花序顶生或腋生；总苞片或小总苞片多数；花白色；萼齿细小或不明显。果卵形或长椭圆形，侧向稍压扁，果棱显著。属名Sium源于希腊文sion，意为一种沼泽植物。

毒 芹

Cicuta virosa L.

伞形科毒芹属。多年生草本，高50～100厘米，无毛。茎粗，中空，分枝。叶互生，矩圆形至三角状卵形，长10～30厘米，二至三回羽状复叶；小叶矩圆状披针形，长4～8厘米，先端渐尖，基部楔形，边缘有粗锯齿至缺刻；叶柄长1.5～4.5厘米，基部宽展成长圆形的叶鞘。复伞形花序顶生或腋生，直径8～11厘米；总花序梗长4～15厘米；无总苞或有1～2片披针形总苞片；伞幅14～18条，不等长，光滑；小总苞片数个，条形；每一伞形花序具花可达31朵；花白色；萼齿5，明显；花瓣5片，卵圆形，先端内卷；雄蕊5，与花瓣互生且长于花瓣；子房下位，花柱短。双悬果卵圆形，光滑，径2～3毫米。花果期7—9月。

北温带广布种，在我国分布于东北、华北、西北及四川等地；生于沼泽地、水边和山谷较阴湿处。毒芹属有约20种，中国仅有毒芹1种和其变种宽叶毒芹C. virosa var. latisecta Celak.。该种全草含有毒成分毒芹素等，为著名剧毒植物，尤以根部毒性最大，民间称其为“芹叶钩吻”；中毒症状为腹痛、腹泻、脉频、呼吸困难，严重者出现痉挛至呼吸麻痹而死亡。照片2007年7月26日摄于海坨山南麓山谷溪畔。

黑柴胡

Bupleurum smithii Wolff

又称小五台柴胡。伞形科柴胡属。多年生草本，高25～60厘米。茎常数枝丛生，直立或倾斜，上部有时具少数短分枝。基生叶密，狭矩圆形、矩圆披针形或倒披针形，长10～20厘米，宽1～2厘米，基部渐狭，具7～9条纵脉；叶柄长5～12厘米；茎中部叶有短柄或无柄而基部抱茎。复伞形花序，总花梗多长于伞幅；伞幅4～9，不等长；小总苞片6～9，卵形或宽卵形，长6～10毫米，黄绿色；花梗约20，花黄色。双悬果卵形，长3.5～4毫米。花期7—8月。

分布于华北、河南、陕西、甘肃、青海；生于山坡草地。模式标本采自河北小五台山。

照片2006年8月25日（上）和2007年7月26日（下）摄于海坨山。

柴胡属 伞形科。约一百余种，主要分布于北半球的亚热带至温带地区；中国已知有36种17变种。多分布于西部高原地区。“柴胡”是常用中草药，其原植物有该属的20种左右。多为多年生草本；有木质化的主根和须状支根；茎光滑，有时带紫色；单叶全缘，基生叶多有柄，叶柄有鞘，茎生叶通常无柄，基部较狭，抱茎，叶脉近平行而呈弧形。复伞形花序；总苞片1～5，叶状，不等大；小总苞片3～10；花两性；萼齿不显；花瓣5，多为黄色，顶端有内折小舌片；雄蕊5，花药通常黄色；花柱分离，花柱基扁盘形。

笔龙胆

Gentiana zollingeri Fawcett

龙胆科龙胆属。一年生草本，高3～6厘米。茎直立，紫红色，光滑，从基部起分枝，稀不分枝。叶卵圆形或卵圆状匙形，长1～1.3厘米，宽3～8毫米，先端钝圆或圆形，具小尖头，边缘软骨质；基生叶在花期不枯萎，与茎生叶相似而较小；茎生叶密集。花单生枝顶，花枝密集呈伞房状；花梗长1～2.5毫米；花萼漏斗状，长7～9毫米，裂片5，窄三角形或卵状椭圆形，长3.5～4.5毫米，先端具短尖头，边缘膜质；花冠淡蓝色，具黄绿色宽条纹，漏斗状，长1.4～1.8厘米，裂片5，卵形，长2.5～3毫米，褶卵形或宽长圆形，长1～1.5毫米，先端2浅裂或具不整齐锯齿，花冠筒内壁具紫色斑纹；雄蕊5，着生于花冠筒内壁中部；子房椭圆形，花柱长1.5～2毫米，柱头2裂，向外张开。蒴果倒卵状长圆形，长6～7毫米，顶端具宽翅。花果期4—6月。

分布于吉林、辽宁、河北、山东、江苏、浙江、安徽、湖北、河南、山西、陕西；生于山谷草地、灌丛中和林下。俄罗斯、朝鲜、日本也有。模式标本采自日本。

照片2012年5月6日摄于云蒙山森林公园山谷路旁草地。

龙胆属 龙胆科。约400种，广布于温带地区和热带高山上；中国有247种，遍及全国，主产于西南山岳地带。大部分可供观赏，为著名的高山花卉之一；有些有药用价值。一年生或多年生草本；茎直立，四棱形，斜升或铺散；叶对生，稀轮生，无柄或具短柄，全缘。花排成复聚伞花序、聚伞花序或单生；花两性，4～5（6～8）数；花萼筒形或钟形，浅裂，萼筒内具萼内膜，萼内膜筒形，或在裂片间呈三角袋状；花冠通常蓝色，但有时黄色、白色或紫色，筒形、漏斗形或钟形，常浅裂，稀深裂，裂片间具褶，裂片在花蕾时右向旋卷；雄蕊着生于冠筒内壁上，与裂片互生，花丝基部稍宽，向下延成翅；子房1室，花柱较短或丝状；腺体10个，轮生。蒴果2裂；种子小，多数，具纹饰。

鳞叶龙胆

Gentiana squarrosa Ledeb.

又称小龙胆。龙胆科龙胆属。一年生草本，高达 8 厘米。茎密被黄绿色或杂有紫色乳突，基部多分枝，枝铺散，斜升。叶缘厚软骨质，密被乳突，叶柄白色膜质，边缘被短睫毛；基生叶卵形、宽卵形或卵状椭圆形，长 6～10 毫米；茎生叶倒卵状匙形或匙形，长 4～7 毫米。花单生于枝顶，花梗长 2～8 毫米；花萼倒锥状筒形，长 5～8 毫米；花冠蓝色，筒状漏斗形，长 7～10 毫米，裂片卵状三角形，长 1.5～2 毫米，褶卵形，长 1～1.2 毫米，全缘或具细齿；雄蕊 5，短于花冠筒；子房长圆形，花柱短，柱头 2 裂，外反。蒴果长 3.5～5.5 毫米，顶端具宽翅。花果期 4—9 月。

分布于东北、华北、西北及河南、四川、云南；生于海拔 4200 米以下的山地、草原、河滩、荒地。东北亚其他国家和地区也有。北京常见。

达乌里龙胆

Gentiana dahurica Fisch.

又称达乌里秦艽。龙胆科龙胆属。多年生草本，高达 25 厘米。枝丛生。基部莲座状叶披针形或线状椭圆形，长 5～15 厘米，先端渐尖，基部渐狭，叶柄宽扁，长 2～4 厘米；茎生叶线状披针形或线形，长 2～5 厘米，对生，无柄。聚伞花序顶生或腋生，花序梗长达 5 厘米；萼筒膜质，黄绿或带紫色，长 0.7～1 厘米，裂片 5，不整齐，线形，绿色，长 3～8 毫米；花冠深蓝或紫色，有时喉部具黄色斑点，长 3.5～4.5 厘米，裂片 5，卵形或卵状椭圆形，长 5～7 毫米，先端钝，全缘，褶整齐，三角形或卵形，长 1.5～2 毫米，全缘或边缘啮蚀状。蒴果内藏，椭圆状披针形，长 2.5～3 厘米。花果期 7—9 月。

分布于东北、华北、河南、湖北、陕西、甘肃、宁夏、青海、四川；生于海拔 870～4500 米的田边、路边、河滩、湖边沙地、沟边、山地阳坡及干草原。俄罗斯、蒙古也有。北京见于较高海拔山坡草地。照片 2009 年 8 月摄。

秦　艽

Gentiana macrophylla Pall.

又称大叶龙胆。龙胆科龙胆属。多年生草本，高达 60 厘米。枝少数丛生。莲座丛叶，卵状椭圆形或窄椭圆形，长 6～28 厘米，叶柄长 3～5 厘米，较宽；茎生叶椭圆状披针形或窄椭圆形，长 4.5～15 厘米，无叶柄或柄长达 4 厘米。花簇生枝顶或轮状腋生；无花梗；萼筒黄绿色或带紫色，长（3～）7～9 毫米，一侧开裂，先端平截或圆，萼齿（1～3）4～5，锥形，长 0.5～1 毫米；花冠下部黄绿色，上部蓝或蓝紫色，壶形，长 1.8～2 厘米，裂片卵形或卵圆形，长 3～4 毫米，褶三角形，长 1～1.5 毫米；雄蕊 5；柱头 2 裂。蒴果卵状椭圆形，长 1.5～1.7 厘米。花果期 7—10 月。

分布于东北、华北、西北及河南；生于河滩、山坡草地、草甸及林缘；蒙古、俄罗斯也有。根含生物碱，可入药。照片 2009 年 7 月 30 日摄于东灵山。

扁　蕾

Gentianopsis barbata (Froel.) Ma

龙胆科扁蕾属。二年生或多年生草本，高10～40厘米。茎直立，四棱形，分枝。叶对生；茎基部的叶匙形或条状披针形，排列成幅状，长1～4厘米，宽0.5～1厘米，早枯落；茎上部的叶4～10对，条状披针形，长1.5～6厘米，宽2～3毫米，尖，无叶柄。单花顶生，蓝紫色，长2～3.5厘米，花萼筒状钟形，顶端4裂，裂片具白色膜质边，外对条状披针形、尾尖，内对披针形、短尖；花冠筒状漏斗形，顶端4裂，覆瓦状，裂片椭圆形，具微波状齿，近基部边缘具流苏状毛；雄蕊4，藏于花冠筒内；腺体4，下垂；子房具柄，柱头2裂。蒴果；种子卵圆形，具指状突起。花果期7—9月。

分布于东北、华北、西北、西南及湖北西部；生于山坡草地、林间及山谷水边。俄罗斯也有（模式标本产地）。照片2014年9月20日摄于百花山黄安坨。

扁蕾属 是中国植物分类学家马毓泉1951年在《植物分类学报》第一卷上发表的龙胆科新属。该属约24种，分布于亚洲、欧洲和北美洲；中国有5种。马毓泉教授（1916—2008，江苏人）早年在北京大学生物系执教植物分类学，1958年赴内蒙古大学任教。曾主编《内蒙古植物志》等著作；对我国华北地区的植物研究贡献卓著。

北方獐牙菜

Swertia diluta (Turcz.) Benth.et Hook.f.

又称中国当药、当药。龙胆科獐牙菜属。一年生草本，高 20～70 厘米。根黄色。茎直立，四棱形，棱上具窄翅，多分枝，枝细瘦，斜升。叶对生，无柄，线状披针形至线形，长 1～4.5 厘米，宽 1.5～9 毫米，两端渐狭，中脉在下面明显突起。圆锥状复聚伞花序具多数花；花梗四棱形，长达 1.5 厘米；花 5 数，直径 1～1.5 厘米；花萼绿色，长于或等于花冠，裂片 5，线形，长 10～12 毫米，先端锐尖；花冠浅蓝色，具深色纵脉纹，裂片椭圆状披针形，长 6～11 毫米，先端急尖，基部有 2 个沟状腺窝，周缘具柔毛状流苏；雄蕊 5，花丝长达 6 毫米，花药矩圆形，长达 1.6 毫米；子房无柄，椭圆状卵形至卵状披针形，花柱粗短，柱头 2 裂，裂片半圆形。蒴果卵形，长至 1.2 厘米。花果期 8—10 月。

产于东北、华北、山东、江苏、河南、陕西、甘肃、宁夏、青海、四川北部；生于阴湿山坡、山坡林下、山谷、田边，海拔可达 2600 米。俄罗斯、蒙古、朝鲜、日本也有。照片 2014 年 9 月 20 日摄于百花山北坡黄安坨路边。

獐牙菜属 龙胆科。约 170 种，主产于亚洲、非洲及北美洲，少数分布于欧洲；中国有 79 种。草本；常具主根；无地上茎或有地上茎；叶对生，稀互生或轮生，多年生种类营养枝之叶常呈莲座状。复聚伞花序、聚伞花序或单花；花 4 或 5 数，辐状；花萼裂至基部，萼筒短；花冠裂至近基部，裂片基部或中部具腺窝或腺斑，腺窝边缘常具流苏或鳞片，稀光滑，腺斑与花冠异色；雄蕊 4～5，生于花冠基部；子房 1 室，花柱短，柱头 2 裂。蒴果常包于宿存花被中，由顶端向基部 2 瓣裂，果瓣近革质。

肋柱花

Lomatogonium carinthiacum (Wulf.) Reichb.

龙胆科肋柱花属。一年生草本，高达 30 厘米。茎带紫色，自下部多分枝。基生叶早落；茎生叶对生，无柄，披针形、椭圆形至卵状椭圆形，长 4～20 毫米，宽 3～7 毫米，聚伞花序或单花生于分枝顶端；花梗紫色，斜上升，不等长，长达 6 厘米；花 5 数；萼筒长不及 1 毫米，裂片卵状披针形或椭圆形，长 4～8（11）毫米；花冠蓝色，裂片椭圆形或卵椭圆形，长 0.8～1.4 厘米，先端尖，基部两侧各具 1 管形腺窝，下部浅囊状，上部具裂片状流苏；雄蕊 5，花药蓝色；子房矩圆柱形，与花冠近等长，远高于雄蕊，无花柱，柱头沿子房缝合线下延。蒴果圆柱形。花期 8—10 月。

分布于河北、山西、河南、甘肃、青海、新疆、西藏、四川及云南；生于海拔 430～5400 米的山坡草地、灌丛、草甸。欧洲、亚洲、北美洲温带及大洋洲广布。北京见于东灵山。照片 2009 年 8 月 18 日摄。

镰萼喉毛花

Comastoma falcatum (Turcz.) Toyokuni

龙胆科喉毛花属。一年生草本，高达 25 厘米。茎基部分枝，叶大部分基生，长圆状匙形或长圆形，长 0.5～1.5 厘米，先端钝，全缘，茎生叶对生，无柄。花单生于枝端；花萼绿色或带蓝紫色，长为花冠的 1/2 左右，裂片 5，卵状披针形，镰状，边缘近皱波状，基部具浅囊；花冠蓝色或蓝紫色，具深色脉纹，高脚杯状，长 1.2～2.5 厘米，冠筒喉部膨大，径达 9 毫米，裂片 5，长圆形，长 0.5～1.3 厘米，喉部具一圈 10 束白色流苏状内弯副冠；雄蕊 5，生于冠筒，花丝基部成窄翅；花柱短，柱头 2 裂。蒴果窄椭圆形或披针形。花果期 7—9 月。

分布于华北、西北、西藏及四川西部和北部；生于海拔 2100～5300 米的山坡草地、林下、灌丛。南亚北部经中亚至俄罗斯均有分布。北京见于东灵山。

花 锚

Halenia corniculata (L.) Cornaz

龙胆科花锚属。一年生草本，高 20～70 厘米。茎直立，近四棱形，具细纵条棱，常从基部起分枝。基生叶通常早枯萎；茎生叶对生，椭圆状披针形或卵形，长 3～8 厘米，宽 1～1.5 厘米，全缘，叶脉 3 条；无柄或具极短而宽扁的柄。聚伞花序；花梗长 0.5～3 厘米；花 4 数，直径 1.1～1.4 厘米；花萼裂片狭三角状披针形；花冠淡黄绿色，钟形，冠筒长 4～5 毫米，裂片卵形或椭圆形，长 5～7 毫米，宽 3～5 毫米，冠筒下部具 4 个略向上弯的距，距长 4～6 毫米；雄蕊内藏，花丝长 2～3 毫米，花药近圆形；子房纺锤形，长约 6 毫米，无花柱，柱头 2 裂，外卷。蒴果卵圆形，长 11～13 毫米，顶端 2 瓣开裂。花果期 7—9 月。

分布于东北、华北及陕西；生于山坡草地、林下及林缘。俄罗斯、蒙古、朝鲜、日本、加拿大也有。模式标本采自西伯利亚。其全草入药，有清热、解毒、止血等功效。照片 2006 年 8 月 24 日摄于海坨山。

花锚属 龙胆科。约 100 种，产于美洲中部和北半球温带地区；中国仅有花锚和椭圆叶花锚 Halenia elliptica D. Don 2 种，分布于西南至东北。草本；单叶，对生，全缘，具 3～5 脉；花 4 数；花冠钟形，深裂，裂片基部具窝孔延伸成长距，距内有蜜腺。蒴果室间开裂。

罗布麻

Apocynum venetum L.

夹竹桃科罗布麻属。直立亚灌木，高达 4 米，具乳汁。枝条紫红色或淡红色。单叶对生，仅在分枝处为近对生，叶片窄椭圆形或狭卵形，长 1～8 厘米，宽 0.5～1.5 厘米，顶端具短尖头，基部圆或宽楔形，叶缘有细齿，两面无毛；叶柄长 3～6 毫米。圆锥状聚伞花序，一至多歧，通常顶生，有时腋生；花梗长约 4 毫米；小苞片长 1～5 毫米，宽 0.5 毫米；花萼 5 深裂，裂片披针形或卵圆状披针形，被短柔毛，边缘膜质，长约 1.5 毫米；花冠圆筒状钟形，紫红色或粉红色，长 6～8 毫米，裂片 5，卵圆状长圆形，长 3～4 毫米，具紫红色脉纹；雄蕊 5，着生于花冠筒基部，与副花冠裂片互生，长 2～3 毫米，花药箭头状，隐藏在花喉内，花丝短，密被白茸毛；雌蕊长 2～2.5 毫米，花柱短，基部盘状，顶端钝，2 裂，子房由 2 枚离生心皮组成；花盘环状，顶端不规则 5 裂，基部合生，环绕子房。蓇葖果 2，平行或叉生。下垂，细长圆筒形，长 8～20 厘米，直径 2～3 毫米；种子多数，顶端有一簇白色绢质种毛。花期 4—9 月；果期 9—10 月。

分布于西北、华北、河南、山东、江苏及辽宁；主要野生于盐碱荒地和沙漠边缘及河流、湖泊周围。欧洲及亚洲温带地区广布。罗布麻属有 9 种左右，北温带广布；中国有 2 种，北京仅见罗布麻 1 种，见于湖边沙荒地。本种为重要的纤维植物，已有引种栽培。嫩叶可制茶；根部含生物碱等有效物质，可供药用；花芳香，花期长，蜜腺发达，也是良好的蜜源植物。照片 2011 年 7 月 30 日摄于延庆野鸭湖旁沙地。

萝 藦

Metaplexis japonica (Thunb.) Makino

又俗称婆婆的针线包。萝藦科萝藦属。草质藤本，长达8米；具乳汁。幼茎密被短柔毛，老茎毛脱落。叶对生，卵状心形，先端短渐尖，基部心形，两面无毛，侧脉10～12对，叶柄长3～6厘米，顶端具簇生腺体。聚伞花序具多花，花序梗长6～12厘米，被短柔毛；小苞片披针形，长约3毫米；花梗长约8毫米；花蕾圆锥形；花萼5深裂，裂片披针形，长5～7毫米，被微毛；花冠白色，有时具淡紫红色斑纹，花冠筒短于裂片，裂片5，披针形，张开，顶部反卷，内面被柔毛；副花冠环状，着生于合蕊冠基部，5浅裂；雄蕊连生成圆锥状，包围雌蕊于其中；每花粉器具2花粉块；花柱短，柱头延伸成长喙状，顶端2裂。蓇葖果叉生，纺锤形，无毛，有时具疣状小突起，长8～9厘米，粗2厘米，顶端急尖；种子扁，卵圆形，长5毫米，宽3毫米，褐色，顶端具白色绢质长毛，借助风力传播。花期7—8月；果期9—12月。

分布于东北、华北、华东、华中和陕西、甘肃、四川、贵州等地；生于平原和较低海拔山地。日本、朝鲜和俄罗斯远东地区也有。全株可药用。北京城乡和浅山地带常见。照片摄于北京郊区。

变色白前

Cynanchum versicolor Bunge

又俗称白龙须、白马尾。萝藦科鹅绒藤属。半灌木。茎下部直立，上部缠绕。全株被绒毛。叶对生，宽卵形或椭圆形，长 7～10 厘米，宽 3～6 厘米，顶端锐尖，基部圆形或近心形，两面被绒毛，边全缘，被缘毛，侧脉 6～8 对；叶柄长 3～15 毫米。聚伞花序伞状，花序柄长不及 1 厘米，被绒毛；花梗长 3～5 毫米；花萼裂片 5，线状披针形，长 2～3 毫米，内面具 5 腺体；花冠黄白、黄绿或深紫色，辐状或钟状，花冠筒长 0.5 毫米，裂片 5，卵状三角形，长约 2.5 毫米，被微柔毛，副花冠较合蕊冠短，裂片三角形，肉质；花药菱形，顶端附属物圆形；花粉块椭圆形；柱头稍突起。蓇葖果宽披针状圆柱形，长 4～5 厘米；种子卵形，长约 5 毫米，种毛长约 2 厘米。花期 5—8 月；果期 7—11 月。

分布于吉林、辽宁、河北、河南、山东、江苏、浙江、湖北、湖南、四川；生于海拔 800 米以下山地灌丛中及溪边。模式标本采自北京附近。根可入药；茎皮纤维可作造纸原料。照片 2017 年 5 月 10 日摄于北京西山。

鹅绒藤属 萝藦科。约 200 种，分布于非洲东部至欧亚大陆；中国产 57 种，南北各地均有分布，西南部尤盛。多药用种类。草本；茎多缠绕或蔓生，少数直立；叶对生，稀轮生，叶片常心形。花排列成腋生的聚伞花序或伞形花序；花冠近辐状，深 5 裂，裂片旋转排列；副花冠形成一杯状或管状体，边缘 10 裂，里面有 5 或 10 个附加裂片；花药顶有一膜质体；花粉块在每一花药内 2 个，下垂；柱头短，基部膨大，五角形，顶端全缘或 2 裂。蓇葖果双生或 1 个不发育；种子具毛。属名 Cynanchum 源于希腊词 kyon（意为“犬”）与 ancho（意为“绞杀”）的组合，指某些种具毒性，如牛皮消、朱砂藤等。

白首乌

Cynanchum bungei Decne.

又称泰山何首乌、地葫芦。萝藦科鹅绒藤属（或称白前属）。攀缘性半灌木。茎纤细而韧，被微毛。块根肉质多浆，圆柱形或圆球形，长5～10厘米，直径1.5～3.5厘米。叶对生，戟形，长3～8厘米，基部宽1～5厘米，顶端渐尖，基部心形，两面被糙硬毛，侧脉每边约6条。伞形聚伞花序腋生，比叶为短；花萼裂片披针形；花冠白色，花冠裂片矩圆形；副花冠5深裂，裂片呈披针形，内面中间有舌状片；花粉块每室1个，下垂；柱头基部五角形，顶端全缘。蓇葖果单生或双生，披针形，长9厘米，直径1厘米；种子卵形，长1厘米，直径5毫米，顶端具4厘米长的白绢质种毛。花期6—7月；果期7—10月。

分布在辽宁、华北、山东、河南、陕西、宁夏、甘肃、四川、云南、西藏；生于海拔1500米以下的山坡灌丛中或沟谷疏林下、岩石缝隙中。朝鲜也有。模式标本采自北京附近。拉丁名 **C. bungei** 的种加词，源于19世纪俄国植物学家、药学家、著名的北京植物发现人邦奇（A. Bunge，1803～1890年）的姓氏。北京市重点保护植物。该种块根在山东泰山等地被用作滋养、强壮、补血药，又称为“何首乌”。照片2006年7月13日摄于延庆西大庄科路边。

牛皮消

Cynanchum auriculatum Royle ex Wight

又称飞来鹤、隔山消。萝藦科鹅绒藤属。蔓性半灌木。具乳汁。根肥厚，块状。茎被微柔毛。单叶对生，膜质，心形至卵状心形，长 4～12 厘米，宽 3～10 厘米，下面灰绿色，被微毛。聚伞花序伞房状，花可达 30 朵；花萼 5 深裂，裂片卵状长圆形；花冠白色，辐状，裂片反折，内面具疏柔毛；副花冠浅杯状，裂片 5，椭圆形，肉质，钝头，在每裂片内面中部有 1 个三角形舌状鳞片；花粉块每室 1 个，下垂；柱头圆锥形，顶端 2 裂。蓇葖果双生，披针形，长 8 厘米，直径 1 厘米；种子卵状椭圆形，种毛白色绢质。花期 6—9 月。

广布于全国大部分省区；生于林缘及灌丛中或水边湿地。根可入药；有毒植物，需慎用。

鹅绒藤

Cynanchum chinense R.Br.

萝藦科鹅绒藤属。缠绕草本，全株被短柔毛。叶对生，宽三角状心形，长 4～9 厘米，宽 4～7 厘米，顶端锐尖，基部心形，两面均被短柔毛。聚伞花序腋生，两歧，着花约 20 朵；花梗、花萼被柔毛；花冠白色，5 裂，裂片矩圆状披针形，向一侧扭曲；副花冠二型，杯状，上端 10 裂延伸成白色丝状体，分为 2 轮，外轮约与花冠裂片等长，内轮略短；花粉块每室 1 个，下垂；柱头略为突起，顶端 2 裂。蓇葖果双生，或仅有 1 个发育，细圆柱形，长 11 厘米，直径 5 毫米；种子矩圆形，顶端具白绢质种毛。花期 6—8 月；果期 8—10 月。

分布于东北、华北、山东、河南、陕西、宁夏、青海、江苏、浙江等地；生于低山、平原向阳处。北京低山区较常见。照片 2011 年 7 月 30 日摄于延庆野鸭湖旁草地。

徐长卿

Cynanchum paniculatum (Bunge) Kitag.

萝藦科鹅绒藤属。多年生直立草本，高约1米。根须状，多至50条以上；茎不分枝，稀从根部发生几条。叶对生，纸质，披针形至线形，长5～13厘米，宽5～15毫米，两端锐尖，叶缘有边毛，侧脉不明显；叶柄长约3毫米。圆锥状聚伞花序生于顶端的叶腋内，长达7厘米，着花10余朵；花冠黄绿色，近辐状，裂片长达4毫米，宽3毫米；副花冠裂片5，基部增厚，顶端钝；花粉块每室1个，下垂；子房椭圆形，柱头5角形，顶端略为突起。蓇葖单生，披针形，长6厘米，直径6毫米，向端部长渐尖；种子长圆形，长3毫米；种毛白色绢质，长1厘米。花期5—7月。

分布于辽宁、华北、河南、陕哥、甘肃、四川、贵州、云南、山东、安徽、江苏、浙江、江西、湖北、湖南、广东和广西等省区；生长于向阳山坡及草丛中。全草可药用，有祛风止痛、解毒消肿等功效。照片2012年7月18日摄于松山塘子沟。

华北白前

Cynanchum mongolicum (Maxim.) Hemsl.

萝藦科鹅绒藤属。多年生直立草本，高达50厘米。根须状。茎单一或略有分枝，被单列柔毛。叶对生，卵状披针形，长3～10厘米，宽1～3厘米，顶端渐尖，基部宽楔形；叶柄长约5毫米。伞形聚伞花序腋生，花不到10朵；花萼5深裂；花冠紫红色，幅状，裂片5，卵状矩圆形；副花冠肉质，裂片龙骨状，在花药基部贴生；花粉块每室1个，下垂；柱头圆形。蓇葖果双生，狭披针形，长7厘米，直径5毫米；种子顶端具白色种毛。花果期5—8月。

分布于华北、山东、陕西、甘肃、宁夏、青海及四川；多生于山地旷野。模式标本采自河北。照片2017年5月30日摄于雾灵山仙人塔沟入口处。

竹灵消

Cynanchum inamoenum (Maxim.) Loes.

又俗称白龙须、牛角风。萝藦科鹅绒藤属。多年生直立草本，高达 70 厘米。根须状，基部分枝甚多。茎被单列柔毛。叶对生，广卵形，长 4～5 厘米，宽 1.5～4 厘米，顶端急尖，基部近心形。伞形聚伞花序在茎上部互生，有花 8～10 朵；花黄绿色，直径约 5～8 毫米；花萼裂片 5，披针形；花冠幅状，裂片 5，卵状矩圆形；副花冠较厚，裂片三角形；花粉块每室 1 个，下垂，着粉腺近椭圆形；柱头扁平。蓇葖果单生，稀双生，狭披针形，长 6 厘米，直径 5 毫米；种子顶端具白色种毛。花期 6—7 月；果期 6—9 月。

分布于辽宁、河北、山东、安徽、浙江、山西、河南、湖北、湖南、陕西、甘肃、青海、西藏、四川、贵州；生于海拔 3500 米以下疏林、灌丛中或山坡草地上。朝鲜、日本也有。根在产地民间入药，有清热、散毒等功效。本种花小，颜色清淡，初看并无诱人的姿色，因此原定名人马克西莫维茨在 1877 年发表时用 inamoenum（意为“不可爱的、不美丽的”）做它的种加词，但大自然中自有这种野花的“钟情者”。照片 2007 年 6 月 9 日摄于海坨山南麓山谷。

杠 柳

Periploca sepium Bunge

又称北五加皮、香加皮。萝藦科杠柳属。落叶蔓性灌木，长可达 1.5 米。具乳汁，除花外全株无毛。叶对生，卵状矩圆形，长 5～9 厘米，宽 1.5～2.5 厘米，顶端渐尖，基部楔形，侧脉多数；叶柄长约 3 毫米。聚伞花序腋生，着花数朵；花萼 5 深裂，裂片卵圆形，长 3 毫米，宽 2 毫米，顶端钝；花冠紫红色，辐状，张开直径 1.5 厘米，花冠筒约长 3 毫米，裂片长圆状披针形，长 8 毫米，宽 4 毫米，中间加厚，反折，内面被白色长柔毛外露；副花冠环状，10 裂，其中 5 裂延伸成丝状，被短柔毛，顶端向内弯；雄蕊着生在副花冠内面，并与其合生，花药彼此粘连并包围柱头，背面被长柔毛；心皮离生，无毛，柱头盘状凸起；花粉器匙形，四合花粉藏在载粉器内，粘盘粘连在柱头上。蓇葖果 2，圆柱状，长 7～12 厘米，直径约 5 毫米，具纵条纹；种子长圆形，黑褐色，顶端具长 3 厘米的白色种毛。花期 5—6 月；果期 7—9 月。

分布于吉林、辽宁、河北、内蒙古、山西、河南、陕西、甘肃、四川、贵州、山东、江苏、安徽、江西等地；生于平原及低山丘的林缘、沟坡、河边沙质地或田埂上。模式标本采自北京附近。根皮、茎皮可入药。有毒植物。照片 2006 年 5 月摄于石景山区路旁荒地。

杠柳属 萝藦科。约 10 种，分布于亚洲温带、欧洲南部和非洲热带；中国产 5 种，分布于东北、华北、西北、西南、华中及华东局部地区。藤状灌木，具乳汁；叶对生，具柄，羽状脉。聚伞花序疏松；花萼 5 深裂；花冠辐状，花冠筒短，裂片 5，通常被毛；副花冠异形，环状 5～10 裂，其中 5 裂延伸成丝状，被毛；雄蕊 5，生在副花冠内面，花丝短，离生，花药背面被毛，与柱头粘生；四合花粉藏在载粉器内，基部的粘盘靠合在柱头上；花柱极短，柱头盘状，先端凸起。蓇葖果 2，叉开，有时顶端相连；种子顶端具毛。

泡囊草

Physochlaina physaloides (L.) G.Don

茄科泡囊草属。多年生草本，高 30～60 厘米。根状茎可发出一至数茎。叶互生，叶片卵形，长 3～5 厘米，宽 2.5～3 厘米，顶端急尖，基部宽楔形，并下延到叶柄，全缘而微波状，两面幼时有毛；叶柄长 1～4 厘米。伞形式聚伞花序，有花可达 10 朵以上；有鳞片状苞片；花梗长 5～10 毫米，密生短柔毛，结果时毛渐稀疏；花萼筒状狭钟形，长 6～8 毫米，5 浅裂，密生白色缘毛，结果时增大成卵状或近球状，长 1.5～2.5 厘米，此时萼齿向内倾但口不闭合；花冠漏斗状，长超过花萼的 1 倍，紫色，5 裂；雄蕊 5，稍伸出花冠筒口；花柱显著伸出花冠，柱头头状。蒴果直径约 8 毫米，包于宿存的花萼中。花果期 4—6 月。

分布于新疆准噶尔盆地和阿尔泰山、内蒙古、黑龙江、辽宁和河北；生于山坡草地和林缘。蒙古和俄罗斯也有。体内含莨菪碱、东莨菪碱和山莨菪碱；药用有镇痛、镇静、解痉等功效。照片 2007 年 4 月 27 日（上、中）和 5 月 15 日（下）摄于海坨山南麓山谷。

泡囊草属 茄科。有 12 种，主产于中亚；中国有泡囊草、西藏泡囊草 P. praealta (Decne.) Miers 等 7 种，产于北部和西部；北京仅有泡囊草 1 种。多年生直立草本；根和根状茎粗壮；单叶互生，近全缘；花萼钟形，结果时增大，覆盖蒴果；花冠钟状或漏斗状，裂片 5；雄蕊 5；花柱伸长，柱头头状；蒴果中部以上环裂；种子极多数。属名 Physochlaina 源于希腊词 physa（泡囊）和 chlaina（外衣）的组合，指其“宿存萼结果时膨大成囊状，如外衣包于果外”。

枸　杞

Lycium chinense Mill.

茄科枸杞属。落叶灌木，高一米多。枝细长，柔软，常弯曲下垂，有棘刺。单叶互生或簇生于短枝上，卵形、卵状菱形或卵状披针形，长 1.5～5 厘米，宽 0.5～1.7 厘米，全缘；叶柄长 3～10 毫米。花常 1～4 朵簇生于叶腋；花梗细，长 5～16 毫米；花萼钟状，长 3～4 毫米，3～5 裂；花冠淡紫色，漏斗状，长 9～12 毫米，裂片 5，有缘毛，裂片下部和筒内壁淡黄白色，有深紫色纵向条纹；雄蕊 5，花丝基部密生绒毛。浆果卵形或长椭圆状卵形，长 5～15 毫米，橘红色或红色；种子黄色。花果期 6—11 月。

广布于全国各地；常生于山坡荒地、路边及村落宅旁。亚洲东部其他国家和地区及欧洲也有。国内各地常作药用植物、蔬菜和绿化灌木栽培。照片摄于海淀区路旁灌丛草地。

龙　葵

Solanum nigrum L.

茄科茄属。一年生草本，高 30～100 厘米。茎直立，多分枝。叶卵形，长 2.5～10 厘米，宽 1.5～5.5 厘米，全缘或有不规则的波状长齿；叶柄长 1～2 厘米。花序短蝎尾状，腋外生，有 4～10 朵花，总花梗长 1～2.5 厘米；花梗长约 5 毫米；花萼杯状，直径 1.5～2 毫米；花冠白色，辐状，裂片 5，卵状三角形，长约 3 毫米；雄蕊 5，花丝短，花药黄色，长约 1.2 毫米，约为花丝长度的 4 倍；子房卵形，直径约 0.5 毫米，花柱长约 1.5 毫米。浆果球形，直径约 8 毫米，熟时黑色。花期 7—10 月；果期 9—11 月。

广布于世界温带和热带地区；中国各地均有。

白　英

Solanum lyratum Thunb.

又称白毛藤。茄科茄属。草质藤本，长可达5米。茎、小枝及叶柄、总花梗密被具节长柔毛。叶互生，上部叶多为戟状3裂或羽状多裂，下部叶卵状长方形，基部心形，先端尖，全缘，长4～9厘米，宽2～5厘米，两面均散生细毛，沿叶脉较密；叶柄长2～3.5厘米。聚伞花序顶生或侧生而与叶对生，总花梗长约2～2.5厘米，花梗长0.5～1.5厘米；花萼漏斗状，萼片5，卵形；花冠淡紫色至白色，裂片5，基部具绿色斑点，卵状或长方状披针形，长5～6毫米，自基部向下反折，顶端尖；雄蕊5，花丝扁，长约1毫米，花药长约3毫米；子房卵形，花柱细长，长约6毫米，柱头小，头状。浆果球形，成熟时红黑色，直径约8毫米。花期8—10月；果期11月。

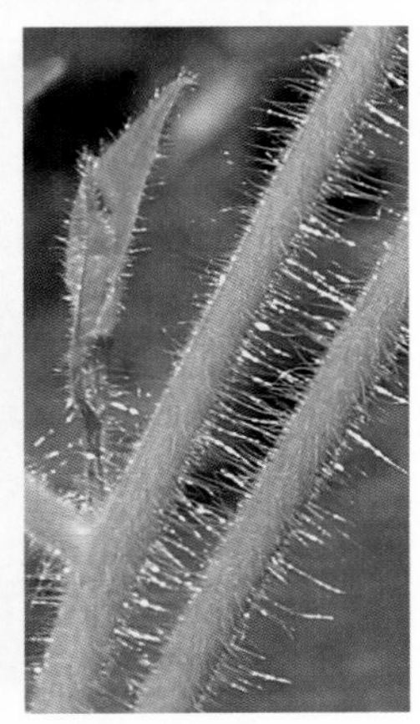

分布于我国亚热带至暖温带各地；常见于山谷草地、灌丛、路旁、田边。全草含生物碱等有效物质，有药用价值；中国传统草药，有清热、利湿、祛风、解毒等功效。照片2017年8月17日摄于西山樱桃沟路边（上、中）。

曼陀罗

Datura stramonium L.

又称洋金花、野麻子、醉心花、闹羊花。茄科曼陀罗属。一年生草本或半灌木，植株高可达1.5米。叶互生，宽卵形，长8～17厘米，宽4～12厘米，先端渐尖，基部不对称楔形，边缘有不规则的波状浅齿裂；叶柄长3～5厘米。花单生于枝叉间或叶腋，直立，有短梗；花萼筒状，长4～5厘米，筒部有5棱角，两棱间稍向内陷，基部稍膨大，顶端紧围花冠筒，5浅裂，裂片三角形，花后自近基部断裂，宿存部分随果实生长而增大并向外反折；花冠漏斗状，长6～10厘米，下半部带绿色，上部白色或淡紫色，檐部5浅裂，裂片有短尖头；雄蕊5，不伸出花冠，花丝长约3厘米；子房密生柔针刺，花柱长约6厘米。蒴果直立，卵形，长3～4.5厘米，表面生有坚硬针刺或有时无刺而近平滑，成熟后淡黄色，4瓣裂；种子黑色，长4毫米。花期6—10月；果期7—11月。

广布于世界各地；我国各地都有，常生于宅旁、路边或草地上。全株有毒，含莨菪碱等生物碱，有麻醉及致幻等作用；药用可平喘、镇痛。

照片2009年6月22日摄于百花山北麓八亩堰村。

田旋花

Convolvulus arvensis L.

又称箭叶旋花。旋花科旋花属。多年生草本。茎平卧或缠绕。叶互生，叶片卵状长圆形至披针形，长 1.5～5 厘米，宽 1～3 厘米，先端钝或具小尖头，基部大多戟形，或箭形及心形，全缘或 3 裂，叶脉羽状，基部掌状；叶柄长 1～2 厘米。花序腋生，总梗长 3～8 厘米，有时有 2～3 或多花，花柄远长于花萼；苞片 2，线形，长约 3 毫米；萼片 5，有毛，长 3.5～5 毫米；花冠宽漏斗形，长 15～26 毫米，白色或粉红色，5 浅裂，具 5 条瓣中带；雄蕊 5，长为花冠的 1/2，花丝基部扩大，具小鳞毛；雌蕊稍长于雄蕊，子房有毛，2 室，每室 2 胚珠，柱头 2 裂。蒴果卵状球形或圆锥形，长 5～8 毫米；种子 4。花期 4—10 月。

分布于东北、华北、西北、山东、安徽、江苏、河南、四川、西藏等地；生于田边、草地及荒坡。北温带广布。照片 2006 年 7 月 15 日摄于延庆张山营。

打碗花

Calystegia hederacea Wall.ex Roxb.

旋花科打碗花属。一年生草本，无毛。茎细，平卧，有细棱，常自基部分枝。基部叶片长圆形，长 2～3（～5.5）厘米，宽 1～2.5 厘米，顶端圆，基部戟形；上部叶片 3 裂，中裂片长圆形或长圆状披针形，侧裂片近三角形，全缘或 2～3 裂，叶片基部心形或戟形；叶柄长 1～5 厘米。花腋生，1 朵，花梗长于叶柄，有细棱；苞片 2，宽卵形，长 0.8～1.6 厘米，包被花萼；萼片 5，长圆形，长 0.6～1 厘米；花冠淡紫色或淡红色，钟状，长 2～4 厘米，冠檐近截形或微 5 裂；雄蕊 5，近等长，花丝基部扩大，贴生于花冠管基部，被小鳞毛；柱头 2 裂，裂片长圆形，扁平。蒴果卵球形，长约 1 厘米；种子表面有小疣。

全国各地均有分布；生于平原至较高海拔地带，农田、路边、荒地常见杂草。根可药用。照片 2006 年 5 月摄于门头沟东山村。

鼓子花

Calystegia silvatica subsp. **orientalis** Brummitt

又称旋花、篱打碗花、天剑草。旋花科打碗花属。多年生草本，全株无毛。茎缠绕，具细棱，叶三角状卵形或宽卵形，长4～10（～15）厘米，全缘或3裂，先端渐尖，基部戟形或心状深凹；叶柄短于叶片或近等长。花单生或成对腋生；花梗长达10厘米，具细棱或有时具窄翅；小苞片2，宽卵形，长1.5～2.3厘米，覆瓦状，基部囊状，包被花萼；萼片5，卵形，长1.2～1.6厘米；花冠白色至淡红色或淡紫色，漏斗状，具5条瓣中带，长5～7厘米，冠檐微裂；雄蕊5，内藏，近等长，花丝被小鳞片；子房1室，胚珠4，花柱1，内藏，柱头2裂，裂片卵形，扁平。蒴果卵圆形，长约1厘米，为增大的小苞片及萼片包被。花期6—8月。

分布于东北、华北、华东、华中、西南、广西、陕西、甘肃、新疆；生于海拔2600米以下的田野、路边、溪边草丛中或林缘。该亚种记载于《中国高等植物》第九卷。照片2008年6月22日摄于百花山北坡路旁（上）；2009年7月30日摄于东灵山西坡山脚牛栏旁（下）。

打碗花属 旋花科。约25种70个亚种，主产于温带，少数分布于热带；中国有6种，广布。缠绕、平卧或直立草本；具根状茎；叶长圆形、戟形或箭形，稀鸟足状，具柄或近无柄。聚伞花序或单花腋生；小苞片2，包被花萼或与花萼分离，宿存；萼片5，宿存；花冠漏斗状，具5条瓣中带，冠檐浅裂或近全缘；雄蕊5，内藏，花丝基部宽；子房1室，胚珠4，花柱1，内藏，柱头2。蒴果，被宿萼及小苞片包被，不裂；种子4。

圆叶牵牛

Pharbitis purpurea (L.) Voigt

又称紫牵牛、毛牵牛。旋花科牵牛属。一年生缠绕草本。叶互生，叶片圆心形或宽卵状心形，长 4～18 厘米，具掌状脉，顶端尖，基部心形，边全缘，两面被刚伏毛；叶柄长 2～12 厘米。花序腋生，有花 1～5 朵，总花梗与叶柄近等长；苞叶 2，线形；萼片 5，长 1.2～1.5 厘米，外面 3 片长椭圆形，内面 2 片线状披针形，基部均被粗硬毛；花冠漏斗状，紫色、蓝紫色、紫红色、淡红色或白色，长 4～5 厘米，顶端 5 浅裂；雄蕊 5，不等长，花丝基部有毛；子房 3 室，柱头头状，3 裂。蒴果球形；种子卵状三棱形。花期 7—10 月。

原产于美洲；我国各地皆有，经常野生于荒地灌草丛中、路边。照片 2016 年 10 月 12 日摄于平谷西北浅山地带。

裂叶牵牛

Pharbitis nil (L.) Choisy

又称牵牛、喇叭花。旋花科牵牛属。一年生攀缘草本。叶片宽卵形或近心形，深或浅 3 裂，偶 5 裂，长 4～15 厘米，基部心形，叶面被微硬的柔毛；叶柄长 2～15 厘米。花腋生，1～2 朵生于花序梗顶；苞片线形或叶状；萼片 5，长 2～2.5 厘米，披针状线形，外面被开展的硬毛，基部更密；花冠漏斗状，长 5～8 厘米，蓝紫色或紫红色，管部色淡；雄蕊 5，不等长，花丝基部被柔毛；子房 3 室，柱头头状。蒴果近球形，直径 8～13 毫米，3 瓣裂；种子卵状三棱形。花期 7—10 月。

原产于热带美洲。我国除东北和西北一些省区外，大部分地区有分布，野生或栽培。种子为常用中药，称为黑丑、白丑，入药多用黑丑。照片 2017 年 8 月 17 日摄于西山山麓。

北鱼黄草

Merremia sibirica (L.) Hall.f.

又称西伯利亚鱼黄草。旋花科鱼黄草属。缠绕草本，各部近无毛。茎具棱。单叶互生，叶片卵状心形，长 3～13 厘米，先端长渐尖或尾尖，全缘或浅波状；叶柄长 2～7 厘米。聚伞花序腋生，具（1～）3～7（～20）朵花，花序梗长 1～6.5 厘米，具棱；苞片线形；花梗长 0.3～1.5 厘米，向上增粗；萼 5 裂，裂片近相等，椭圆形，长 5～7 毫米，先端具钻状小尖头；花冠淡红色，漏斗状，长 1.2～1.9 厘米，冠檐 5 浅裂，裂片阔三角形；雄蕊 5，内藏；子房上位，4 室，花柱 1，柱头 2，头状。蒴果近球形，顶端圆，径 5～7 毫米；种子 4，椭圆状三棱形。花果期 8—10 月。

分布于东北、河北、山西、陕西、甘肃、河南、湖北、湖南、山东、安徽、浙江、江西、广西北部、云南、贵州、四川等地；生于海拔 400～2800 米的山坡灌草丛中，田边、路边亦可见。俄罗斯东部、蒙古也有。模式标本采自西伯利亚。北京山区有分布。照片 2006 年 8 月 24 日摄于海坨山南麓山谷（上）；2014 年 9 月 5 日摄于凤凰岭（下）。

鱼黄草属 旋花科。约 80 种，分布于亚洲、非洲、大洋洲和美洲热带地区；中国有 19 种，南北均产。草本或亚灌木，常缠绕，稀平卧或直立；叶全缘或具齿，掌状或鸟足状分裂或复出，多具柄。单花腋生或少至多数花组成各式聚伞花序，苞片小；萼片 5，宿存，结果时增大；花冠漏斗状或钟状，具 5 条不明显瓣中带，冠檐 5 浅裂；雄蕊 5，内藏，不等长，花药常旋扭；子房上位，4 室，4 胚珠，花柱 1，柱头 2，头状。蒴果；种子 4。

金灯藤

Cuscuta japonica Choisy

又称日本菟丝子、大菟丝子。菟丝子科菟丝子属。一年生寄生草本。茎较粗壮，肉质，直径1～2毫米，常带紫红色瘤状斑点，无毛，多分枝，无叶。花呈穗状花序，长达3厘米，基部常多分枝；花萼碗状，肉质，长约2毫米，5深裂几达基部，背部常有紫红色瘤状突起；花冠钟形，淡红色或绿白色，长3～5毫米，顶端5浅裂，裂片卵状三角形；雄蕊5，花药黄色，花丝无或几无；子房球形，花柱细长，柱头2裂。蒴果卵圆形，长约5毫米。花期8月；果期9月。

广布于南北各地；寄生在草本植物或灌木上。北京山区灌草丛中较常见。种子作传统中药“菟丝子”用；全草作“菟丝”入药。

菟丝子

Cuscuta chinensis Lam.

又称金丝藤、豆寄生、无根草。菟丝子科菟丝子属。一年生寄生草本。茎缠绕，黄色，纤细，直径约1毫米，多分枝，随处可生出寄生根，伸入寄主体内。花两性，多数簇生成小伞形或小团伞花序；苞片小，鳞片状；花梗稍粗壮，长约1毫米；花萼杯状，长约2毫米，中部以下连合，裂片5，三角状，先端钝；花冠白色，壶形，长约3毫米，5浅裂，裂片三角状卵形，先端锐尖或钝，向外反折，花冠筒基部具鳞片5，长圆形，先端及边缘流苏状；雄蕊5，着生于花冠裂片弯缺微下处，花丝短，花药露于花冠裂片之外；雌蕊2，心皮合生，子房近球形，2室，花柱2，柱头头状。蒴果近球形，稍扁，直径约3毫米，几乎被宿存的花冠包围，成熟时整齐地周裂。花期7—9月；果期8—10月。

分布于我国南北多省区；寄生于草本植物体上；农田常见杂草，喜寄生于豆类作物。种子是传统植物药，有补肝肾、养血、润燥等功效。照片2007年摄于海淀区大钟寺铁路边。

荇　菜

Nymphoides peltatum (Gmel.) Kuntze

又称荐菜。睡菜科荇菜属。多年生水生草本。叶上部对生，下部互生，叶片漂浮于水面，近革质，圆形或卵圆形，宽 1.5～8 厘米，基部心形，全缘，具不明显掌状脉，下面紫褐色，密被腺体，粗糙，上面光滑，叶柄长 5～10 厘米，基部鞘状，半抱茎。花多数簇生节上；花梗长 3～7 厘米；花萼长 9～11 毫米，裂片 5，椭圆形；花冠金黄色，直径 2.5～3 厘米，5 裂至近基部，裂片宽倒卵形，长 2～3 厘米，边缘具不整齐细条裂齿；雄蕊 5，着生于花冠筒上，花丝基部疏被长毛。花有两种类型：短花柱花雌蕊长 5～7 毫米，花柱长 1～2 毫米，柱头小，花丝长 3～4 毫米，花药常弯曲，箭形，长 4～6 毫米；长花柱花的雌蕊长 7～17 毫米，花柱长达 10 毫米，柱头大，2 裂，花丝长 1～2 毫米，花药长 2～2.5 毫米。蒴果椭圆形，长 1.7～2.5 厘米，成熟时不开裂。花果期 4—10 月。

欧亚广布种；在我国分布于东北、河北、内蒙古、江苏、江西、河南、湖北、湖南、陕西、贵州、云南等多省区；生于海拔 1800 米以下的池塘或不甚流动的河溪中。

花　荵

Polemonium coeuleum L.

花荵科花荵属。多年生草本，高40～100厘米。根状茎横生；茎单一，直立或基部上升，不分枝。单数羽状复叶互生；小叶19～25，小叶片矩圆状披针形，长5～30毫米，宽2～7毫米，全缘，小叶无柄；叶柄长3～5厘米。聚伞圆锥花序顶生或生于上部叶腋，有花10～30朵；总梗和花梗密生短腺毛；花萼钟状，长3～4毫米，裂片5，卵形；花冠蓝色或蓝紫色，偶见白色，辐状或宽钟状，长12～14毫米，5裂，裂片近圆形，边缘疏生缘毛；雄蕊5，花丝基部有髯毛，上部折曲；花盘钝齿状；子房上位，3室。蒴果阔椭圆形，长约5毫米。花期6—7月。

分布于东北、华北、西北及四川、湖北、云南等地；生于山坡草地、疏林下。俄罗斯远东地区、蒙古、朝鲜、日本也有。北京中高海拔山地有分布。照片2005年6月30日（上）和7月3日（下）摄于雾灵山莲花池至山顶草地。

花荵属 花荵科。约50种，主产于美洲北部至中部，欧洲、亚洲也有；中国有1（3）种。草本；常具匍匐根状茎；叶互生，羽状复叶或羽状分裂。伞房式聚伞圆锥花序；花萼钟状，5裂；花冠蓝紫色或白色，宽钟状或漏斗状，裂片5；雄蕊5，花丝基部有髯毛；花盘具圆齿；子房上位，3室。蒴果3瓣裂；潮湿时种皮有黏液。

长筒滨紫草

Mertensia davurica (Sims) G.Don

紫草科滨紫草属。多年生草本。茎高达 30 厘米，上部稍被毛。基生叶莲座状，有长柄，早枯；茎生叶互生，向上伸展，披针形或线状披针形，长 1.5～2 厘米，上面被短伏毛及小疣点，下面平滑；无柄或具短柄。花序生于茎上部，几个镰状聚伞花序组成圆锥状花序；花梗长 5～8 毫米，密被短伏毛；花萼 5 裂至近基部，长约 4～5 毫米，长矩圆形，被短伏毛；花冠蓝色，无毛，长 1.2～2.2 厘米，冠筒径 2～4 毫米，冠檐 5 浅裂，裂片近半圆形，喉部附属物半圆形，高约 0.5 毫米；雄蕊 5，生于喉部附属物之间，花丝长约 2 毫米，花药长约 2.5 毫米；子房 4 裂，花柱丝状，与花冠近等长，或稍伸出，柱头盘状。小坚果四面体形，长约 2.5 毫米。花果期 6—7 月。

分布于内蒙古中东部、河北北部；生于山坡草地。蒙古及俄罗斯西伯利亚地区也有。北京仅见于海拔 2100 米以上的山坡草地。北京市重点保护植物。照片 2007 年 6 月 24 日摄于东灵山西坡近绝顶草坡上。

滨紫草属 紫草科。约 15 种，分布于欧亚大陆北部及北美洲；中国有 6 种。多年生草本，具根状茎。基生叶丛生，常早枯；茎生叶互生。聚伞圆锥花序；花萼 5 裂；花冠筒状或漏斗状，蓝或淡蓝色，冠檐 5 裂，喉部具横皱褶状或鳞片状附属物；雄蕊 5，生于喉部附属物之间或稍下，伸出，花药较花丝长；子房 4 裂。小坚果四面体形，无毛。

紫筒草

Stenosolenium saxatiles (Pall.) Turcz.

紫草科紫筒草属（单种属）。多年生草本，高达25厘米。根具紫色素。茎常数条，直立或斜生，不分枝或上部少分枝，密被开展的长硬毛及短伏毛。茎生叶互生，基生叶或下部茎生叶，匙状线形或匙状倒披针形，近花序叶线状披针形，长1.5～4.5厘米，宽3～5毫米，两面密被硬毛；无柄。花序顶生；苞片叶状；花常生于苞腋；花梗长约1毫米；花萼5裂至基部，裂片线形或钻形，长约7毫米，密被长硬毛，结果时直立，基部包果；花冠蓝紫色、紫色或白色，长1～1.4厘米，疏被短伏毛，冠筒细长，冠檐钟状，5裂，裂片宽卵形，开展，径5～7毫米；雄蕊5，花丝极短，在花冠筒上部螺旋状着生；子房4裂，花柱丝形，长约为花冠筒的1/2，顶端2浅裂。小坚果斜卵形，长约2毫米。花果期5—9月。

分布于东北、华北、西北及河南、山东；生于草地、路旁、田边。蒙古、哈萨克斯坦及俄罗斯也有。照片2007年5月14日摄于松山保护区门外路边草地。

细叶砂引草

Tournefortia sibirica var. **angustior** (DC.) G.L.Chu et M.G.Gilbert

紫草科紫丹属。多年生草本，高达40厘米。茎直立或外倾，分枝，密被糙伏毛。叶互生，线形或线状披针形，长3～5厘米，基部楔形，全缘，两面密被短糙伏毛；无柄或柄极短。花序顶生；花萼长约4毫米，裂片线形或披针形，被毛；花冠筒漏斗状，长1～1.3厘米，黄白色，冠筒长于花萼，冠檐裂片5，卵形或长圆形，长约0.5～0.6厘米，常稍扭曲，边缘微波状；雄蕊5，生于花冠筒中部稍下，花药钻形，长2.5～3毫米，花丝长约0.5毫米；子房不裂，花柱长约0.5毫米，柱头2浅裂。核果短长圆形，长7～9毫米，密被短伏毛。花果期5—7月。

分布于黑龙江、辽宁、华北、陕西、甘肃、宁夏、山东、河南；生于山地阳坡及河边砂地。俄罗斯、哈萨克斯坦也有。照片2007年5月14日摄于松山保护区门外路旁砂地。

斑种草

Bothriospermum chinense Bunge

紫草科斑种草属。一年生草本，高达30厘米。茎常数条，直立或外倾，被糙硬毛，中上部常分枝。基生叶匙形或披针形，长3～7厘米，先端钝，基部渐窄，下延至叶柄，常皱波状，两面被糙硬毛及伏毛，叶柄长2～3厘米；茎生叶椭圆形或窄长圆形，较基生叶小，先端尖，基部楔形，无柄或具短柄。聚伞总状花序，苞片卵形或窄卵形；花梗长2～3毫米；花萼裂片5，裂至近基部，长3～4毫米，裂片披针形，被毛；花冠淡蓝色，长约4毫米，冠檐径4～5毫米，裂片5，近圆形；喉部附属物5，梯形，先端2深裂；雄蕊5，内藏，花丝极短，花药长圆形。小坚果长约2.5毫米，腹面极度内弯。花期4—6月。

分布于辽宁、河北、山东、江苏、河南、山西、陕西、甘肃、湖南及云南；生于山坡、荒野、路旁。照片2007年4月9日摄于“小月河”路旁。

斑种草属 紫草科。5种，分布于亚洲温带及亚热带；中国5种均产。一年生或二年生草本，被糙硬毛和短伏毛，有时糙硬毛基部具基盘；茎直立，常分枝，叶基生及茎生，茎生叶互生。镰状聚伞形花序，结果时近于总状；具苞片，苞片与花对生或互生；花具梗，稀疏，常偏向一侧；花萼钟状，5深裂，裂片披针形，果期稍增大；花冠短筒状，蓝或白色，冠檐5裂，裂片钝；雄蕊5，着生于花冠筒近基部，内藏，花丝极短；子房4裂，裂瓣离生，花柱生于子房裂瓣之间，不超出裂瓣，柱头头状。小坚果肾形。

狭苞斑种草

Bothriospermum kusnezowii Bunge

紫草科斑种草属。一年生或二年生草本。茎下部分枝，被开展的粗硬毛及短伏毛。基生叶倒披针形或匙形，长 4～7 厘米，先端钝，基部渐狭，边缘波状，两面被毛；茎生叶窄椭圆形或线状倒披针形，无柄。聚伞花序；苞片线形或线状披针形，长 1.5～3 厘米；花梗长 2～3 毫米；花萼裂片 5，长 3～5 毫米，两面被毛；花冠钟状，淡蓝色或蓝紫色，冠檐直径约 5 毫米，裂片 5，近圆形，喉部附属物 5，白色，梯形，高约 0.7 毫米，先端微 2 裂；雄蕊 5，生于花冠筒近基部，内藏；花柱极短。小坚果椭圆形，长约 2.5 毫米。花果期 5—7 月。

分布于东北、华北、河南、陕西、甘肃、宁夏、青海及湖北；生于山坡、林缘或山谷荒地。照片 2007 年 5 月 25 日摄于昌平十三陵路边。

多苞斑种草

Bothriospermum secundum Maxim.

紫草科斑种草属。一年生草本。高达 40 厘米。茎 1 条或数条丛生，直立，有分枝，被开展的糙硬毛及短伏毛。基生叶倒卵状长圆形，长 2～5 厘米，先端钝，基部渐狭至叶柄；茎生叶椭圆形至长圆形，长 2～3 厘米，两面被糙硬毛，无柄。聚伞花序；苞片与茎生叶同形，长 0.5～1.5 厘米；花梗长 2～3 毫米，常下垂；花萼裂至基部，长约 3 毫米，被毛，裂片披针形；花冠淡蓝或蓝色，长约 4 毫米，冠檐径约 5 毫米，裂片 5，近圆形；喉部附属物梯形，高约 0.8 毫米，先端微凹；雄蕊 5，内藏；花柱长约 1 毫米。小坚果长约 2 毫米。花果期 4—9 月。

分布于东北、河北、山西、陕西、甘肃、青海、四川、云南、湖北、安徽、浙江、江苏、山东；生于山坡林缘、灌丛中或溪边。照片 2008 年 4 月 7 日摄于西山山坡。

钝萼附地菜

Trigonotis amblyosepala Nakai et Kitag.

紫草科附地菜属。二年生草本。茎细，斜升或铺散，下部多分枝，疏被短糙伏毛。茎生叶窄椭圆形或倒卵状长圆形，长1～2厘米，宽0.5～1厘米，先端钝，基部楔形，两面被短伏毛，具短柄或无柄。镰状聚伞花序顶生；无苞片或仅花序基部具苞片；花梗长3～6毫米，常弯向一侧；花萼裂至中下部，长2～2.5毫米，裂片窄倒卵形或线状长圆形，先端钝；花冠蓝色，冠筒长约1.5毫米，冠檐径3.5～4毫米，裂片5，宽倒卵形，长约2毫米，开展，喉部附属物黄色；雄蕊5，生于花冠筒上，内藏；子房4深裂，花柱丝状，短于花冠筒，柱头头状。小坚果长约1毫米。花果期6—8月。

分布于河北、山东、河南、山西、陕西及甘肃；生于山坡林缘、灌丛中，也见于荒地、田间。照片2008年6月18日摄于海坨山南坡（上）；2006年6月28日摄于雾灵山莲花池附近（下）。近缘种附地菜 **T. peduncularis** (Trev.) Benth. 花更小一些，冠檐直径仅2毫米左右，花萼裂片先端渐尖或尖，分布于全国绝大多数省区，北京常见。

勿忘草

Myosotis alpestris F.W.Schmidt

紫草科勿忘草属。多年生草本，高达 50 厘米。茎直立，常分枝，疏被开展糙毛。基生叶窄倒披针形或线状披针形，长 4～8 厘米，基部渐窄下延，两面被糙伏毛；茎生叶互生，叶片较小，无柄或具短柄。镰状聚伞花序，果期可长达 15 厘米；花梗长 3～6 毫米，与萼等长或稍长；花萼 5 裂至近基部，裂片长 2～3 毫米，钻状披针形，被糙硬毛及短柔毛；花冠蓝色至浅蓝色，冠筒稍短于花萼，裂片 5，冠檐径约 6～7 毫米，裂片近圆形，长 3～3.5 毫米，喉部具 5 个鳞片状附属物，高约 0.5 毫米，顶端微凹，黄色或近白色；雄蕊 5，生于花冠筒上部，内藏，花药长约 1 毫米；子房 4 裂，花柱长约 1 毫米。小坚果卵圆形，长约 2 毫米，无毛，有光泽。花果期 6—8 月。

分布于东北、华北、河南、陕西、湖北、四川、甘肃、新疆及云南；生于林下、山坡及山谷草丛中。印度、巴基斯坦、伊朗、哈萨克斯坦至欧洲也有分布。北京西北部较高海拔山地可见。照片 2012 年 6 月 23 日摄。

勿忘草属 紫草科。约 50 种，分布于欧亚大陆、南部非洲、大洋洲及北美洲；中国有 5 种。草本；茎细，被短糙伏毛；叶基生及茎生，茎生叶互生。镰状聚伞花序，结果时近总状；无苞片；花萼 5 裂；花冠高脚碟状，钟状或漏斗状，蓝色或白色，稀淡紫色，裂片 5，喉部具 5 鳞片状附属物；雄蕊 5，生于花冠筒上部，内藏；子房 4 裂，花柱线形，柱头微小，头状；雌蕊基平或稍突出。小坚果卵圆形，背腹扁，无毛，有光泽。

三花莸

Caryopteris terniflora Maxim.

马鞭草科莸属。亚灌木，高达60厘米。茎四棱，密被灰白色下弯柔毛。叶对生，叶片卵形或长卵形，长1.5～4厘米，先端尖，基部宽楔形或圆，边缘具圆齿，两面被柔毛及腺点；叶柄长0.2～1.5厘米，被柔毛。聚伞花序腋生；花梗长3～6毫米；苞片锥形；花萼钟状，两面被柔毛及腺点，长8～9毫米，裂片披针形；花冠5裂，呈二唇形，紫红色或淡紫色，长1.1～1.8厘米，疏被微柔毛及腺点，裂片全缘，下唇中裂片宽倒卵形；雄蕊4，着生于冠筒喉部，远伸出花冠筒；子房被柔毛，不完全4室，每室1胚珠，花柱线形，略长于雄蕊，柱头2裂。蒴果裂成4个果瓣，果瓣倒卵状舟形，无翅，网纹明显，密被硬毛。花果期5—9月。

分布于河北、山西、河南、陕西、甘肃、四川、云南、湖北及江西；生于海拔2600米以下山坡、山谷及旷野。全草可入药。北京见于房山等地。照片摄于2009年5月20日。

莸属 马鞭草科。约17种，分布于亚洲中部及东部；中国有14种。灌木，稀草本；茎直立或匍匐；叶对生，全缘或具齿，稀深裂，常被腺点；聚伞圆锥花序，稀单花；花萼钟形或杯形，宿存，5（4～6）裂，裂片宿存；花冠5裂，呈二唇形，下唇中裂片较大，全缘或流苏状；雄蕊4，2长、2短，或近等长，着生于冠筒喉部，与花柱均伸出花冠；子房不完全4裂，每室1胚珠，花柱线形，柱头2裂。蒴果裂成4个果瓣。

荆　条

Vitex negundo var. **heterophylla** (Franch.) Rehd.

马鞭草科牡荆属，黄荆的变种。落叶灌木或小乔木。叶对生，掌状复叶，小叶 5 片，间有 3 片；小叶片披针形或椭圆状披针形，顶端渐尖，基部楔形，边缘有缺刻状锯齿、浅裂以至深裂，表面绿色，下面淡绿色或灰白色。圆锥花序顶生，长 10～27 厘米；花萼钟形，顶端有 5 裂齿；花冠淡蓝紫色，顶端 5 裂，两唇形，上唇 2 裂，下唇 3 裂，中裂片较大；雄蕊 4；柱头 2 裂。核果球形，黑色。花期 6—8 月。

分布于辽宁、华北、山东、河南、陕西、甘肃、江苏、安徽、江西北部、湖北、湖南、贵州、四川等地；生于山坡、路旁，是华北地区低山常见灌丛植被的重要组成成分。该种具有重要的水土保持作用；花蜜营养丰富，产量高，是著名的蜜源植物；茎皮可造纸；茎叶、种子和根均可入药；花和枝叶可提取芳香油。照片夏季摄于北京低山地带。

筋骨草

Ajuga ciliata Bunge

唇形科筋骨草属。多年生草本，高达40厘米。根状茎横走，较短。茎4棱形，幼嫩部分被灰白色长柔毛。单叶，对生，卵状椭圆形或窄椭圆形，长4～7.5厘米，基部楔形下延，边缘具不整齐粗牙齿及缘毛；叶柄长不足1厘米或无叶柄。轮伞花序组成长5～10厘米的穗状花序；苞叶卵形，长1～1.5厘米，紫红色，全缘或稍具缺刻。花萼漏斗状钟形，长7～8毫米，萼齿三角形，被长柔毛及缘毛；花冠唇形，紫色或蓝紫色，具深色纵条纹，冠筒被柔毛，上唇短，先端圆，微缺，下唇3裂，中裂片长，向前伸展，倒心形，侧裂片短，狭长圆形；雄蕊4，2长、2短，向外伸出。小坚果4枚，矩圆状三棱形，腹面合生。花期4—8月；果期7—9月。

分布于河北、山西、河南、陕西、甘肃、宁夏、四川、山东及江西和浙江北部；生于海拔340～2300米的山谷溪边、林缘、山坡草地。北京山区较湿润处可见。全草入药，有清热凉血、退热消肿功效。

筋骨草属 约40～50种，广布于欧亚大陆温带。中国有18种，产于南北各地，金疮小草为南方最常见的代表种。草本，茎4棱，单叶对生；轮伞花序多层，呈穗状花序状；萼筒具10脉，5齿；花冠多紫色和蓝色，唇形，上唇直立，2裂或不裂、先端微缺，下唇宽大，前伸，3裂；雄蕊4，二强；小坚果4，腹面1/2～1/3合生。

白苞筋骨草

Ajuga lupulina Maxim.

唇形科筋骨草属。多年生草本，高 18～35 厘米，被白色长柔毛。叶片披针状或菱状卵形，长 5～11 厘米，宽 1.8～3 厘米，边缘疏生波状圆齿或近全缘，被疏柔毛；叶柄短，具狭翅。轮伞花序，六至多花，多层密集组成假穗状花序，苞片大，白黄色、白色或淡绿黄色，卵形或宽卵形，长 3.5～5 厘米，全缘；花萼钟状，10 脉，齿 5；花冠白色，白绿色或白黄色，具紫色脉纹，狭漏斗状，长 1.8～2.5 厘米，唇形，上唇小，2 裂，下唇 3 裂，中裂狭扇形，向前平展，端部平截、微凹，侧裂片短，三角形；雄蕊 4，略伸出。小坚果 4，倒卵形，下部 1/2 合生。花期 6—7 月（北京地区）。

分布于河北、山西、河南、甘肃、青海、西藏及四川；生于海拔 1300～3500 米的河滩砂地、草地或陡坡石缝中。北京较高海拔山地有分布。照片 2007 年 6 月 23 日摄于东灵山西坡。

百里香

Thymus mongolicus Ronn.

唇形科百里香属。半灌木。不育枝从茎的末端或基部长出；花枝高 1.5～10 厘米，在花序下密被着倒向或稍开展的疏柔毛，向下的毛变短而疏，具 2～4 对对生叶。叶片卵形，长 4～10 毫米，侧脉 2～3 对，密布腺点；下部叶柄为叶片长的 1/2，上部叶的叶柄变短。花序近头状；花萼筒状钟形或狭钟形，长 4～4.5 毫米，内面在喉部有白色毛环，裂片 5，两唇形，下唇 2 片较长、呈钻形，上唇 3 片较短、呈三角形；花冠紫红色至粉红色，长 6.5～8 毫米，两唇形，上唇直伸，微凹，下唇平展，3 裂，中裂片较长；雄蕊 4。小坚果 4，近圆形或卵圆形，光滑。花期 6—7 月。

分布于青海、甘肃、陕西、河南、山西、内蒙古、河北；生于多石山地、山谷溪旁、草丛中，海拔 1100～3600 米。叶含挥发油，主要成分为百里香酚等，可用于制造香料、药物和指示剂等，亦可作茶饮用。照片 2007 年 6 月 24 日摄于东灵山。

荔枝草

Salvia plebeia R.Br.Prodr.

又称雪见草。唇形科鼠尾草属。一年生或二年生草本，高达 90 厘米。茎粗壮，多分枝，被倒向灰白柔毛。叶对生，叶片椭圆状卵形或椭圆状披针形，长 2～6 厘米，先端钝或尖，基部圆或楔形，具圆齿、牙齿或锯齿，上面疏被细糙硬毛，下面被细柔毛及稀疏黄褐色腺点；叶柄长 0.4～1.5 厘米，密被柔毛。轮伞花序，每轮具 6 花，多轮组成长 10～25 厘米的总状或圆锥花序，密被柔毛；苞片披针形；花梗长约 1 毫米；花萼钟形，长约 2.7 毫米，被柔毛及稀疏黄褐色腺点，上唇具 3 个细尖齿，下唇具 2 个三角形齿；花冠唇形，淡红、淡紫、紫、紫蓝或蓝色，稀白色，长约 4.5 毫米，上唇长圆形，下唇中裂片宽倒心形，侧裂片近半圆形；雄蕊稍伸出。小坚果倒卵球形，径 0.4 毫米。花期 4—5 月；果期 6—7 月。

分布于辽宁、河北、华东、华中、华南、陕西、四川、贵州、云南；生于山坡、路边、沟边、田野湿地。亚洲东部至东南部、印度、阿富汗、澳大利亚也有分布。全草含黄酮类化合物、挥发油、皂甙、强心甙等多种有效成分，有较高药用价值。照片 2007 年 5 月 25 日摄于门头沟东山村路边。

鼠尾草属 唇形科。约 900（～1100）种，分布于热带及温带；中国有 84 种。草本、亚灌木或灌木。单叶或羽状复叶。轮伞花序二至多花，组成总状、圆锥状或穗状花序，稀单花腋生；花萼唇形，上唇全缘或具 3 齿或 3 短尖，下唇 2 齿；花冠唇形，上唇平伸或竖立，两侧折合，稀平展，直或弯镰形，全缘或顶端微缺，下唇平展，3 裂，中裂片通常最宽大；能育雄蕊 2，花丝短，药隔线形，具斧形关节与花丝相连，成 T 字形，上臂顶端着生能育花药，退化雄蕊 2，棍棒状或缺如；柱头 2 浅裂。小坚果无毛。

丹　参

Salvia miltiorrhiza Bunge

唇形科鼠尾草属。多年生草本。根肥厚。茎高 40～80 厘米，被长柔毛。叶对生，常为单数羽状复叶，小叶 3～5（7），卵形或椭圆状卵形，长 1.5～8 厘米，基部圆或偏斜，叶缘具圆齿，两面被疏柔毛。轮伞花序六至多花，组成顶生或腋生假总状花序，长 4.5～17 厘米，密被腺毛及长柔毛；花萼钟状，带紫色，长约 1.1 厘米，外被腺毛及长柔毛，11 脉，唇形；花冠蓝紫色，长 2～2.7 厘米，筒内有斜向毛环，檐部唇形，上唇长 1.2～1.5 厘米，镰形，下唇 3 裂，中裂片扁心形，宽达 1 厘米，先端 2 裂，裂片顶端具不整齐尖齿，侧裂片圆形；能育雄蕊 2，花丝长 3.5～4 毫米，药隔长 1.7～2 厘米；花柱伸出。小坚果椭圆形，长约 3.2 毫米。花期 4—8 月。

分布于辽宁、河北、山西、陕西、华中、山东、江苏、浙江、安徽、江西；生于山坡、林下草丛中或溪边。北京市重点保护植物。根药用，主治妇科病和冠心病。照片 2007 年 6 月 10 日摄于延庆张山营。

荫生鼠尾草

Salvia umbratica Hance

唇形科鼠尾草属。一年生或二年生草本，高达 1.2 米，被长柔毛，间有腺毛。叶对生，叶片三角形或卵状三角形，长 3～16 厘米，基部微心形或平截，边缘有锯齿，上面被长柔毛或短硬毛，下面被长柔毛及腺点；叶柄长 1～9 厘米。轮伞花序多由 2 花组成，疏离，组成腋生及顶生的假总状花序；苞片叶状至披针形，被毛；花萼钟形，长 7～10 毫米，外被长柔毛，内有短硬毛，2 唇形，上唇三角形，顶端具 3 个聚合短尖头，下唇浅裂为 2 齿；花冠蓝紫色或紫色，长 2.3～2.8 厘米，花冠筒内具毛环，下唇三裂，中裂片宽扇形，下弯，上具 2 条黄紫相间的纵条带，上唇斜上伸，2 裂合生；雄蕊花丝长 5 毫米，药隔长 7.5 毫米，弧形上弯，上臂长 4 毫米，下臂略短，药室联合。小坚果椭圆形。花期 7—8 月。

分布于河北、山西、陕西、甘肃、宁夏、湖北及安徽；生于山谷、山坡林缘或疏林下。照片 2014 年 8 月 5 日摄于百花山东部山脊林缘（上）；2006 年 8 月 25 日摄于海坨山林下（下）。

学名解释 鼠尾草属学名 **Salvia** 意为“救护”，指该属有些种有药用价值，如药用鼠尾草 **S. officinalis** L. 和丹参 **S. miltiorrhiza** Bunge 等；荫生鼠尾草的种加词 umbratica 意为“荫生的”，指该种生境较荫蔽；定名人为英国植物分类学家汉斯 H.F.Hance（1827～1886）。

风轮菜

Clinopodium chinense (Benth.) Kuntze

唇形科风轮菜属。多年生草本，茎高达 1 米。茎四棱形，密被短柔毛及具腺微柔毛，基部匍匐生根。单叶对生，卵形，长 2～4 厘米，两面被毛；叶柄长 3～8 毫米，密被柔毛。轮伞花序半球形，具多花；苞片针状；花萼狭筒状，常染紫红色，长约 6 毫米，被毛，唇形，上唇 3 裂，下唇 2 裂，较长，具刺尖；花冠淡红紫色，长约 9 毫米，唇形，上唇伸直，顶端微缺，下唇 3 裂；雄蕊 4 枚，2 长、2 短。小坚果倒卵形。花期 5—8 月。

分布于内蒙古、河北、华东、华中、广东、广西及云南东北部；生于海拔 1000 米以下的草丛及林下。全草入药，有疏风清热、解毒消肿等功用。

风轮菜属 唇形科。约 20 种，分布于欧洲、中亚和东亚；中国有 11 种。多年生草本；叶对生，具齿，向上渐小，苞片状。轮伞花序近球形；苞片线形或针形；花萼筒形，萼檐上唇 3 裂，下唇 2 裂，齿具芒尖及缘毛；花冠紫红、淡红至白色，唇形，下唇片内面喉部具 2 行毛，冠筒伸出，上唇直伸，下唇 3 裂；雄蕊 4；柱头不等 2 裂。小坚果径不及 1 毫米。

裂叶荆芥

Nepeta tenuifolia Benth.

唇形科荆芥属。一年生草本，高达 1 米。茎多分枝，四棱形，被灰白色柔毛。叶对生，叶片指状 3 裂或多裂，长 1～3.5 厘米，先端尖，基部楔状下延至叶柄，裂片披针形，全缘，两面被短柔毛，下面有腺点；叶柄长 0.2～1 厘米。轮伞花序，组成顶生穗状花序；苞片叶状，小苞片线形，极小；花萼狭钟形，长约 3 毫米，15 脉，齿 5；花冠青紫色，二唇形，长约 4.5 毫米，上唇 2 裂，下唇 3 裂，中裂片顶端微凹，基部变狭；雄蕊 4，2 长、2 短。小坚果矩圆状三棱形，长约 1.5 毫米，被瘤点。花期 7—9 月；果期 9—10 月。

分布于黑龙江、辽宁、河北、山西、河南、陕西、甘肃、四川、贵州、云南等地；生于山坡、山谷林缘。朝鲜也有。北京松山保护区等地有分布。全草及花穗作“荆芥”入药；植物体可提取芳香油。照片摄于 2009 年 8 月 15 日。

荆芥属 唇形科。约 250 种，分布于亚洲温带地区、非洲北部及欧洲，主产于地中海地区、西南亚及中亚；中国有 42 种，各地均产，但主产于西南和新疆。草本，稀为亚灌木，常芳香；叶有齿缺或分裂，上部叶有时全缘。轮伞花序组成穗状花序，或成对聚伞花序组成总状或圆锥花序；苞片窄；花萼 11～15（～17）脉，萼齿 5，先端渐尖或芒尖；花冠唇形，冠筒下部窄，上唇 2 裂或微凹，下唇 3 裂；雄蕊 4，上升至上唇之下；花柱伸出，柱头 2 裂。小坚果平滑或被瘤点。该属是林奈于 1753 年建立的。有的植物分类学文献中将裂叶荆芥、多裂叶荆芥等 3 种另组成裂叶荆芥属 Schizonepeta，现依据《中国高等植物》等文献，将裂叶荆芥属并入荆芥属 Nepeta。

荆　芥

Nepeta cataria L.

又俗称樟脑草、土荆芥、猫薄荷。唇形科荆芥属。多年生草本，高可达 1.5 米。茎四棱形，被白色短柔毛。叶对生，卵形或三角状心形，长 2.5～7 厘米，基部心形或平截，边缘具粗圆齿或牙齿，上面被微硬毛，下面被短柔毛，脉上毛较密；叶柄长 0.7～3 厘米。聚伞圆锥花序顶生；苞片及小苞片钻形；花萼管状，被白色短柔毛，萼齿 5，内面被长硬毛，钻形或狭三角形，长 1.5～2 毫米，3 长、2 略短狭；花冠唇形，淡蓝紫色至白色，外被白色柔毛，下唇有紫色斑点和斑块，长约 7.5 毫米，喉部内面有长柔毛，3 裂，中裂片宽大，前伸，近圆形，具内弯粗圆齿，侧裂片半圆形，上唇长约 2 毫米，先端微凹缺。雄蕊 4，不伸出花冠，贴近上唇；雌蕊花柱与雄蕊近等长，先端 2 裂。小坚果三棱状卵球形，长约 1.7 毫米。花期 7—9 月；果期 9—10 月。

分布于华北南部、河南、山东、江苏、湖北、陕西、甘肃、新疆、四川、贵州、云南、广西等地；生于海拔 2500 米以下山谷灌丛、草地及村落旁，常成片生长。自中欧经阿富汗向东至日本均有分布。各地有栽培。全草含精油；干叶及花枝入药，有镇痛、镇静、祛风等作用；嫩茎叶可做凉拌菜，亦可作调味品，有去鱼腥和增香作用，花和叶可制香草茶。照片 2017 年 8 月 31 日（上、下）和 9 月 29 日（中）摄于西山山麓。

康藏荆芥

Nepeta prattii Lévl.

唇形科荆芥属。多年生草本，高达90厘米，茎四棱，被倒向硬短毛或无毛，疏被淡黄色腺点。叶对生，卵状披针形或披针形，长6～8.5厘米，先端尖，基部浅心形，密生牙齿状锯齿，上面疏被短柔毛，下面被腺微毛和黄色腺点，沿叶脉被微硬毛；叶柄长3～6毫米，茎中部以上叶近无柄。轮伞花序密集成穗状；苞片长达1.3厘米，线形或线状披针形，被微腺毛及黄色腺点，具缘毛。花萼长1.1～1.3厘米，疏被短柔毛及白色腺点，上唇3齿宽披针形或披针状三角形，下唇2齿窄披针形；花冠唇形，紫色或蓝色，长2.8～3.5厘米，疏被短柔毛，喉部径9毫米，上唇2裂至中部，下唇3裂，中裂片肾形，内面中下部被白色髯毛和深色斑点，边缘啮蚀状，侧裂片半圆形。小坚果褐色。花果期7—10月，

分布于河北北部、山西、河南、陕西、甘肃南部、宁夏、青海东部、西藏东部、四川；生于海拔1700～4350米的山坡草地湿润处。照片2017年7月29日摄于雾灵山顶峰附近。

活血丹

Glechoma longituba (Nakai) Kupr.

唇形科活血丹属。多年生草本，高达 30 厘米。具匍匐茎。单叶对生，心形或近肾形，径 1.8～2.6 厘米，具粗圆齿，上面疏被糙伏毛，下面带淡紫色；下部叶柄较长。雌花和两性花异株或同株；轮伞花序，具 2（～6）花；花萼管状，长 0.9～1.1 厘米，被柔毛，萼齿卵状三角形，长 3～5 毫米，先端芒状；花冠两唇形，淡蓝色或淡紫色，冠筒管状钟形，长筒花冠长 1.7～2.2 厘米，短筒花冠长 1～1.4 厘米，稍被柔毛，上唇 2 裂，裂片近肾形，下唇具紫红色斑点，3 裂，中裂片肾形，侧裂片长圆形；雄蕊 4；雌花花柱纤细，柱头 2 浅裂。花期 4—5 月。

分布在除内蒙古和西北外的各省区；生于疏林下、路旁、溪边。全草和茎叶入药，可治膀胱结石。照片 2008 年 5 月摄于北京香山。

薄　荷

Mentha canadensis L.

唇形科薄荷属。多年生草本，高达 60 厘米。具根状茎；地上茎四棱形，多分枝，被微柔毛。单叶对生，叶片卵状披针形或长圆形，长 3～5（～7）厘米，先端尖，基部楔形或圆，基部以上疏生粗牙齿状锯齿，两面被微柔毛；叶柄长 0.2～1 厘米。轮伞花序腋生，扁球形；花序梗长不足 3 毫米；花梗细，长 2.5 毫米；花萼管状钟形，长约 2.5 毫米，被微柔毛及腺点，萼齿窄三角状钻形；花冠淡紫色或白色，唇形，5 裂，长约 4 毫米，稍被微柔毛，上裂片 2 裂，余 3 裂片近等大，长圆形，先端钝；雄蕊 4，长约 5 毫米。小坚果黄褐色，被洼点。花期 7—9 月；果期 10 月。

分布于南北各地；生于水边湿地。亚洲热带至俄罗斯远东地区、朝鲜、日本及北美洲也有。北京水边湿地常见。全草可提取薄荷油，用于医药、食品、轻工业。

益母草

Leonurus japonicus Houtt.

唇形科益母草属。一年生或二年生草本，高 30～120 厘米。茎四棱形，有倒向糙伏毛；具匍匐茎。叶对生，茎下部叶轮廓卵形，掌状三裂，裂片再分裂；茎中部叶菱形，掌状分裂，片长圆状线形；茎叶叶柄长 0.5～3 厘米，具窄翅。轮伞花序具 8～15 朵花，苞叶线形或线状披针形；小苞片刺状，长约 5 毫米；花萼筒状钟形，长 6～8 毫米，萼齿 5，前 2 齿靠合；花冠粉红至淡紫红色或近白色，长 1～1.2 厘米，唇形，上唇外被柔毛，长圆形，下唇 3 裂，中裂片倒心形；雄蕊 4 枚，2 长、2 短。小坚果矩圆状三棱形。花期 6—9 月。

世界广布种。全国各地均有分布；生于海拔 3400 米以下的多种生境，喜光。著名的传统中药材，全草药用，可治妇科病，种子可利尿、治眼疾。

藿　香

Agastache rugosa (Fisch.et C.A.Mey.) Kuntze

唇形科藿香属。多年生草本，高达 1.5 米。茎上部被细柔毛，分枝。叶对生。叶片长圆状卵形或披针形，长 4.5～11 厘米，先端渐尖或尾尖，基部圆形、截形至心形，边缘具粗齿；叶柄长 1.5～3.5 厘米。轮伞花序多花，组成顶生穗状花序；花萼管状，长约 6 毫米，萼齿三角状披针形；花冠淡紫蓝色或淡紫色，唇形，冠筒基径 1.2 毫米，喉部径 3 毫米，上唇先端微缺，下唇中裂片较大，长约 2 毫米，边缘波状；雄蕊 4，伸出花冠外，花柱顶端 2 裂。小坚果卵状长圆形。花期 6—9 月。

分布几乎遍及全国各地；常见于山谷林下或水边湿地。俄罗斯东部、朝鲜、日本、北美洲也有。植株富含挥发油；传统中药材，常栽培。照片 2014 年 9 月 5 日摄。

香 薷

Elsholtzia ciliate (Thunb.) Hyland

唇形科香薷属。一年生草本，高达50厘米，茎无毛或被柔毛，老时紫褐色。叶对生，叶片卵形或椭圆状披针形，长3～9厘米，先端渐尖，基部楔形下延，边缘具锯齿，上面疏被粗糙硬毛，下面疏被腺点；叶柄长0.5～3.5厘米，具窄翅，疏被粗糙硬毛。穗状花序长2～7厘米，花偏向一侧，花序轴密被白色短柔毛；苞片宽卵形或扁圆形，先端具芒状凸尖，尖头长2毫米，具缘毛；花梗长约1.2毫米；花萼长约1.5毫米，被柔毛，萼齿三角形，前2齿较长，先端针状，具缘毛；花冠淡紫色，唇形，长约4.5毫米，被柔毛，上唇先端微缺，下唇3裂，中裂片半圆形；雄蕊4，2长、2短，长雄蕊伸出花冠，花药紫色；花柱内藏。小坚果黄褐色，长圆形，长约1毫米。花期7—10（11）月。

国内分布于除青海、新疆外的各省区。生于疏林下、林缘、草地、路边荒地及水边。东北亚至中南半岛及印度等国家和地区也有。

香薷属 唇形科。约40种，主产于东亚；中国有33种，南北均有分布。植物体含挥发油，不少种类入药。草本、亚灌木或灌木；叶对生，单叶，具齿。轮伞花序组成穗状、头状或圆锥花序；苞片披针形、卵形或扁形，覆瓦状排列；花萼钟形或圆柱形，萼齿5；花冠唇形，白色、淡黄色或淡紫色，冠筒漏斗状，上唇直伸，先端微缺或全缘，下唇3裂，中裂片较大，全缘、啮蚀状或微缺，侧裂片全缘；雄蕊4，伸出，前对较长；花柱柱头2裂。小坚果卵球形或长圆形，被瘤点或平滑。

木本香薷

Elsholtzia stauntoni Benth.

又称木香薷。唇形科香薷属。直立亚灌木，高可达 1.7 米。上部多分枝，带红紫色，被灰白微柔毛。单叶对生，叶片披针形或椭圆状披针形，长 8～12 厘米，先端渐尖，基部楔形，边缘具锯齿状圆齿，下面密被腺点；叶柄长 4～6 毫米。轮伞花序组成穗状花序，花偏向一侧，每轮 5～10 花；苞片披针形，长 2～3 毫米；花梗长 0.5 毫米；花萼管状钟形，长约 2 毫米，萼齿卵状披针形；花冠红紫色，唇形，冠筒长约 6 毫米，漏斗状，上唇长约 2 毫米，先端微凹，下唇 3 裂，中裂片近圆形，长约 3 毫米；雄蕊 4，前对较长，伸出；子房 4 深裂，花柱伸出，柱头 2 裂。小坚果椭圆形。花果期 7—10 月。

分布于辽宁、华北、河南、陕西、甘肃；生于山坡、山谷及河岸。北京中低海拔山地较常见。植物体含挥发性芳香物质，具有广谱抗菌和杀菌作用；花于夏秋季开放，花多而艳丽，可在城乡栽培美化环境。照片 2007 年 9 月 5 日摄于海坨山南麓山谷。

岩青兰

Dracocephalum rupestre Hance

又称毛建草。唇形科青兰属。多年生草本，高 15～42 厘米。茎疏被倒向短柔毛。基生叶三角状卵形，长 1.4～5.5 厘米，先端钝，基部心形，边缘具圆齿，两面疏被柔毛，叶柄长 3～15 厘米；茎中部叶长 2.2～3.5 厘米，叶柄长 2～6 厘米。轮伞花序密集成头状，稀穗状；苞叶无柄或具鞘状短柄，长 4～8 毫米；苞片披针形或倒卵形，疏被短毛，具 2～6 对长达 2 毫米的刺齿；花萼带紫色，长 2～2.4 厘米，被短柔毛，有紫色纵脉纹，5 裂；花冠蓝紫色，长 3.8～4 厘米，被短柔毛，冠筒下部细，喉部粗，冠檐 2 唇形，上唇 2 裂，直伸，下唇三裂，平展，中裂蝶翅形、宽大；雄蕊 4，后对较前对长。小坚果 4。花期 7—9 月。

分布于辽宁、华北、宁夏、甘肃、青海；生于中高海拔草地、多石山坡或山地疏林下。北京西北部山地有分布。全草有香气，可用于代茶；花大、色艳，可供观赏。照片 2007 年 7 月 27 日摄于海坨山（上）；2009 年 7 月 30 日摄于东灵山（下）。

青兰属 唇形科。约 170 种，主产于亚洲温带，多生于高山及半干旱地区，少数种产于欧洲及北美；中国有 35 种。草本；基生叶具长柄，单叶，在茎上对生，不分裂或羽状分裂；轮伞花序集成头状、穗状或稀疏排列；萼筒具 15 条脉纹，5 齿，2 唇形或不明显 2 唇形；花冠通常蓝紫色、粉红色、紫色，稀白色，冠筒下部细，喉部宽，冠檐 2 唇形，上唇先端 2 裂或微凹，下唇 3 裂；雄蕊 4，后对较长；子房 4 裂；小坚果长圆形，平滑，有时有黏液。属名 Dracocephalum 源于希腊词 drakon（龙）+kephale（头），意为“龙头”。

香青兰

Dracocephalum moldavica L.

唇形科青兰属。一年生草本，高可达 40 厘米。茎被倒向柔毛，带紫色。基生叶卵状三角形，先端钝圆，基部心形，边缘疏生圆齿；上部叶披针形或线状披针形，长 1.4～4 厘米，先端钝，基部圆或宽楔形，叶缘具三角状牙齿或疏锯齿，有时下部牙齿呈小裂片状，先端具长刺，叶面仅沿脉疏被柔毛及黄色腺点；叶柄与叶片等长，向上较短。轮伞花序，每轮具 4 朵花，疏散，生于主茎或分枝上部 5～12 节；苞片长圆形，疏被平伏柔毛，具 2～3 对细齿，齿刺长 2.5～3.5 毫米；花梗长 3～5 毫米；花萼长 0.8～1 厘米，被黄色腺点及短柔毛，脉带紫色，二唇形，上唇 3 浅裂，三角状卵形，下唇 2 深裂近基部，披针形；花冠蓝紫色，唇形，长 1.5～2.5（～3）厘米，被白色短柔毛，上唇舟状，下唇 3 裂，中裂片向前伸展，前端浅 2 裂，后部色淡，上具紫色斑点；雄蕊 4，2 长、2 短，花柱长于雄蕊，柱头 2 浅裂。小坚果 4 枚，长圆形，长约 2.5 毫米。花期 6—8 月。

分布于东北、华北、西北及河南；生于山坡、山谷及河滩多石处；欧洲至东亚广布。植物体富含芳香油，常作香料作物栽培。照片 2007 年 7 月 27 日摄于海坨山南麓山谷（上）；同年 8 月 2 日摄于黄草梁（下）。

糙　苏

Phlomis umbrosa Turcz.

唇形科糙苏属。多年生直立草本，高 50～150 厘米。茎多分枝，疏被下向短硬毛。茎生叶对生，叶片近圆形、圆卵形至卵状矩圆形，长 5.2～12 厘米，基部浅心形或圆形，边缘有锯齿，两面被疏毛，叶柄长 1～12 厘米；苞叶远小于茎生叶，卵形，具短柄。轮伞花序多层，生于主茎及分枝的节上，其下有被毛的条状钻形苞片；花萼筒状，长约 10 毫米，被毛，5 裂，顶端具小刺尖；花冠唇形，白色至粉红色，长约 1.7 厘米，喉部之上外被密绢状毛，上唇微 2 裂，弓曲，下唇 3 裂前伸，中裂片长舌状，上有紫色或红色条纹和斑纹，侧裂片较短，斑纹有时不明显；雄蕊 4，内藏；子房 4 深裂，形成 4 个小坚果。花期 7—8 月。

分布于辽宁、河北、山东、江苏、安徽、内蒙古、山西、陕西、宁夏、甘肃、四川、湖北、贵州、云南、广东等地；生于山地疏林下和草坡。北京山区较常见。照片 2007 年 7 月 26 日摄于海坨山南麓山谷（上）；2006 年 7 月 21 日摄于黄草梁至“七座楼”路边疏林中（下）。

糙苏属 唇形科。一百余种，分布于地中海至东亚；中国有 43 种。多年生草本。轮伞花序腋生；花无梗；萼齿 5，等长；花冠唇形，上唇盔状，被毛；雄蕊 4，前对较长。

黄　芩

Scutellaria baicalensis Georgi

唇形科黄芩属。多年生草本。根状茎肥大，粗达 2 厘米，伸长。茎基部伏地，上升，高 30～120 厘米，近无毛或被微柔毛。单叶对生，具短柄，叶片披针形至条状披针形，长 1.5～4.5 厘米，两面无毛或疏被微柔毛，下面密被下陷的腺点。总状花序顶生，长 7～15 厘米，常在茎顶聚成圆锥状；花序下部苞片似叶，上部者远小于叶，卵状披针形；花萼长 4 毫米，盾片高 1.5 毫米，结果时十分增大；花冠唇形，蓝紫色、紫色或紫红色，长 2.3～3 厘米，花冠筒近基部明显膝曲，下唇 3 裂，中裂片三角状卵圆形。小坚果卵球形，具瘤点，腹面近基部具果脐。花期 6—8 月。

分布于长江中下游以北各省区；生于向阳的山坡草地及荒地。朝鲜、日本、蒙古、俄罗斯也有。根状茎是传统中药材，有解热消炎作用；茎叶可代茶。北京市重点保护植物。照片 2006 年 7 月 14 日摄于海坨山南坡。

黄芩属 唇形科。约 350 种，世界广布，但热带非洲少见；中国有 98 种。黄芩等种为著名中草药。草本或亚灌木，稀灌木；茎四棱形；叶对生，全缘或羽状分裂。花成对腋生或在上部有时互生，组成总状或穗状花序；花萼短筒状，背腹压扁，2 唇形，上唇片在背上有一盾片或呈囊状突起；花冠筒基部膝曲，呈囊状或囊状距；冠檐 2 唇形，上唇盔状，下唇 3 裂，中裂片宽而扁平；雄蕊 4，前对较长；花柱不相等 2 浅裂。小坚果背面具瘤。

北京黄芩

Scutellaria pekinensis Maxim.

唇形科黄芩属。一年生草本，高 15～40 厘米。茎直立，四棱形。叶对生，具柄；叶片卵形，基部截形、截状楔形或近圆形，边缘具浅钝齿。花 2 朵并生，排列成顶生的总状花序；花序轴与花柄密生白色柔毛；花冠蓝紫色至浅紫色，唇形，长约 1.8 厘米，冠筒基部浅囊状，膝曲；下唇 3 裂，中裂片宽展，先端微凹而近 2 裂，上面具 2 条紫白相间的条带，侧裂片耳状；上唇 2 浅裂，中部拱起，呈穹顶状；雄蕊 4，2 长、2 短。小坚果卵形，具瘤。花期 6—8 月。

分布于吉林、河北、山东、河南、陕西、浙江等地；生于山坡、山谷较阴湿处。北京山地较常见。模式标本采自北京。照片 2007 年 6 月 24 日摄于门头沟小龙门。

并头黄芩

Scutellaria scordifolia Fisch.

唇形科黄芩属。多年生草本，高达 36 厘米。茎直立，四棱形。叶对生，叶片三角状卵形或披针形，长 1.5～3.8 厘米，先端钝尖，基部浅心形或近平截，叶缘具浅锐牙齿，稀具少数微波状齿或全缘；叶柄长 1～3 毫米，被柔毛。总状花序不分明，顶生，花偏向一侧，2 朵并生；小苞片针状；花梗长 2～4 毫米，被短柔毛；花萼长 3～4 毫米，被短柔毛及缘毛，盾片高约 1 毫米；花冠蓝紫色，唇形，长 2～2.2 厘米，被短柔毛，冠筒基部浅囊状，膝曲，喉部径达 6.5 毫米，下唇 3 裂，中裂片圆卵形，宽约 7 毫米，侧裂片卵形，宽 2.5 毫米。小坚果黑色，椭圆形，长 1.5 毫米，被瘤点。花期 6—8 月。

分布于东北、华北及山东、青海；生于草地或草甸。俄罗斯远东地区、蒙古、日本也有。照片 2006 年 7 月 14 日摄于海坨山南麓山谷。

夏至草

Lagopsis supine (Steph.) Ikonn.-Gal.

唇形科夏至草属。多年生草本，高达 35 厘米。茎四棱，密被微柔毛。叶对生，近圆形，长、宽 1.5～2 厘米，基部心形，掌状 3 浅裂或深裂，裂片具圆齿或长圆状牙齿，上面疏被微柔毛，下面具腺点，沿脉被长柔毛，具缘毛；基生叶柄长 2～3 厘米，茎上部叶柄长约 1 厘米。轮伞花序；花萼管状，具 5 脉，5 齿，齿端有刺尖；花冠白色，唇形，稍伸出萼筒，长约 7 毫米，被长绵毛，上唇长圆形，全缘，下唇 3 裂；雄蕊 4，不外伸。小坚果 4，卵状三棱形。花期 4—5 月（—10 月）。

分布于除华东南部到华南外的各省区；多生于旷野荒地。东北亚其他国家和地区也有。某些产地将其全草入药，用于治疗贫血性头昏、半身不遂、月经不调；或认为其药效似益母草。该种繁殖力和适应性强，植株有较强的滞尘作用，可在城乡做地被植物推广。照片 2017 年 4 月 13 日摄于北安河路旁（上）；2017 年 5 月 1 日摄于小月河旁（下）。

夏至草属 唇形科。4 种，分布于亚洲北部；中国产 3 种。属名 Lagopsis 源于希腊词 lagos（兔）+opsis（模样），指花冠似兔唇。

透骨草

Phryma leptostachya L.var. **asiatica** Hara

透骨草科透骨草属，北美透骨草的变种。多年生草本，高达60厘米以上。茎直立，单一，不分枝，四棱形，有细柔毛。叶对生，叶片卵形至卵状披针形，长3～11厘米，宽2～7厘米，基部楔形下延成叶柄，边缘有钝齿，两面疏生细柔毛；叶柄长0.5～3厘米，有细柔毛。总状花序近穗状，顶生或腋生，长达20厘米；花小，多数，花期近平展，花后下向贴近总花梗；花梗极短；有1苞片及2小苞片；花萼筒状，外面有细柔毛，裂片5，唇形，上唇3裂片紫色，刺芒状，顶端向后钩曲，下唇2浅裂；花冠淡紫色或近白色，唇形；雄蕊4，2长、2短；花柱1，柱头2浅裂。瘦果下垂，棒状，长6～8毫米，包在宿存花萼内。花期6—9月。

分布几乎遍及全国；生于山野灌草丛中或林下。俄罗斯西伯利亚地区、朝鲜、日本及印度支那北部也有。北京中低海拔较湿润的山谷疏林下常大片分布。全草药用。照片2014年8月20日摄于鹫峰（上、中）；2009年7月14日摄于百花山北坡林下（下）。透骨草科仅1属1种1变种。

小叶白蜡树

Fraxinus bungeana DC.

又称小叶梣、梣。木樨科白蜡树属。落叶小乔木或灌木，高2～5米。树皮暗灰色，浅裂。叶对生，羽状复叶，长5～15厘米，叶轴上面具窄沟，被细绒毛；小叶5～7枚，硬纸质，阔卵形、菱形至卵状披针形，长2～5厘米，宽1.5～3厘米，顶生小叶与侧生小叶几乎等大，先端尾尖，基部阔楔形，叶缘具深锯齿至缺裂状，两面均光滑无毛；小叶柄长0.2～1.5厘米，被柔毛。圆锥花序顶生或腋生于枝梢；花序梗扁平，长约1.5厘米；花梗细，长约3毫米；雄花：花萼小，4裂，裂片尖；花冠白色至淡黄色，裂片4，线形，长4～6毫米，雄蕊2枚，与花冠裂片近等长；两性花：花萼较大，萼齿锥尖，花冠裂片长达8毫米，雄蕊明显短于花冠裂片，雌蕊具短花柱，柱头2浅裂。翅果匙状长圆形，长2～3厘米，宽3～5毫米，中上部最宽，翅下延至坚果中下部，坚果长约1厘米；花萼宿存。花期5月；果期8—9月。

分布于辽宁、河北、山西、山东、安徽、河南等地；生于海拔1500米以下的山坡、山谷溪旁。模式标本采自北京近郊。树皮可作中药“秦皮”用。照片2017年4月19日摄于鹫峰（上）；2009年5月5日摄于门头沟双龙峡景区“冰瀑”前（下）。

流苏树

Chionanthus retusus Lindl. et Paxt.

又称炭栗树、四月雪。木樨科流苏树属。落叶灌木或乔木，高可达 20 米。单叶对生，叶片革质或薄革质，长圆形、椭圆形或圆形，有时卵形、倒卵形至倒卵状披针形，长 3～12 厘米，宽 2～6.5 厘米，先端圆钝，有时凹入或锐尖，基部圆形或宽楔形至楔形，稀浅心形，全缘或有小锯齿，叶缘具睫毛；叶柄长 0.5～2 厘米。聚伞状圆锥花序，顶生于枝端；花单性而雌雄异株，或为两性花；花梗长 0.5～2 厘米，纤细，无毛；花萼长 1～3 毫米，4 深裂，裂片尖三角形或披针形，长 0.5～2.5 毫米；花冠白色，4 深裂，裂片线状倒披针形，长 1.5～2.5 厘米，宽 0.5～3.5 毫米，花冠管短，长 1.5～4 毫米；雄蕊藏于花冠管内或稍伸出，花丝长短于 0.5 毫米，花药长卵形，药隔突出；子房卵形，长 1.5～2 毫米，柱头球形，稍 2 裂。核果椭圆形，被白粉，长 1～1.5 厘米，径 6～10 毫米，蓝黑色或黑色。花期 3～6 月；果期 6—11 月。

分布于甘肃、陕西、山西、河北、华中、华东、广东、四川、云南；生于海拔 3000 米以下的稀疏混交林中或山坡、河边灌丛中。朝鲜、日本也有。北京西部山地杂木林中可见。各地园林中常做观赏树种栽培。照片摄于 2017 年 5 月 3 日。

巧玲花

Syringa pubescens Turcz.

又称小叶丁香、毛丁香。木樨科丁香属。落叶灌木，高 1～4 米。小枝带四棱形，无毛，疏生皮孔。单叶对生，叶片卵形、椭圆状卵形、菱状卵形或卵圆形，长 1.5～8 厘米，宽 1～5 厘米，先端锐尖至渐尖或钝，基部宽楔形至圆形，叶缘具缘毛，上面深绿色，常沿叶脉被柔毛；叶柄长 0.5～2 厘米。圆锥花序直立，长 5～16 厘米，宽 3～5 厘米；花序轴、花梗、花萼略带紫红色；花梗短；花萼长 1.5～2 毫米，截形或萼齿尖或钝；花两性；花冠紫色，盛开时淡紫色，后渐近白色，花冠管细长，近圆柱形，长 0.7～1.7 厘米，裂片 4，展开或反折，长圆形或卵形，长约 5 毫米，先端略呈兜状而具喙；花药紫色，长约 2.5 毫米，位于花冠管中部略上，距喉部 1～3 毫米处。蒴果长椭圆形，长 0.7～2 厘米，先端锐尖或渐尖，皮孔明显。花期 5—6 月；果期 6—8 月。

分布于河北、山西、陕西东部、河南、山东东部；生于海拔 900～2100 米的山坡、山谷灌丛中或水边。模式标本采自河北。照片 2007 年 5 月 14 日摄于海坨山南麓山谷溪边（上）；2008 年 6 月 13 日摄于东灵山海拔 1700 米的山脊林中（下）。

丁香属 木樨科。有 23 个原生种，分布于亚洲和欧洲；中国有 20 种左右，主要分布于西南及黄河流域以北各地。大部分种类可供观赏，花芳香，园林中多有栽培，杂交变种极多。落叶灌木或小乔木；叶对生，单叶，稀羽状复叶。花两性，组成顶生或侧生的圆锥花序；萼钟状，4 裂，宿存；花冠紫色、淡红色或白色，漏斗状、高脚碟状或近辐状，裂片 4，广展或直立；雄蕊 2，着生于花冠管喉部至中部；子房 2 室，花柱丝状，柱头 2 裂。蒴果微扁，2 室，室间开裂为 2 瓣，果瓣革质；种子每室 2 颗，有翅。

红丁香

Syringa villosa Vahl

木樨科丁香属。落叶灌木，高达 4 米。枝直立，粗壮，灰褐色具皮孔。单叶对生，叶片卵形、椭圆状卵形、宽椭圆形，长 4～11（～18）厘米，宽 1.5～6（～11）厘米，先端锐尖或短渐尖，基部楔形或宽楔形至近圆形，全缘；叶柄长 0.8～2.5 厘米。聚伞圆锥花序直立，由顶芽抽生，长达 17 厘米，宽达 10 厘米；花梗长 0.5～1.5 毫米；花芳香；花萼小，钟状，长 2～4 毫米，具 4 齿；花冠淡紫红色、粉红色至白色，高脚碟状，花冠管细，近圆柱形，长 0.7～1.5 厘米，裂片 4，成熟时呈直角向外展开，长 3～5 毫米，先端内弯呈兜状而具喙；雄蕊 2，花药黄色，长 3 毫米，位于花冠管喉部或稍凸出；花柱丝状，短于雄蕊，柱头 2 裂。蒴果长圆形，长 1～1.5 厘米，先端凸尖。花期 5—7 月；果期 9 月。

产于河北、山西；生于海拔 1200～2200 米的山坡灌丛、林缘或河旁、沟边。模式标本采自北京附近。北京东灵山、百花山、海坨山等较高海拔山地有分布。照片 2006 年 6 月 28 日摄于雾灵山海拔 1900 米的山脊。

北京丁香

Syringa pekinensis Rupr.

又俗称臭多罗。木樨科丁香属。落叶灌木或小乔木，高 2～5 米，可达 10 米。小枝细长，向外开展，具显著皮孔。单叶对生，叶片卵形、宽卵形至近圆形，或为椭圆状卵形至卵状披针形，长 2.5～10 厘米，宽 2～6 厘米，先端渐尖至锐尖，基部圆形、截形至近心形，或为楔形；叶柄长 1.5～3 厘米。花两性；聚伞花序排列成圆锥花序，长可达 20 厘米；花梗极短，长 0～1 毫米；花萼长 1～1.5 毫米；花冠初开时白色有刺鼻香气，后略呈黄色，辐状，直径 5～6 毫米，花冠管与花萼近等长或略长，裂片 4，卵形或长椭圆形；雄蕊 2，与花冠裂片近等长；子房 2 室，花柱短于雄蕊，柱头 2 裂。蒴果长椭圆形至披针形，长 1.5～2.5 厘米，先端尖。花期 5—8 月；果期 8—10 月。

分布于华北、河南、陕西、宁夏、甘肃及四川北部；生于山坡灌丛、林中或山谷溪边林下，海拔可达 2400 米。北京中、低海拔山地常见。模式标本采自北京。园林中已引种栽培供观赏。照片 2006 年 6 月 25 日摄于北京旸台山。

暴马丁香

Syringa reticulate var. **amurensis** (Rupr.) Pringle

木樨科丁香属。落叶乔木，高可达10米以上。单叶对生，叶片宽卵形、卵形、椭圆状卵形或长圆状披针形，长2.5～13厘米，宽1～6（～8）厘米，先端短尾尖，基部常圆形或楔形至截形，全缘，上面侧脉和细脉凹下，稍皱缩，下面淡黄绿色；叶柄长1～2.5厘米，无毛。顶端圆锥花序由多对侧生小花序组成，长可达27厘米，宽达20厘米；花梗长0～2毫米；花萼长1.5～2毫米，萼齿不明显；花两性，芳香；花冠白色，辐状，长4～5毫米，花冠管长约1.5毫米，裂片4，卵形，长2～3毫米，先端锐尖；雄蕊2，花丝与花冠裂片近等长或长于裂片约1.5毫米。蒴果长椭圆形，长1.5～2.5厘米，先端常钝。花期6—7月；果期8—10月。

分布于东北、华北、河南、陕西、甘肃等地；生于山坡灌丛、林缘、沟边或林中。俄罗斯远东地区、朝鲜半岛也有。模式标本采自黑龙江。北京山区有分布。花含芳香油0.05%；花期长，花朵繁盛，可作蜜源树或在庭院中栽培观赏。照片2008年6月19日摄于松山保护区路旁（上）；2008年6月8日摄于门头沟京西古道旁（下）。

该种与北京丁香 **Syringa pekinensis** Rupr. 形态特征相近，故有人将其合并为一种。

红纹马先蒿

Pedicularis striata Pall.

玄参科马先蒿属。多年生草本，高达1米。根粗壮，有分枝。茎老时木质化不枯萎。叶片长达10厘米，宽3～4厘米，羽状深裂至全裂，中肋有翅，裂片条形，边缘有浅齿；基生叶成丛，有长柄；茎生叶柄短。花序穗状，长6～22厘米，轴生密毛；苞片披针形；花萼钟状，长10～13毫米，萼筒具5齿，齿三角形；花冠黄色，具绛红色脉纹，长25～33毫米，两唇形；上唇头盔状，顶部镰刀型弯曲，端部下缘具2齿；下唇3浅裂，中裂片叠置于侧裂片之下；雄蕊4；花柱在上唇端部伸出。蒴果卵圆形。花期6—7月；果期8—9月。

分布于我国北方各地；生于较高海拔山坡、草原及疏林地带。蒙古、俄罗斯西伯利亚地区也有。北京山地有分布。照片2006年7月13日摄于延庆西大庄科村路旁。

马先蒿属 玄参科。有500种以上，分布于北半球，尤以北极和近北极地区最多，温带高山地区亦不少；中国有大约329种，各地都有，尤以西南部种类最丰富。多年生，稀一年生草本，通常半寄生。叶全缘或羽状分裂。花排成顶生的总状或穗状花序；萼管状，2～5裂；花冠变化大，花冠管圆柱状，两唇形，上唇头盔状，下唇3裂，广展；雄蕊4，2长、2短，花药包藏于盔瓣中，两两相对；子房2室，有胚珠多数。蒴果。

短茎马先蒿

Pedicularis artselaeri Maxim.

又俗称蚂蚁窝。玄参科马先蒿属。多年生草本。根多数，肉质。茎细弱而短，长3～6厘米。叶具5～9厘米长柄，铺散；叶片长7～10厘米，宽2～2.5厘米，羽状全裂，裂片卵形，每边8～14个，边缘羽状裂。花腋生，梗长达6厘米，细弱；花长3～3.5厘米，浅紫红色；花萼筒具5长齿；花冠筒伸直，上唇盔形上挺，长13毫米，上部弓曲，下唇宽大平展，3裂，裂片近圆形。蒴果卵圆形，全为膨大的宿萼所包。花期5—6月；果期7—8月。

分布于河北、山西、陕西、湖北及重庆北部；生于山谷和山坡多石草丛中及林下。北京西北部和北部山区有分布。照片2007年5月15日摄于海坨山南坡山谷中。

返顾马先蒿

Pedicularis resupinata L.

玄参科马先蒿属。多年生草本，高 30～70 厘米。茎上部多分枝。叶互生，有时下部对生；叶片卵形至矩圆状披针形，长 2.5～5.5 厘米，宽 1～2 厘米，边缘有钝圆的重齿，常反卷。花序总状；苞片叶状；花萼长 6～9 毫米，长卵圆状，前方深裂，仅 2 齿；花冠淡紫红色，长 20～25 毫米，筒长 12～15 毫米，自基部向右扭旋，使下唇及盔部成回顾状，盔的上部做两次多少膝状弓曲，顶端成圆锥形短喙，下唇稍长于盔，中裂较小，略向前凸出。蒴果矩圆状披针形。花期 6—8 月。

分布于东北、华北及山东、安徽、陕西、甘肃、四川、贵州；生于湿润草地及林缘。俄罗斯东部、蒙古、朝鲜、日本也有。北京山区可见。照片 2012 年 8 月 11 日摄于延庆玉渡山。

华北马先蒿

Pedicularis tatarinowii Maxim.

玄参科马先蒿属。一年生草本，高可达 50 厘米。茎中上部多分枝，枝 2～4 枚轮生，有 4 条被毛纵棱。中上部叶有短柄，轮生，叶片长 2～7 厘米，宽 0.8～3 厘米，叶片羽状全裂，裂片披针形羽状浅裂至深裂。花序下部花轮有间断；花萼膨大，前方略开裂，萼筒齿的上部边缘有小锯齿；花冠紫红色，筒自顶部向前膝曲；下唇 3 裂，平展，裂片圆形，侧裂片宽于中裂片；上唇盔形，顶圆形弓曲，前端转向下成喙状。蒴果歪卵形，端有小齿。花期 7—8 月。

分布于河北北部、山西北部和内蒙古南部；生于海拔 1800～2300 米的山坡林缘和草地。北京东灵山、海坨山、百花山有分布。照片 2009 年 8 月摄于海坨山。

穗花马先蒿

Pedicularis spicata Pall.

玄参科马先蒿属。一年生草本，高 20～60 厘米。茎常在上部有 4 条轮生的分枝，有白色柔毛。叶基出者常早枯，茎生者多 4 枚轮生；叶片矩圆状披针形至条状披针形，长达 7 厘米，宽达 1.3 厘米，被毛，羽状浅裂至深裂，边缘有具刺尖的锯齿。穗状花序；花萼短，钟形，长 3～4 毫米，前方仅微开裂；花冠红色，长 12～18 毫米，花冠筒在萼口附近向外膝曲，盔形上唇指向斜上方，额高凸，下唇平伸，长 6～10 毫米，长于盔 2～2.5 倍，3 裂，裂片倒卵圆形，中裂片略小于侧裂片。花期 7—8 月。

分布于东北、华北、陕西、甘肃、四川和湖北北部；生于山坡草地、溪旁及灌丛中。蒙古和俄罗斯也有。照片 2007 年 7 月 26 日摄于海坨山南坡。

北京另有广布于北半球寒温带的轮叶马先蒿 P. verticillata L. 与本种相近，但其叶较宽短，花冠下唇与盔近等长或稍长，与本种有所不同。

藓生马先蒿

Pedicularis muscicola Maxim.

玄参科马先蒿属。多年生草本；多毛。根状茎粗，有分枝。茎丛生，长达25厘米。叶柄长达1.5厘米；叶片椭圆形至披针形，长达5厘米，羽状全裂，裂片每边4～9枚，裂片边缘有锐锯齿，有短柄。花腋生，梗长1.5厘米；花萼圆筒状，长达1.1厘米，有5齿，齿上部卵形而有锯齿；花冠玫瑰色，筒细长，长4～7.5厘米；盔形上唇几乎在基部即向左方扭折，使其顶部向下，前方渐细成反向卷曲或S形的长喙，喙长1厘米或更多；下唇极宽大，宽达2厘米，3裂，中裂片较侧裂片小，长圆形；花柱稍伸出喙端。蒴果扁卵形，为宿存萼所包。花期6—8月。

分布于河北、山西、陕西、甘肃、青海及湖北西部；生于海拔1750～2650米的山地林下苔藓层上或其他阴湿处。北京在西北部高海拔天然林下有分布。照片摄于2009年8月。

华马先蒿

Pedicularis oederi var. **sinensis** (Maxim.) Hurus.

玄参科马先蒿属。多年生草本，高约5～15厘米。根肉质。茎常花葶状。叶多基生；柄长3～5厘米；叶片披针形至条状披针形，羽状全裂，裂片排列紧密，边缘有锯齿；茎生叶仅1～2枚。花序常占茎的大部分长度；花萼长9～12毫米，齿端膨大有锯齿；花冠盔端紫褐色，其余淡黄色，花冠筒近端处前曲，使花前倾，盔稍弓曲，长约8～9毫米；下唇很宽，宽达15毫米，中裂突出，近圆形，侧裂斜椭圆形。果实长卵形至卵状披针形。花期6—7月。

分布于河北、山西、陕西、甘肃、青海、四川和云南。生于高山草地、沼泽地和阴湿的林下。北京西北部高山有分布。其花形似鸟展翅，颇有魅力。照片2012年6月23日摄。

中国马先蒿

Pedicularis chinensis Maxim.

玄参科马先蒿属。一年生草本，高约30厘米。叶基出者柄长达4厘米，有长毛，茎生叶互生，上部的柄较短；叶片披针状矩圆形至条状矩圆形，长达7厘米，羽状浅裂至半裂，裂片7～13对，有重锯齿。花序总状；花萼长15～18毫米，有白色长毛，前方约开裂至2/5，齿仅2枚，上端叶状，有缺刻状重锯齿；花冠黄色，筒细，长4.5～5厘米，外面有毛，喙长9～10毫米，半环状而指向喉部，下唇宽过于长近2倍，宽约20毫米，侧裂基部深耳形，中裂不伸出侧裂之前。蒴果矩圆状披针形。花期7—8月。

分布于青海东北部、甘肃中部和南部、山西与河北北部；生于1700～2900米的高山草地上和溪流旁。北京西北部高山上有分布。照片2009年7月30日摄于东灵山。

中国马先蒿的定名人（缩写Maxim.）是19世纪对中国北部植物发现和研究卓有贡献的德籍俄国彼得堡植物园植物学家马克西莫维茨（C.J.Maximowicz，1827～1891）。由他定名的槭叶铁线莲、北京黄芩、狭叶红景天、草芍药等都是较著名的北京野花。

小米草

Euphrasia pectinata Ten.

玄参科小米草属。一年生草本。茎高10～45厘米，有时中下部分枝，被白色柔毛。叶无柄，卵形至宽卵形，长5～10毫米，每边有数枚急尖或稍钝的锯齿，两面被硬毛。穗状花序顶生，疏花；苞叶比叶略大；花萼筒状，被硬毛，裂片4，裂片三角形；花冠白色或淡紫色，2唇形，长5～8毫米，上唇直立，前端浅裂，下唇向前展开，3裂，裂片前端叉状浅裂，上面有深紫色纵脉纹，中裂片后部有一片黄色斑块；雄蕊4，两两成对，花药裂口露出白色须毛。蒴果扁，长4～5毫米。花期7—8月。

分布于东北、华北、西北及四川、山东；生于山地草坡及灌丛。欧洲至俄罗斯远东地区也有。北京西北部高山上可见。照片摄于2009年8月。

小米草属 玄参科。约200种，广布于全球；中国有15种，产于西南、西北、华北和东北。半寄生植物，常寄生于禾本科植物的根上。草本；叶对生，有齿缺或撕裂或掌状分裂。顶生穗状花序，有大而常分裂的苞片；萼管4裂；花冠2唇形，上唇2裂，下唇稍大，3裂；雄蕊4，成对。蒴果。

松　蒿

Phtheirospermum japonicum (Thunb.) Kanitz

玄参科松蒿属。一年生直立草本，全体被多细胞腺毛。茎高 30 ~ 80 厘米，多分枝。叶对生，叶片轮廓卵形至卵状披针形，长 1 ~ 7 厘米，下端羽状全裂，向上渐变为深裂至浅裂，裂片长卵形，边缘有牙齿。花单生于上部叶腋；花梗短；花萼钟状，长约 6 毫米，果期增大，5 裂至半，裂片长卵形，上端羽状齿裂；花冠粉红色或紫红色，长 15 ~ 20 毫米，2 唇形，上唇直，稍盔状，浅 2 裂，裂片边缘外卷，下唇 3 裂，有 2 条皱褶伸向花冠筒内，上有白色长柔毛；雄蕊 4 枚，药室基部延成短芒。蒴果卵状圆锥形，长约 1 厘米，室背 2 裂。花期 6—9 月。

广布于我国新疆、青海以外的各省区；生于山坡草地。朝鲜、日本、俄罗斯远东地区也有。照片 2007 年 9 月 6 日摄于延庆张山营至松山路边荒地。

松蒿属 玄参科。3 种，产于亚洲东部；中国有松蒿和草柏枝 P. tenuisectum 2 种，分布于南北各地。一年生或多年生有黏质的草本；叶对生，一至三回羽状分裂。花单生于叶腋，无柄或有短柄，无小苞片；花萼钟形，5 裂；花冠 2 唇形，上唇极短，直立，裂片 2，反折，下唇 3 裂，裂片宽大；雄蕊 4，2 长、2 短，花药基部有小尖；柱头匙状，2 短裂；蒴果压扁，有喙，室裂；种子表皮有网纹，该属拉丁学名即源于此特征。Phtheirospermum 由 2 个希腊词组成：phtheiro 意为“使腐化”；sperma 意为“种子”。指种子表皮具网纹，状如腐乳。

山萝花

Melampyrum roseum Maxim.

玄参科山萝花属。一年生草本，高可达 80 厘米。全体疏被鳞片状短毛，有时茎上有 2 列柔毛。茎直立，多分枝，多少四方形。单叶对生，具短柄，叶片卵状披针形至长条形，长 2～8 厘米，宽 0.2～3 厘米，全缘。总状花序顶生；下部苞片与叶同形，向上渐小，全缘、基部具尖齿到边缘全部具芒状齿，绿色或紫红色；花梗短；花萼钟状，长约 4 毫米，4 齿裂；花冠玫瑰红色至紫红色，2 唇形，长 12～20 毫米，上唇风帽状，2 齿裂，裂片翻卷，边缘密生白色须毛，下唇平展，上面具 2 条白色毛状隆起，端部 3 齿裂；雄蕊 4，成对，花药靠拢，伸至上唇盔下。蒴果长 13 毫米，卵状长渐尖，略侧扁，室背 2 裂。花期 7—8 月；果期 8—9 月。

分布于云南、甘肃以东的南北各地；俄罗斯远东地区、朝鲜、日本也有。生于疏林下和草丛中。照片 2011 年 7 月 28 日摄于松山保护区。

沟酸浆

Mimulus tenellus Bunge

玄参科沟酸浆属。一年生披散草本，全体无毛。茎下部匍匐生根，长达 40 厘米，四方形，有窄翅。叶柄与叶等长或略短；叶对生，叶片三角状卵形至卵形，长 1～3 厘米，顶端渐尖，边缘有疏齿。花单生于叶腋，花梗与叶柄近等长；花萼筒状钟形，花期长约 5 毫米，果期长 8 毫米，具 5 棱，口平截，果期囊泡状，萼齿 5，细小而尖；花冠黄色，长 1～1.2 厘米，5 裂，略呈 2 唇形，有紫红色斑点；雄蕊 4，内藏。蒴果椭圆形。花期 6—9 月。

分布于东北、华北、华东和华中北部；生于水边或林下湿地。北京低山和平原地带可见。模式标本采自北京附近。照片摄于 2010 年 6 月。

阴行草

Siphonostegia chinensis Benth.

又称刘寄奴、北刘寄奴。玄参科阴行草属。一年生草本，高 30～80 厘米，全体被锈色短毛。茎直立，上部多分枝，稍具棱角。叶对生，无柄或有短柄；叶片二回羽状全裂，裂片约 3 对，条形或条状披针形，宽 1～3 毫米，有小裂片 1～3 枚。花对生于茎枝上部，成疏总状花序状；花梗极短，有一对小苞片；萼筒长 10～15 毫米，有 10 条显著的主脉，齿 5，长为筒长的 1/4～1/3；花冠黄色，两唇形，长 22～25 毫米，上唇盔状，全缘，被长柔毛，下唇平展，3 裂；雄蕊 4，2 长、2 短，藏于上唇盔下；花柱长，上部下弯。蒴果包于宿存萼筒内，披针状矩圆形，室裂；种子多数。花期 7—8 月。

分布于东北至西南诸多省区；生于山坡草地和路旁荒地上。俄罗斯东部、朝鲜、日本也有。全草入药，有清热利湿，凉血止血，祛瘀止痛等功效。照片 2007 年 7 月 25 日摄于松山保护区路边（上）；2009 年 7 月 31 日摄于东灵山东麓路边草地（下）。

阴行草属 玄参科。4 种，分布于东亚；中国有 2 种，另一种为腺毛阴行草 Siphonostegia leate S. Moore，产于西南部至东北部。草本，常被腺毛；顶生总状花序；萼管状，宿存，10～11 脉；花冠管圆柱状或稍偏肿，裂片两唇形；雄蕊 4，2 长 2 短。蒴果。属名 Siphonostegia 源于希腊词 siphon（意为“管”）与 stege（意为“盖子”）的组合，指蒴果包于宿存的管状萼筒内。

草本威灵仙

Veronicastrum sibiricum (L.) Pennell

又称轮叶婆婆纳。玄参科腹水草属。多年生直立大草本，全体光滑无毛。根状茎横走。茎圆柱形，高达1米左右，不分枝。叶4～6枚轮生，叶片矩圆形至宽条形，长8～15厘米，顶端渐尖，边缘有三角形锯齿，基部楔形，无柄。穗状花序似的总状花序，顶生，极少在最上部的叶腋中有小分枝而花序复出，呈圆锥状；花梗长约1毫米，花萼5深裂，裂片不等长，前面最长的仅为花冠的一半，钻形；花冠筒状，紫色，长5～7毫米，4裂，裂片宽度稍不等，长1.5～2毫米，花冠筒内面被毛；雄蕊2枚，长约10毫米；花柱与雄蕊近等长，柱头小。蒴果卵形，长约3.5毫米，花期7—8月。

分布于东北、华北、陕西、甘肃、山东等地；生于山坡、路边，海拔可达2500米。朝鲜、日本、俄罗斯东部地区也有。北京见于西北部和北部山地。照片2006年7月14日摄于海坨山南坡。

腹水草属 玄参科。约20种，分布于北美东部和亚洲东部；中国有14种，南北各地均产。多年生草本，有根状茎；叶互生、对生或轮生，叶缘有锐锯齿。花紫色、淡紫色或白色；排成穗状花序似的总状花序；花萼4～5深裂；花冠筒长于裂片2倍，内面常密生一圈柔毛，裂片4，辐射对称或近两唇形；雄蕊2，突出于花冠；柱头小。蒴果卵形，4瓣裂；种子多数。

细叶婆婆纳

Veronica linariifolia Pall.

又称水蔓菁。玄参科婆婆纳属。多年生草本。茎直立，常不分枝，高30～80厘米，通常被白色柔毛。下部的叶常对生，上部的叶多互生，叶片条形，长（2）3～6厘米，顶端钝或急尖，基部楔形，渐窄成短柄或无柄，中部以下全缘，上部边缘有三角形锯齿。总状花序顶生，细长，单生或复出；花萼4深裂，裂片披针形，长2～3毫米，有睫毛；花冠蓝色或紫色，少白色，长5～6毫米，筒部宽，长度占花冠全长的1/3以上，喉部有柔毛，裂片4，宽度不等，后方一枚圆形，其余3枚卵形；雄蕊2，伸出花冠；子房上位，2室，花柱略长于雄蕊，柱头头状。蒴果卵球形，稍扁，顶端微凹。花期7—8月；果期8—10月。

分布于东北、华北、山东、河南、陕西等地；生于山坡草地、灌丛及山谷溪边、路旁。东北亚其他国家和地区也有。照片2007年7月26日摄于海坨山南坡。

婆婆纳属 玄参科。约250种，分布于温带和寒带，少数种产于热带；中国有61种以上，南北均有分布。草本或亚灌木；叶对生，罕见互生或轮生。花排成顶生或腋生的总状花序或穗状花序，有时或单生；萼4～5裂，稀3裂；花冠管极短，或占花冠总长的1/2～2/3，裂片4～5，不等宽，后方1枚最宽，前方1枚最窄，有时略呈二唇形；雄蕊2，突出；子房上位，2室。蒴果有2槽，室背开裂。

柳穿鱼

Linaria vulgaris Mill.

玄参科柳穿鱼属。多年生草本，高20～70厘米。单叶，多互生，无柄或近无柄，条形至条状披针形，长2～7厘米，宽达5毫米，全缘，无毛。总状花序顶生，各部被腺毛，少无毛；花萼5深裂，裂片披针形，长约4毫米；花冠黄白色，两唇形，花筒长，基部有距，除距外长15～18毫米，距长10～15毫米，下唇在喉部向上隆起，檐部突起呈假面状，橙黄色，喉部闭合，淡黄色，密被毛；雄蕊4，2长、2短；子房上位，2室。蒴果卵圆形，长8～10毫米，顶端6瓣裂；种子盘状，有翅，中央有瘤凸。花期6—9月。

分布于长江流域以北各地；欧亚大陆北部广布。生于山坡草地及田野路边。植株含生物碱，花含甙类物质，可药用。照片2012年8月11日摄于延庆玉渡山。

柳穿鱼属 玄参科。约100种，分布于北温带，主产于欧、亚两洲；中国有8种，产于西南部和北部。有些种可供观赏和药用。草本；叶对生、轮生或上部叶互生，全缘、齿状或分裂。顶生总状或穗状花序；萼5裂几达基部；花冠管长，基部有长距，裂片二唇形，上唇直立，2裂，下唇中央向上隆起并扩大，几乎封住喉部，使花冠呈假面状，顶端3裂；雄蕊4，前对较长，药室并行，裂后叉开。蒴果孔裂或纵裂。

地　黄

Rehmannia glutinosa (Gacrt.) Libosch.

又俗称婆婆丁、蜜糖管。玄参科地黄属。多年生草本，高 10～30 厘米，全体密被白色长腺毛。根状茎肉质。叶多基生，莲座状，柄长 1～2 厘米，叶片倒卵状披针形至长椭圆形，长 3～10 厘米，边缘具齿；茎生叶无或有，而远比基生叶小。总状花序顶生，有时自茎基部生花；下部苞片大，比花梗长，有时叶状，上部的小；花多少下垂；花萼筒部坛状，萼齿 5，略反折，后面一枚略长；花冠紫红色或土黄色，长约 4 厘米，中部略向下曲，口部 5 裂，两唇形，上唇 2 裂，上翘，下唇 3 裂，略向前伸，裂片内面色浅，管内色深，有 2 条黄色纵棱延伸至管内；雄蕊 4，2 长、2 短。蒴果卵形。花期 3—5 月。

分布于辽宁、华北、华中、陕西、甘肃、山东、安徽、江苏等地；朝鲜、日本也有。喜光，耐干旱；常生于低山山坡路旁、岩缝中，居民区也常见。传统药用植物，根状茎有滋阴、养血功效。

地黄属 玄参科。约 8 种，分布于亚洲东部；中国 6 种，产于西南、西北、中部至东北。有药用和观赏价值。多年生草本，有根状茎；被多细胞长柔毛及腺毛；叶互生，倒卵形至长椭圆形，有粗齿。花较大，具短柄，生于叶腋或排成顶生总状花序；萼钟形，顶部 5 裂，裂片不等长，全缘或再分裂；花冠 2 唇形，稍弯曲，花冠管一侧肿胀；雄蕊 4（5）枚，内藏；子房基部托以一环状或浅杯状花盘，2 室或变为 1 室，花柱顶部 2 浅裂，胚珠多数。蒴果具宿萼，室背开裂。

通泉草

Mazus japonicus (Thunb.) O.Kuntze

玄参科通泉草属。一年生草本，无毛或疏生短柔毛。茎高 5～30 厘米。茎直立或倾斜，不具匍匐茎，通常自基部多分枝，叶对生或互生，倒卵形至匙形，长 2～6 厘米，基部楔形，下延成带翅的叶柄，边缘具不规则粗齿。总状花序顶生，比带叶的茎段长，有时茎仅生 1～2 片叶即生花；花梗果期长达 10 毫米，上部的较短；花萼花期长约 6 毫米，果期增大；花冠紫色或蓝色，长约 10 毫米，上唇短直，2 裂，裂片尖，略上翘，下唇 3 裂，中裂片倒卵圆形，伸出，其后有 2 条褶皱直达喉部，褶皱上有褐黄色斑。蒴果球形，与萼筒平。花期 4—7 月。

分布几乎遍及全国；生于海拔 2500 米以下湿润荒地、路旁。本种全草药用。

弹刀子菜

Mazus stachydifolius (Turcz.) Maxim.

玄参科通泉草属。多年生草本，全体被多细胞白色长柔毛。茎直立，高 10～40 厘米，有时基部多分枝。茎生叶上部的常互生，无柄，长矩圆形，长 3～7 厘米，边缘具不规则锯齿。总状花序顶生；花萼漏斗状，长 7～12 毫米，长于花梗，萼齿略长于筒部，披针状三角形；花冠紫色、淡紫色至近白色，上唇 2 裂，裂片短而尖锐，下唇宽大，三裂，中裂片宽而圆钝，其后有 2 条褶皱直达喉部，褶皱上有褐色斑。蒴果卵球形。花期 4—6 月。

分布于东北、华北，南至台湾、广东，西至四川、陕西的广大地区；生于海拔 1500 米以下的湿润路旁、草坡和林缘。照片 2009 年 5 月 30 日摄于怀柔杏树台村路旁。

列　当

Orobanche coerulescens Steph.

又称紫花列当。列当科列当属。全寄生草本，高达35厘米，全株被白色绒毛。根状茎肥厚。茎直立，黄褐色。叶鳞片状，卵状披针形，长8～15毫米，黄褐色。穗状花序，长5～10厘米，密被绒毛；苞片卵状披针形，顶端尾尖，稍短于花冠；花萼2深裂至基部，膜质，每一裂片顶端2裂；花冠唇形，淡紫色，长约2厘米，筒部筒状，上唇宽，顶端微凹，下唇3裂，裂片近圆形；雄蕊4，2长、2短，着生于花冠筒中部；花柱长。蒴果卵状椭圆形，长约1厘米；种子黑色，多数。花期6—8月。

分布于东北、华北、西北、四川、云南、西藏、山东；朝鲜、俄罗斯也有。寄生于菊科蒿属植物的根部。照片2007年6月8日摄于松山保护区路边。

黄花列当

Orobanche pycnostachya Hance

列当科列当属。全寄生草本，高10～30厘米，全株密生腺毛。茎单一，直立，初为黄色，后变为黄褐色。叶鳞片状，卵状披针形或披针形，黄褐色，长1～2厘米，先端尾尖。穗状花序，长5～10厘米，密生腺毛；苞片卵状披针形，与花冠等长或稍长，顶端尾尖；花萼2深裂至基部，每一裂片顶端又2裂；花冠唇形，淡黄色，长1.5～2厘米，花冠筒筒状，上唇2裂，裂片短，下唇3裂，裂片不等大，边缘生有腺毛；雄蕊4，2长、2短；子房上位，花柱比花冠长。蒴果成熟后2裂；种子小，多数。花期6—8月。

分布于东北、华北、陕西、河南、山东和安徽；朝鲜、日本、蒙古、俄罗斯也有。模式标本采自北京。常寄生于菊科蒿属植物的根部。照片2007年6月24日摄于东灵山东麓江水河至洪水口路边。

角　蒿

Incarvillea sinensis Lam.

紫葳科角蒿属。直立草本，被微柔毛。茎圆柱形，有纵条纹，高15～80厘米。基部的叶对生，分枝上的叶互生；2～3回羽状；羽片4～7对，下部的羽片再分裂成2或3对，裂片条形或条状披针形。花序总状，有4～18朵花；花梗长1～5毫米，基部有1苞片和2小苞片；花萼钟状，萼齿钻形，被微柔毛，长4～10毫米，基部膨胀；花冠漏斗状，长约4厘米，红色或淡红紫色，裂片5，圆形或倒卵圆形，最下面的裂片较长，上有2条白色条纹伸至花冠筒底部；雄蕊4枚，2长、2短。蒴果圆柱形，长3.8～11厘米；种子多，具翅。花期5—8月。

分布于东北、华北、山东、河南、陕西、甘肃、青海、四川、云南、西藏；常生于砂质土地上。模式标本采自北京。北京低山荒坡、平原草地上较常见。照片2006年7月15日摄于延庆张山营路旁。

角蒿属 紫葳科。约15种，分布于中亚和东亚；中国有11种3变种，产于西南部、西北部至北部。大部分种类可供观赏。草本；叶互生，单叶或二至三回羽状复叶。花大，红色或黄色；萼钟形，5裂；花冠漏斗状，2唇形，裂片5；雄蕊4，2长、2短，内藏；花盘环状；子房2室。蒴果；种子有翅。属名Incarvillea来自18世纪曾在中国采集植物的法国传教士Incaville的姓氏；角蒿的种加词sinensis意为“中国的”。

珊瑚苣苔

Corallodiscus cordatulus (Craib) Burtt

苦苣苔科珊瑚苣苔属。多年生草本。叶多数，全部基生，外层叶具柄；叶片卵形、长圆形，长可达 4 厘米，宽达 2 厘米，边缘具细圆齿。聚伞花序，每花序具 3～10 花；花序梗长 5～14 厘米；花梗长 4～10 毫米；花萼 5 裂近基部；花冠筒状，蓝紫色至淡紫色，内面色淡，筒内有深色斑，长 11～14 毫米，冠口 2 唇形，上唇短，2 裂，下唇 3 裂，平展；能育雄蕊 2 对，内藏，花药成对连着。蒴果条形，长约 2 厘米。花期 6—7 月；果期 7—8 月。

分布于河北西部、山西、陕西、华中至华南、西南各省区。生于海拔 700～2300 米的山谷岩壁上。模式标本采自湖北西部。北京百花山、上方山有分布。北京市重点保护植物。照片摄于 2010 年 6 月。

旋蒴苣苔

Boea hygrometrica (Bunge) R.Br.

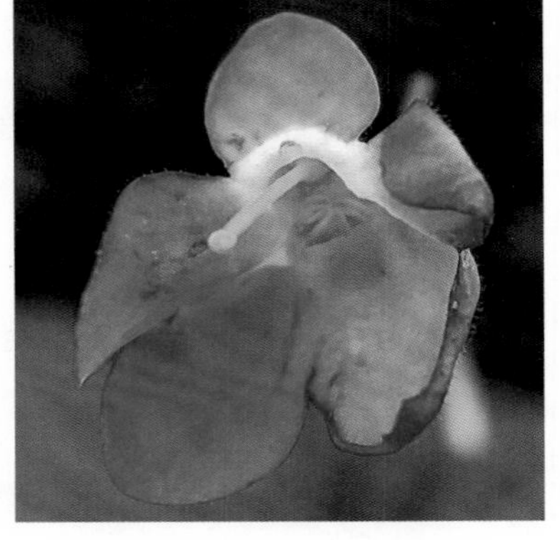

又称牛耳草、猫耳朵。苦苣苔科旋蒴苣苔属。多年生草本。叶全部基生，密集，无柄，肉质，近圆形、圆卵形、卵形或倒卵形，长 1.8 ~ 7 厘米，宽 1.3 ~ 5.5 厘米，边缘有牙齿或波状浅齿，上面有贴伏的白色长柔毛，下面有绒毛。花葶 1 ~ 5 条，高 7 ~ 14 厘米；聚伞花序有 2 ~ 5 花；花萼长约 2 毫米，5 裂近基部；花冠唇形，淡蓝紫色，长 1 ~ 1.5 厘米，筒长 5 ~ 7 毫米，上唇 2 裂，下唇 3 裂；能育雄蕊 2，花药连着；子房密生短毛，花柱伸出。蒴果长 3 ~ 4 厘米，螺旋状扭曲。花果期 7—9 月。

产于东北南部至华南、西南及陕西、甘肃等地。模式标本采自北京附近。北京低山峡谷岩壁上常见。照片 2008 年 7 月 2 日摄于十渡孤山寨路旁岩壁上。

狭长花沙参

Adenophora elata Nannf.

又称沙参。桔梗科沙参属。多年生草本，有白色乳汁。茎单生，不分枝，高 20～120 厘米。茎生叶互生，偶有近于对生的，无柄，有时下部的叶有带翅的短柄；叶片卵形、狭卵形至条状披针形或倒披针形，长 2～8 厘米，宽 0.5～2.5 厘米，基部钝或楔形，顶端急尖或渐尖，边缘具锯齿。花常仅数朵，集成假总状花序或单朵顶生，有时花序分枝而集成狭圆锥状花序；花梗通常不足 1 厘米长；花萼无毛，筒部长卵状或倒卵状圆锥形，裂片狭三角状钻形至长钻形，长 5～10 毫米，宽至 1 毫米，边缘有 1～2 对小齿，但也有个别裂片全缘；花冠多为狭钟状或筒状钟形，少为钟状，蓝紫色，长 2～3.4 厘米，裂片近于三角形，长 6～10 毫米；花柱短于花冠。蒴果椭圆形，长 12 毫米，直径 6 毫米。花期 7—9 月。

分布于华北；生于海拔 1700～3000 米的山坡草地上。模式标本采自河北西灵山。北京西北部东灵山、百花山、海坨山等高海拔山地有分布。照片 2009 年 7 月 30 日摄于东灵山西坡（上）；2014 年 8 月 5 日摄于百花山山顶草地（下）。

沙参属 桔梗科。约有 50 种，主产于亚洲东部，尤其是中国东部，其次为朝鲜、日本、蒙古和俄罗斯远东地区，欧洲只产 1 种；中国有 40 种左右，主产于中部和北部。多药用种类。多年生草本，植物体含白色乳汁；根胡萝卜状；茎直立或上升；叶多数种为互生，少数种叶轮生。花序的基本单位为聚伞花序，但有时呈假总状花序（顶生花先开），或集成圆锥花序和复圆锥花序；花萼裂片 5；花冠钟状、漏斗状或几乎为筒状，常紫色或蓝色，5 浅裂，最深可达中部；雄蕊 5，花丝下部扩大成片状；花盘通常筒状，围绕花柱下部；柱头 3 裂，子房下位，3 室。蒴果，基部 3 孔裂。种子有 1 条棱。

多歧沙参

Adenophora wawreana Zahlbr.

桔梗科沙参属。多年生草本，有白色乳汁。根粗大，胡萝卜状，直径可达7厘米。茎高50～120厘米，通常单支，不分枝。基生叶心形；茎生叶互生，有柄，叶片卵形、卵状披针形，少数为宽条形，长2.5～10厘米，宽（0.5）1～3.5厘米，边缘有不整齐尖锯齿，两面几乎无毛；叶柄长达2.5厘米，叶为条形时，叶柄常不明显。圆锥花序长达45厘米，分枝斜展，个别植株花序无分枝而为假总状花序；花梗较短，通常不超过1.5厘米；花萼无毛，裂片5，钻形，长4～6毫米，平展，常反曲，边缘有1～2对瘤状小齿或狭长齿；花冠蓝紫色或淡紫色，钟状，长1.2～1.7（2.2）厘米，5浅裂，无毛；雄蕊5，长约8毫米，花丝下部变宽，边缘有密柔毛；花盘圆筒状，长约1.5毫米；子房下位，花柱伸出或与花冠近等长。蒴果宽椭圆形，长约8毫米。花期7—9月。

分布于辽宁、华北、河南；生于海拔2000米以下的阴坡草丛、灌木林中，或疏林下，亦多见于砾石中或岩石缝中。模式标本采自河北。照片2014年9月29日摄于鹫峰脚下（上）；2014年9月5日摄于凤凰岭（中）；2006年8月25日摄于海坨山南坡（下）。

展枝沙参

Adenophora divaricata Franch.et Sav.

桔梗科沙参属。多年生草本，有白色乳汁。根粗壮，胡萝卜形。茎高 40～100 厘米。茎生叶 3～4 枚轮生，无柄；叶片菱状卵形，狭卵形或狭矩圆形，长 4～10 厘米，宽 2～4.5 厘米，边缘有锐锯齿。圆锥花序塔形，分枝与轴成近直角展开，花序中部以上的分枝互生；花下垂；花萼裂片 5，披针形，长 5～8 毫米，常平展，绿色或绿黄色；花冠蓝紫色，钟状，下垂，长 1.4～2 厘米，5 浅裂，略外翻；雄蕊 5；花盘圆筒状，长约 2 毫米，宽不及 0.8 毫米；子房下位，花柱与花冠近等长。蒴果宽椭圆形。花期 7—9 月；果期 9—10 月。

分布于东北、河北北部、山西东北部（五台山）、山东东部（昆嵛山）；生于山坡草地、灌丛中、林缘和疏林下。朝鲜、日本、俄罗斯远东地区也有。模式标本采自日本。北京见于中高海拔山地。照片 2007 年 8 月 2 日摄于黄草梁。

雾灵沙参

Adenophora wulingshanica Hong

桔梗科沙参属。茎单生或两条发自一条根上，不分枝，高50～120厘米，无毛或仅有极稀少的硬毛。叶3～4枚轮生，或有时稍错开，有短柄；叶片常卵形、椭圆形或椭圆状条形，长5～13厘米。宽0.4～4.5厘米，边缘具锯齿或牙齿，无毛，或两面脉上疏生硬毛。花序常有分枝，组成圆锥花序，花序分枝有时近于轮生；花梗短，一般长不足1厘米；花萼无毛，筒部狭长，椭圆状或倒卵状圆锥形，裂片丝状钻形，长5～10毫米，宽不足1毫米，边缘有1～2对小齿；花冠管状钟形，蓝色或紫蓝色，长18～25毫米，裂片5，卵状三角形，长约6毫米；花盘短筒状，上部常较细，长0.8～1.5毫米，无毛；花柱略短于花冠。蒴果矩圆形，长10毫米。花期8—9月。

特产于雾灵山一带；生于海拔1200～2100米的山谷灌丛和山坡林下。该种为中国植物分类学家洪德元先生1974年9月于雾灵山西南坡发现的新种。照片2017年7月29日摄于雾灵山主峰附近。

细叶沙参

Adenophora paniculata Nannf.

又称紫沙参。桔梗科沙参属。多年生草本，有白色乳汁。茎高达1.5米，不分枝。基生叶心形，边缘有不规则锯齿；茎生叶无柄或有长至3厘米的柄，叶片条形或卵状椭圆形，全缘或有锯齿，长5～17厘米，宽0.2～7.5厘米。花序常为圆锥花序，由多个花序分枝组成，有时花序无分枝，仅几朵花集成假总状花序；花萼筒部球形，少为卵状矩圆形，裂片细长，长2～7毫米，全缘；花冠较细小，近于筒状，浅蓝色、淡紫色或白色，长10～14毫米，5浅裂，裂片反卷；花柱长约20毫米，远伸出花冠筒。蒴果卵状至卵状矩圆形，长7～9毫米，直径3～5毫米。花期6—9月；果期8—10月。

分布于华北、山东、河南、陕西；生于海拔1100～2800米的山坡草地。模式标本采自河北小五台山。北京西部和北部较高海拔山地有分布。照片2014年8月5日摄于百花山东部山脊。

石沙参

Adenophora polyantha Nakai

桔梗科沙参属。多年生草本，具乳汁。高 20～100 厘米。基生叶叶片心状肾形，边缘具不规则粗锯齿，基部沿叶柄下延；茎生叶互生，完全无柄，卵形至披针形，边缘具齿，长 2～10 厘米，宽 0.5～2.5 厘米。花序常不分枝而成假总状花序，或有短的分枝而组成狭圆锥花序；花梗短，长一般不超过 1 厘米；花萼通常被毛，筒部倒圆锥形，裂片 5，狭三角状披针形，长 3.5～6 毫米，宽 1.5～2 毫米，常向上反折；花冠下垂，紫色或蓝色，钟状，喉部常稍稍收缢，长 14～22 毫米，裂片短，常先直而后反折；花柱常稍稍伸出花冠或与花冠近等长。蒴果卵状椭圆形。花期 8—10 月。

分布于辽宁、河北、山东、江苏、安徽、河南、山西、陕西、甘肃、宁夏和内蒙古东南部。照片 2016 年 10 月 10 日摄于平谷西北部浅山地带。

桔　梗

Platycodon grandiflorus (Jacq.) A.DC.

又俗称铃铛花。桔梗科桔梗属（单种属）。多年生草本，具白色乳汁。根胡萝卜形。茎高 40～120 厘米。叶 3 枚轮生或 2 枚对生或互生，无柄或有极短柄，无毛；叶片卵形至披针形，长 2～7 厘米，顶端尖，基部宽楔形，边缘有尖锯齿，下面被白粉。花一至数朵生于茎或分枝顶端；花萼有白粉，裂片 5；花冠蓝紫色，宽钟形，直径 4～6.5 厘米，长 2.5～4.5 厘米，5 浅裂；雄蕊 5，花丝基部变宽，有短柔毛，花药长舌形，略内卷；子房半下位，5 室，花柱 5 裂，外面蓝紫色，内面白色，裂开后外卷。蒴果顶部 5 瓣裂。花期 7—9 月。

东亚广布种。我国自华南、西南东部至东北均有分布；生于山地草坡或林缘。朝鲜、俄罗斯远东地区、日本也有。根入药，亦可食用。照片 2006 年 7 月 20 日摄。

党　参

Codonopsis pilosula (Franch.) Nannf.

桔梗科党参属。多年生攀缘草本。植物体具乳汁，有刺鼻气味。根肥大，呈纺锤状或圆柱状，长达 30 厘米以上。茎缠绕，长约 1～2 米，有多数分枝。叶在主茎上的互生，在小枝上的近于对生，叶片卵形或狭卵形，长 1～6.5 厘米，宽 0.8～5 厘米，顶端钝或微尖，基部近心形，边缘具波状钝锯齿，分枝上叶片逐渐狭窄，基部圆形或楔形；叶柄长 0.5～2.5 厘米。花单生于枝端，有梗；花萼筒短，半球形，裂片 5，宽披针形或狭矩圆形，长 1～2 厘米，宽 6～8 毫米，顶端钝或微尖，边缘微波状或近于全缘；花冠阔钟状，长约 1.8～2.3 厘米，黄绿色或黄白色，外面或染淡紫色，冠筒内面有紫色细小斑点，底部有紫色斑线，口部 5 浅裂，裂片三角形；雄蕊 5，花丝长约 5 毫米，花药长 5～6 毫米；子房下位，3 室，花柱细长，柱头微 3 裂，密生白色刺毛。蒴果下部半球形，上部呈短圆锥状；种子多数。花果期 7—10 月。

广布于东北、华北、河南、陕西、甘肃、青海及西南等地；生于山地林缘灌草丛中和较湿润的山谷溪水边。俄罗斯远东地区、朝鲜、蒙古也有。模式标本采自北京附近。北京市重点保护植物。该种根部为传统中药材，有补中、益气、生津等功用，可治脾胃虚弱、气血两亏、体倦无力等症，各地现已大量栽培。照片 2008 年 7 月 26 日摄于黄草梁山谷（上、下）；2016 年 8 月 23 日摄于门头沟双龙峡（中）。

羊 乳

Codonopsis lanceolata (Sieb. et Zuce.) Trautv.

又称羊奶参、轮叶党参。桔梗科党参属。多年生草本，有乳汁。根常肥大呈纺锤形，有少数细小侧根。茎缠绕，常有多数短细分枝，黄绿而微带紫色。主茎上的叶互生，披针形或菱状狭卵形，长8～14毫米，宽3～7毫米；小枝顶端的叶通常2～4枚簇生，近于对生或轮生状，叶柄短小，长1～5毫米，叶片菱状卵形至椭圆形，长3～10厘米，宽1.3～4.5厘米，全缘或有疏波状锯齿。花单生或对生于小枝顶端；花梗长1～9厘米；花萼贴生至子房中部，筒部半球形，裂片5，卵状三角形，长1.3～3厘米，宽0.5～1厘米；花冠阔钟形，黄绿色或乳白色，多少带紫色，内有紫色斑块和斑点，长2～4厘米，径2～3.5厘米，近基部有5个乳头状凸起，口部5浅裂，裂片三角形，反卷，长0.5～1厘米；花盘肉质，深绿色；雄蕊5，花丝钻状，长4～6毫米，花药长3～5毫米；子房下位，柱头3裂，较宽阔，合成圆盘形。蒴果下部半球形，上部有喙，直径2～2.5厘米。花果期7—9月。

分布于东北、华北、华东和中南各地；生于山地较阴湿的林下或林缘灌丛中。俄罗斯远东地区、朝鲜、日本也有。北京市重点保护植物。北京山谷灌丛中可见。

党参属 桔梗科。四十多种，分布于亚洲东部和中部；中国有39种，各地均有，主产于西南部。绝大多数种类有药用价值。多年生草本，有乳汁，根常肥大；叶互生、对生、簇生或假轮生。花单生；花萼与子房贴生，5裂；花冠阔钟形至管状，5裂，常有明显脉纹或晕斑；雄蕊5，花药底着，直立；子房下位，通常3室，柱头通常3裂。蒴果，带有宿存的萼裂片，上部常有尖喙；种子多数。

紫斑风铃草

Campanula punctata Lam.

桔梗科风铃草属。多年生草本。全体被刚毛，体内具白色乳汁。茎直立，粗壮，高 20～100 厘米，通常在上部分枝。基生叶具长柄，叶片心状卵形；茎生叶下部的有带翅的长柄，上部的无柄，叶片三角状卵形至披针形，边缘具不整齐钝齿。花生于主茎及分枝顶端，下垂；花萼裂片长三角形，裂片间有一卵形附属物；花冠白色，带紫斑，筒状钟形，长 3～6.5 厘米，5 裂，筒内有白色长毛；雄蕊 5；雌蕊柱头 3 裂。蒴果，熟时从基部 3 瓣裂。花期 6—8 月。

产于东北、华北、河南西部、陕西、甘肃东部、四川东北部、湖北西北部；生于山地林缘、灌丛及草地中。朝鲜、日本和俄罗斯远东地区也有。北京见于海拔 800 米以上的山坡和沟谷溪畔。该种花大，状如风铃，可在公园水边引种栽培美化环境。

照片：2007 年 6 月 9 日摄于延庆西大庄科村旁山谷溪边（上）；2005 年 6 月 30 日摄于雾灵山字石沟（下）。

风铃草属 桔梗科。200 种以上，分布于北温带，主产于欧亚大陆北部，多种已引种栽培于园林中供观赏；中国有约 20 种，大部分产于西南部；北京仅有紫斑风铃草 1 种。草本，具白色乳汁。叶互生或簇生。花萼管与子房贴生，半球形、陀螺形或倒卵形，5 裂；花冠多为钟形，5 裂；雄蕊 5，分离；子房下位，3～5 室；蒴果；种子极小。属名 Campanula 源于拉丁文，意为“小钟”，指花冠钟形。

薄皮木

Leptodermis oblonga Bunge

茜草科野丁香属。灌木，高1米左右。枝柔弱。叶对生和假轮生，叶片矩圆形或矩圆状倒披针形，长1～1.5（～3）厘米，顶端短尖或稍钝，基部渐狭成一短柄，边缘背卷。花通常5数，无梗，2～10朵簇生于枝顶或叶腋内；小苞片合生，透明，具脉，长3～4毫米；花萼长2.5毫米；花冠淡红色至红色，漏斗状，长1.2～1.5厘米，外被粉末状柔毛，裂片披针形，长为花冠筒的1/4～1/5。蒴果椭圆形，长6毫米，托以宿存的小苞片。花果期6—9月。

分布于河北、山西、陕西、湖北、四川、云南；生于海拔200～800米的低山、丘陵灌丛中。模式标本采自北京附近。本种花朵虽小却很俏丽，是盛夏北京中低海拔山地较耀眼的野花之一。照片2007年8月2日摄于门头沟柏峪路边。

著名的北京野花定名人邦奇（Bunge，1803～1890），俄国植物学家、药学家。1831年在北京一带采集。在他的《邦奇在中国北部采集的植物名录》中，记载华北植物420种，其中有新种189个，新属17个。

茜　草

Rubia cordifolia L.

茜草科茜草属。草质攀缘藤本，长通常 1.5～3.5 米。根状茎和其节上的须根均红色。茎数条从根状茎的节上发出，细长，具 4 棱，棱上生倒生皮刺，中部以上多分枝。叶 4 枚轮生，披针形或长圆状披针形，长 0.7～3.5 厘米，顶端渐尖或钝尖，基部心形，边缘有齿状皮刺，基出脉通常 3 条；叶柄长 1～2.5 厘米，有倒生皮刺。聚伞花序腋生和顶生，多回分枝；花冠淡黄至白色，盛开时冠檐直径 3～3.5 毫米，花冠裂片 5。果球形，直径 4～5 毫米，熟时橘黄色。花期 8—9 月；果期 10—11 月。

分布于东北、华北、西北和四川北部、西藏昌都地区；常生于疏林中、林缘灌丛草地上。俄罗斯远东地区、朝鲜、日本也有。北京城郊和浅山地带常见。

照片 2014 年 9 月 5 日摄于凤凰岭。

茜草属 茜草科。约 70 种，温带至热带广布；中国有 36 种 2 变种，各地均有，西南和新疆最多。直立或攀缘草本；常有糙毛或小皮刺，茎有直棱或翅；叶多轮生。花小，通常两性；聚伞花序腋生或顶生；萼管卵圆形或球形；花冠辐状或近钟状；5 裂或很少 4 裂；雄蕊 5 或有时 4，生于冠管上，花丝短；花盘小，肿胀；子房 2 室，花柱 2 裂，短，柱头头状。果肉质浆果状，2 裂。

蓬子菜

Galium verum L.

茜草科拉拉藤属。多年生直立草本，基部稍木质化。枝有 4 棱角，被短柔毛。叶 6～10 片轮生，无柄，条形，长达 3 厘米，顶端急尖，边缘反卷。聚伞花序顶生和腋生，通常在顶部结成带叶的圆锥花序状；花小，黄色，有短梗；花萼小，无毛；花冠辐状，裂片 4，卵形，长约 1.5 毫米；雄蕊 4，与花冠裂片互生，花丝长约 0.6 毫米，花药黄色；花柱长约 0.7 毫米，顶部 2 裂。小坚果，果瓣双生，近球形，直径 2 毫米。花期 4—8 月。

分布于东北、华北、西北、山东、江苏、安徽、浙江、河南、湖北、四川、西藏；生于山坡、旷野、路边、水边、林下。广布于亚洲温带地区、欧洲及北美洲。全草可药用。照片 2007 年 6 月 23 日摄于东灵山西坡。

北方拉拉藤

Galium boreale L.

又称砧草。茜草科拉拉藤属。多年生直立草本，高 20～50 厘米。茎有 4 棱角，近无毛或节部有微毛。叶 4 片轮生，狭披针形，长 1～3 厘米，宽 1～4 毫米，顶端钝或稍尖，基部宽楔形或近圆形，边缘稍反卷，基出脉 3 条，中脉在上面凹陷；无柄或具极短的柄。聚伞花序顶生和生于上部叶腋，常在枝顶结成圆锥花序式，花小而密；花梗长 0.5～1.5 毫米；花萼被毛；花冠白色或淡黄色，直径 3～4 毫米。辐状，花冠裂片 4，卵状披针形，长 1.5～2 毫米；雄蕊 4，花丝长约 1.4 毫米；花柱 2 裂至近基部。坚果小，直径 1～2 毫米，果瓣单生或双生，密被白色糙硬毛，果柄长 1.5～3.5 毫米。花期 5—8 月。

分布于东北、华北、山东、甘肃、青海、新疆、四川、西藏等地；生于山坡草地、灌丛或林下。东北亚、南亚北部、欧洲、北美洲也有。照片 2007 年 6 月 23 日摄于东灵山。

鸡树条荚蒾

Viburnum sargentii Koehne

忍冬科荚蒾属。落叶灌木。高达3米。单叶对生，叶轮廓圆状卵形至卵形，长6～12厘米，通常3裂，具掌状3出脉，裂片有不规则的齿，小枝上部的叶长椭圆形至矩圆状披针形，不裂；叶柄基部有2托叶，顶端有2～4腺体。花序复伞形状，直径8～10厘米，有白色大型不孕的边花；萼筒长约1毫米，萼齿5，微小；花冠乳白色，辐状，长约3毫米；雄蕊5，长于花冠。核果近球形，直径约8毫米，红色；核扁圆形。花期5—6月。

分布于东北、华北、陕西、甘肃、四川、湖北、安徽、浙江；生于山谷、山坡林下。朝鲜、日本、俄罗斯也有。北京海拔1000米左右山谷有分布。近些年北京园林中已大量引种栽培。照片2008年6月12日摄于门头沟小龙门南大沟。

蒙古荚蒾

Viburnum mongolicum (Pall.) Rehd.

忍冬科荚蒾属。落叶灌木。高达2米。幼枝、叶柄及花序均被星状毛。单叶对生，叶片宽卵形或椭圆形，稀近圆形，长2.5～6厘米，先端钝尖，基部圆或楔形，边缘具牙齿，侧脉3～5对；叶柄长4～10毫米。聚伞花序，无不孕边花；花萼筒形，5齿裂，无毛；花冠筒状钟形，淡黄白色，5裂，裂片短，外卷；雄蕊5，伸出花冠；子房下位，花柱极短，柱头3浅裂。核果椭圆形，长约1厘米。花期5—7月；果期8—9月。

分布于东北、华北、西北；生于800～2400米的疏林下、灌丛中及河滩地。蒙古、俄罗斯西伯利亚也有。北京见于北部、西北部山区。照片2007年5月14日摄于海坨山南麓山谷。

刚毛忍冬

Lonicera hispida Pall.ex Roem. et Schult.

忍冬科忍冬属。落叶灌木，高达 3 米。幼枝具刚毛和短柔毛。单叶对生，叶片卵状椭圆形至矩圆形，长 2.5～8 厘米，顶端钝尖，基部圆、宽楔形或微心形，边全缘，具刚毛状睫毛；叶柄短。花双生，总花梗从当年小枝最下一对叶腋生出，长 1～1.5 厘米；苞片宽卵形，长 1.5～3 厘米；相邻两萼筒分离，被腺毛及刺刚毛，稀无毛；花冠白色或淡黄色，漏斗状，长 2.5～3 厘米，外被短柔毛，冠口 5 裂，裂片短于冠筒，基部具囊；雄蕊 5，贴生于冠筒上部；子房下位，花柱长，稍伸出花冠筒，柱头绿色、头状。浆果熟时红色，椭球形，长约 1～1.5 厘米。花期 5—6 月；果期 7—9 月。

分布于河北、山西至西北、西南各地；生于海拔 1600～4000 米的林下或灌丛中。中亚至南亚北部国家及地区也有。北京见于东灵山和百花山。

忍冬属 忍冬科。约 200 种，分布于北半球温带及亚热带地区；中国有 100 种左右。金银花（忍冬）等多种可供观赏或药用。灌木或藤本，稀小乔木；单叶对生，稀轮生，叶片全缘，稀波状或浅裂。花常成对腋生，每对花有一总花柄，具 2 苞片和 4 小苞片，稀花无柄而轮生；萼 5 齿裂；花冠 5 裂，整齐或唇形；雄蕊 5，着生于花冠筒上；子房下位，2～3（5）室，每室有胚珠多数。浆果。

五台忍冬

Lonicera kungeana Hao

忍冬科忍冬属。落叶小灌木，高1～1.5米。叶多集生于短枝末端，或对生于枝上，叶片倒卵形至椭圆形，长1～3厘米，基部楔形下延成短柄，全缘。总花梗单生叶腋，长5～12毫米；相邻两花的萼筒全部合生，萼檐呈环状，宿存；花冠淡黄色，筒状漏斗形，长8～14毫米，基部浅囊状，外面无毛，里面疏生柔毛，裂片5，直立；雄蕊5，着生于花冠近中部，花药稍伸出花冠之外；花柱疏生柔毛，稍伸出。浆果熟时红色，直径5～6毫米。花期5—6月；果期7—8月。

分布于河北、山西和陕西南部；生于海拔1600～2000米的山谷、阴坡或林下。开花照片2017年5月29日摄于雾灵山莲花池附近（上）；结果照片2006年6月28日（下右）和2017年7月29日（下左）摄于雾灵山海拔1900米处林缘。

五台忍冬 **Lonicera kungeana** Hao 的模式标本采自山西五台山，定名人是中国植物学家、林学家郝景盛教授（1903～1955年）。该种中文名称来自模式种产地；拉丁名的种加词kungeana来自中国植物学家孔宪武教授（1897～1984年）的姓氏。在《中国植物志》中该种被并入四川忍冬 **L. szechuanica** Batal.。

华北忍冬

Lonicera tatarinowii Maxim.

忍冬科忍冬属。落叶灌木，高达 2 米。单叶对生，叶片矩圆状披针形，长 3～7 厘米，顶端尖至渐尖，基部圆或宽楔形，全缘，幼叶下面生灰白色毡毛；叶柄长 2～5 毫米，无毛。花成对腋生，总花梗长 1～2 厘米；2 朵花萼筒大部分合生，稀仅基部合生，萼齿 5；花冠暗紫色，2 唇形，长 8～10 毫米，外面无毛，内面稀被毛，唇瓣较冠筒长 2 倍，上唇宽阔、4 裂，下唇单一，反折，冠筒基部微具浅囊；雄蕊 5；子房下位，花柱略高于雄蕊，柱头扁头状。浆果近球形，径 5～6 毫米，红色。花期 5—6（7）月；果期 8—9 月。

分布于东北南部、华北、山东；生于林缘、灌丛中。北京东灵山、百花山、密云坡头等地有分布。模式标本采自百花山。照片 2007 年 7 月 3 日摄于雾灵山。

金花忍冬

Lonicera chrysantha Turcz.

忍冬科忍冬属。落叶灌木，高达 4 米。幼枝、叶柄及总花梗被开展直糙毛，有时被腺毛。叶对生，叶片菱状卵形或菱状披针形，长 4～12 厘米，先端渐尖，基部楔形或圆钝，下面密被糙毛；叶柄长 3～7 毫米。总花梗长 1.5～4 厘米；苞片长 2.5～8 毫米，小苞片分离，近圆形，长约 1 毫米；2 萼筒分离，被腺毛，萼檐具圆齿；花冠二唇形，淡黄白色，长 0.7～2 厘米，外被疏柔毛，唇较冠筒长 2～3 倍；雄蕊 5；花柱被毛。果熟时红色，球形，径 5～6 毫米。花期 5—6 月；果期 7—9 月。

分布于东北、华北、陕西、甘肃、宁夏、青海、四川、湖北、河南等地；生于山谷林缘、灌丛。俄罗斯东部、朝鲜、日本也有。北京山地有分布。照片 2006 年 8 月 25 日摄于海坨山。

六道木

Abelia biflora Turcz.

忍冬科六道木属。落叶灌木，高达 3 米。茎干坚硬，具六棱。单叶对生，叶片长圆状披针形，长 2～7 厘米，全缘或疏生粗齿；叶柄长 2～7 毫米，基部膨大，相对者相互合生，被粗毛。花双生于枝梢叶腋，花梗长 0.5～1 厘米，被刺毛；萼筒裂片 4，长约 1 厘米，宿存；花有香气；花冠白色、淡黄色带淡红色，高脚碟状，外被毛，裂片 4；雄蕊 4，2 长、2 短，内藏。果微弯，长 0.5～1 厘米。花期 5—6 月；果期 8—9 月。

产于辽宁、华北、陕西等地；生于山地阴坡、林内及灌丛中。北京海拔 800～1000 米以上山地常见。花芳香，可栽培观赏；果可药用，有祛风湿、消肿毒等功效。照片 2007 年 6 月 9 日（上）和 2008 年 6 月 18 日（下）摄于海坨山。

锦带花

Weigela florida (Bunge) A.DC.

忍冬科锦带花属。灌木，高达 3 米。叶对生，具短柄或近无柄，叶片椭圆形至倒卵状椭圆形，长 5～10 厘米，顶端渐尖，基部近圆形至楔形，边有锯齿，上面疏生短柔毛，尤以中脉为甚，下面毛较密。花生于短枝叶腋和顶端；花大，鲜紫玫瑰色，偶见白色；萼筒长 12～15 毫米，裂片 5，长 8～12 毫米；花冠漏斗状钟形，长 3～4 厘米，裂片 5；雄蕊 5，着生于花冠中部以上，稍短于花冠；花柱突出于雄蕊之上，柱头头状。蒴果长 1.5～2 厘米，顶端有短柄状喙，2 瓣室间开裂。花期 6—8 月。

分布于东北、华北、陕西及江苏北部、山东、河南；生于山地杂木林下或林缘灌丛中。朝鲜、日本也有。该种花朵艳丽，花期长，观赏价值较高，北京等地的城市园林中已普遍栽培。照片摄于雾灵山海拔 1900 米的山脊落叶松林间灌丛，相间生长的还有木樨科的红丁香等。

接骨木

Sambucus williamsii Hance

又称续骨木、铁骨散。忍冬科接骨木属。落叶灌木或小乔木，高达 8 米。树皮暗灰色。二年生枝浅黄色，皮孔密生，隆起；髓心浅黄褐色。奇数羽状复叶，对生，小叶 3～7（～11），卵形、窄椭圆形或长圆状披针形，长 5～15 厘米，先端渐尖或尾尖，基部圆或宽楔形，边缘具细锯齿，中下部具一或数枚腺齿。圆锥花序顶生；萼 5 裂；花冠黄白色，5 裂，裂片外折；雄蕊 5，生花冠上；子房下位，柱头 2 裂。果为核果状浆果，球形或椭圆形，径约 5 毫米，熟时红色或蓝紫色。花期 4—5 月；果期 6—9 月。

分布于东北、华北、华东、华中，西北至甘肃，西南至四川、云南等地；常生长在山坡灌丛、林缘和疏林内。该种为传统中药，枝叶可活血消肿；根及根皮外用治创伤出血；花作发汗药；种子油作催吐剂。种子含油量达 27%，供工业用。开花照片 2007 年 4 月 22 日摄于北京西山（上）；结果照片 2011 年 7 月 28 日摄于松山保护区路边（下）。

五福花

Adoxa moschatellina L.

五福花科五福花属。多年生矮小草本，高8～15厘米。根状茎横生，末端加粗。茎单一，纤细，无毛，有长匍匐枝。基生叶1～3，为1～2回三出复叶；小叶宽卵形或圆形，长1～2厘米，再3裂，叶柄长4～9厘米；茎生叶2，为三出复叶，小叶不裂或3裂，叶柄长约1厘米。花绿色或黄绿色，直径4～6毫米，5～7朵成顶生聚伞形头状花序；无花柄；顶生花的花萼裂片2，花冠裂片4，雄蕊8，花柱4；侧生花的花萼裂片3，花冠裂片5，雄蕊10，花柱5，基部连合。核果球形，直径2～3毫米。花期5—7月；果期6—8月。

北半球温带和寒带广布；在我国分布于黑龙江、辽宁、河北、山西、新疆、青海、四川、云南；生于海拔4000米以下的山地林下、林缘和高原草地。东北亚、欧洲、北美洲也有分布。北京见于延庆、怀柔、密云、门头沟高山林下。照片2012年6月23日摄于华北落叶松天然林下。（衷心感谢马锴果博士的指点！）

五福花科 只有3属4种；产于北半球温带和寒温带，北纬27度至60度的地带。中国4种均产，分布于东北、华北、西北、青藏高原和横断山脉地区。该科的3个属中，五福花属是瑞典植物学家林奈发表的，另2属（四福花属和华福花属）均由中国植物学家吴征镒于1981年发表。4种均为多年生多汁、无毛的矮小草本。茎单生或几条丛生。具一至数枚基生叶和两枚对生的茎生叶。花茎直立；花小，合萼、合瓣，裂片4～5基数；雄蕊2轮，内轮退化，外轮分裂为2半蕊；子房半下位至下位。果为核果。

糙叶败酱

Patrinia scabra Bunge

败酱科败酱属。多年生草本，高30～60厘米。根状茎圆柱形，稍木质化，顶端常较粗厚。茎一至数枝，被细密短毛。基生叶倒披针形，2～4羽状浅裂，花期枯萎；茎生叶对生，窄卵形至披针形，长4～10厘米，宽1～2厘米，1～3对羽状深裂至全裂，中央裂片较长大，倒披针形，两侧裂片镰状条形，全缘，两面被毛，上面常粗糙；叶柄长1～2厘米。圆锥聚伞花序多支在枝顶集成伞房状；苞片对生，条形，不裂，少2～3裂；花黄色，直径5～7毫米，基部有1小苞片；花萼不明显；花冠筒状，筒基一侧稍大，成短距状，顶端5裂；雄蕊4；子房下位。瘦果长圆柱状，背贴在圆形膜质苞片上，常带紫红色；苞片顶部弧状隆起而微呈3裂状，长达8毫米，宽6～8毫米。花果期7—10月。

分布于东北、华北、山东、河南、陕西、宁夏、甘肃、青海；生于草原、林缘草地或较干燥向阳的山坡草丛及石缝中。

照片2014年9月5日摄于西山凤凰岭（上）；2008年9月3日摄于百花山（下）。

败酱属 败酱科。约20种，产于亚洲东部至中部及北美西北部；中国有13种（或10种3亚种）2变种，各地均产。有药用种类。多年生草本，地下根状茎有腐臭气味；基生叶丛生，花果期常枯落，茎生叶对生，一回或二回羽状分裂或不分裂。花序为二歧聚伞花序组成的伞房花序或圆锥花序，具叶状总苞片；花小，黄色或白色；萼截平或具5齿裂；花冠钟形或漏斗形，裂片5，稍不等形；雄蕊4，稀1～3，常伸出花冠；子房下位，3室，花柱单一。瘦果，仅1室发育，扁椭圆形，有种子1枚；果苞翅状。

异叶败酱

Patrinia heterophylla Bunge

又称墓头回、追风箭。败酱科败酱属。多年生草本，高 30～80 厘米。根状茎较长，横走。茎直立，被倒生微糙毛。基生叶有长柄，边缘圆齿状；茎生叶对生，茎下部叶常 2～3（～6）对羽状全裂，顶生裂片较两侧裂片稍大或近等大，卵形或宽卵形，长 7～9 厘米，宽 5～6 厘米，先端渐尖或长渐尖；茎中部叶常有 1～2 对侧裂片，顶生裂片最大，卵形、卵状披针形或近菱形，具圆齿，疏被短糙毛，叶柄长近 1 厘米；上部叶较窄，近无柄。花黄色，组成顶生伞房状聚伞花序，被糙毛；总花梗下苞叶常具 1～2 对线形裂片，分枝下者不裂，线形；萼齿 5，极短；花冠钟形，冠筒长 1.8～2.4 毫米，上部宽 1.5～2 毫米，基部一侧具浅囊肿，裂片 5，卵形或卵状椭圆形，长 0.8～1.8 毫米；雄蕊 4，伸出，2 长、2 短；子房倒卵形，长 0.7～0.8 毫米，花柱长 2.3～2.7 毫米。瘦果顶端平，翅状果苞干膜质。花果期 7—10 月。

分布于辽宁、内蒙古南部、河北、山西、山东、河南、陕西、宁夏、甘肃、青海东部、安徽、浙江；生于山地岩缝和草丛中，也见于路边和土坡上。根含挥发油等有效物质，入药称“墓头回”。照片 2014 年 8 月 20 日摄于鹫峰。

黄花龙牙

Patrinia scabiosaefolia Fisch.

又称败酱。败酱科败酱属。多年生草本，高 30～100（～200）厘米。茎直立，黄绿色至黄棕色，有时带淡紫色。基生叶开花时枯萎；茎生叶对生，宽卵形至披针形，长 5～15 厘米，常羽状深裂至全裂，具 2～3（～5）对裂片，先端渐尖，具粗锯齿，两面常被糙毛，上部叶渐变窄小，无柄。花序为由聚伞花序组成的大型伞房花序，顶生，具多级分枝；总苞线形，甚小；花小，萼齿不明显；花冠钟形，黄色，冠筒长 1.5 毫米，裂片 5，卵形，长 1.5 毫米；雄蕊 4，稍超出花冠，花丝不等长，近蜜囊的 2 枚长 3.5 毫米，另 2 枚长 2.7 毫米；子房长 1.5 毫米，花柱长 2.5 毫米。瘦果长圆形，长 3～4 毫米，具 3 棱。花期 7—9 月。

广布于亚洲东部地区；常生于山坡草地、林缘、疏林下和灌丛中，路边、田埂上也可见。全草作“败酱草”入药。照片 2007 年 7 月 26 日摄于海坨山南麓山谷。

缬　草

Valeriana officinalis L.

败酱科缬草属。多年生草本，高达 1.5 米。茎中空，有纵棱，被粗白毛。根状茎粗短，有浓烈的气味。叶对生，2～9对羽状深裂。伞房状三出聚伞圆锥花序，结果时疏大；苞片羽裂，长 1～2 厘米；小苞片条形，长约 1 厘米；花萼内卷；花冠淡紫红色或白色，筒状，长约 5 毫米，上部稍宽，5 裂；雄蕊 3；子房下位。瘦果卵形，长约 4 毫米。花期 5—7 月；果期 6—10 月。

欧亚大陆广布种，我国东北至西南均有分布；生于高山山坡湿草地、林下和沟边。北京山区较常见。缬草根状茎和根在我国产地民间入药。在欧洲，缬草的根状茎和根从古罗马时代起就被用作止痛药和弛缓药；中世纪时，被认为是一种“包治百病”的药，尤其是可使癫痫痊愈。20 世纪 80 年代起，欧洲广泛利用缬草体内有镇静和抑制作用的有效成分缬草素作为弛缓药，以促进睡眠、提高睡眠质量和降血压。照片 2006 年 6 月 28 日摄于雾灵山（上）；2014 年 6 月 13 日摄于百花山（下）。

续　断

Dipsacus japonicus Miq.

又称日本续断。川续断科川续断属。多年生草本，高1米以上。茎枝4～6棱，棱上有倒钩刺。基生叶长椭圆形，不裂及3裂，有长柄；茎生叶对生，倒卵状椭圆形，长达20厘米，宽达8厘米，3～5羽状深裂，中央裂片最大，各片基部下延成窄翅，边缘具粗齿，两面被疏白毛，背脉和叶柄均有钩刺。头状花序刺球状，顶生，长2～3厘米，基部有条状总苞片数片，苞片多数，螺旋密列，长倒卵形，顶端稍平截，中央有锥刺状长喙，喙有白色长刺毛；花通常较苞片短；花萼皿状，4裂极浅，外被白毛；花冠浅紫红色，漏斗状，基部成短细筒，内外均被毛，裂片4，2片稍大；雄蕊4，伸出；子房下位，包于囊状小总苞中。结果时苞片增大，喙刺长于片部，小总苞四棱柱状，顶有8齿；瘦果稍外露。花果期7—9月。

分布于全国各地；日本也有。生于山坡较湿润的草丛中。照片2009年7月30日摄于东灵山（上）；2006年8月24日摄于海坨山（中）；2007年9月5日摄于海坨山（下）。

川续断属 川续断科。约二十余种，分布于欧洲、亚洲和北非；中国有8种，产于西南至东北。有些种可入药。草本；有刺或刺毛；基生叶具长柄，茎生叶对生。头状花序顶生，有叶状总苞片；小苞片质硬，具刺尖；萼顶端4裂；花冠基部常成细管状，顶端4裂，裂片不相等，倾斜或2唇形；雄蕊4；子房下位，包于囊状小总苞内，柱头斜形或侧生。瘦果。

华北蓝盆花

Scabiosa tschiliensis Grünning

又称山萝卜。川续断科蓝盆花属。多年生草本，高30～80厘米。基生叶簇生，花期枯萎，有钝齿或浅裂，叶柄长4～12厘米；茎生叶长3～7厘米，宽5～15毫米，羽裂，上部叶裂片常较窄，成条状披针形，柄渐短。头状花序扁圆头状，直径3～5厘米，在茎顶成三出聚伞排列；总苞片、苞片均为窄披针形；边花较大，花冠蓝紫色或紫红色，下部筒状，上部裂片5，2唇形，外侧3裂长大，内侧2裂短小；中部花管状，5裂片近相等；雄蕊4；子房下位。瘦果包于杯状小总苞内。花期7—9月。

分布于东北、华北及陕西、甘肃、宁夏；生于山坡草地、林缘。模式标本采自河北小五台山。北京中高海拔山地较常见。该种头状花序大而艳丽，有观赏价值。照片2006年7月21—22日摄于黄草梁至东灵山。

蓝盆花属 川续断科。约100种，分布于欧洲、亚洲和非洲；中国有9种2变种，产于东北、华北、西北及台湾省。草本；叶对生，茎生叶基部连合，叶片羽状裂，稀全缘。头状花序顶生，具长柄或在上部成聚伞状分枝；总苞1～2列；花萼盘状，具刺毛状5齿；花冠筒状，蓝色、紫红色、黄色或白色，4～5裂，边缘花较大，二唇形，3长、2短，中央花筒状，裂片近等长；雄蕊4；子房下位，1室，花柱细长。瘦果包藏于小总苞内，顶有宿存萼刺。

蚂蚱腿子

Myripnois dioica Bunge

又称万花木。菊科蚂蚱腿子属（单种属）。落叶小灌木，高达80厘米。枝被细毛。单叶互生，叶片卵形或卵状披针形，长2～4厘米，宽0.5～2厘米，先端尖或渐尖，基部圆或宽楔形，全缘，3出脉；具短柄或无柄。头状花序单生于侧枝顶，花先叶开放；总苞钟形，总苞片5～8，等长，长椭圆形，外面被绢毛；雌花和两性花异株。雌花舌状，粉红或淡紫色，冠毛多列，白色，丝状；两性花管状，白色，2唇形。瘦果被白色丝毛，长约6毫米，具棱，冠毛白或淡棕色；两性花冠毛2～4条。花期4—5月；果期6月。

分布于河北、辽宁、陕西等省；生于低山、丘陵的山坡林缘或路边，常形成小片群落。该种是产区唯一的菊科木本植物，形态较为特殊，有一定的教学和科研价值；也是景观和水土保持树种。北京市重点保护植物。开花照片2007年4月22日摄于鹫峰（上）；结果照片2007年6月9日摄于松山保护区路边（下）。

翠　菊

Callistephus chinensis (L.) Nees.

又俗称江西腊。菊科翠菊属。一年生或二年生草本，高 30～100 厘米。茎直立，有白色糙毛。中部茎生叶卵形、匙形或近圆形，长 2.5～6 厘米，宽 2～4 厘米，边缘有粗锯齿，两面被疏短毛，叶柄长 2～4 厘米，有狭翅；上部叶渐小。头状花序，单生于枝端，直径 6～8 厘米；总苞半球形，总苞片 3 层，外层长 1～2.5 厘米，边缘有白色糙毛；外围为雌花，舌状，一层或多层，红色、蓝色等多种颜色；中央有多数筒状花，两性。瘦果有柔毛，冠毛 2 层，外层短，易脱落。花期 7—9 月。

分布于吉林、辽宁、河北、山西、山东、云南、四川等地；生于山坡草丛、水边、荒地。该种花大色艳，庭院中常见栽培。照片 2007 年 9 月 5 日摄于海坨山南坡。

小红菊

Dendranthema chanettii (Lévl.) Shih

菊科菊属。多年生草本，高 10～35 厘米。匍匐枝纤细而分枝，全株被疏柔毛。茎常单生，直立或基部弯曲，中部以上多分枝或少有不分枝。单叶互生；基生及下部茎生叶掌状或羽状浅裂，少有深裂，宽卵形或肾形，长达 10 厘米，宽达 5 厘米，两面有腺点及绒毛，基部截形或稍心形，叶柄有翅；茎中部叶变小，基部截平或宽楔形。头状花序直径达 5 厘米，2～15 个在茎枝顶端排成假伞房状，少有一个单生于茎顶；总苞长 6～10 毫米，宽 2～4 毫米；总苞片边缘褐色；边花舌状，舌片长 2 厘米以上，顶端有 2～3 浅齿裂，粉红色、红紫色或白色；中部管状花黄色。瘦果无齿冠，有 5～8 条不明显纵肋。花期 8—10 月。

分布在东北、华北及甘肃等地；生于岩石山坡、山沟湿地、山脊林缘草丛中。本种植株较矮小，花大色艳，是秋季较显眼的野花，北京等地城市园林中已作为培育地被菊素材引种。照片 2016 年 10 月 10 日摄于平谷西北部。

甘 菊

Dendranthema lavandulifolium (Fisch.) Ling et Shih

菊科菊属。多年生草本，高 25～150 厘米，有横走的匍匐枝。茎簇生，直立，上部分枝，被白色疏柔毛。叶卵形或椭圆状卵形，边缘有缺刻状锯齿，侧裂片 2～3 对，基部稍心形或截形，骤狭成窄叶柄；叶柄长 1～2 厘米。头状花序直径 1.5～2 厘米，在茎枝顶端排成伞房状；舌状花黄色，雌性；盘花两性，管状。瘦果全部同型，无冠状冠毛。花期 8—10 月。

广布于东北、华北、华东、华中、西北、四川、云南等地；生于山坡、草地及林下。朝鲜、日本也有。模式标本采自河北张家口一带。照片 2008 年 10 月 8 日摄。

线叶菊

Filifolium sibiricum (L.) Kitam.

又称兔毛蒿。菊科线叶菊属（单种属）。多年生草本，高 20～60 厘米。根状茎粗壮，斜升。茎基部密被密厚的纤维鞘，不分枝或伞房状分枝。基生叶长 20 厘米，宽 5～6 厘米，倒卵形或矩圆状椭圆形，茎生叶较短小；全部叶 2～3 回羽状分裂，裂片线形或丝形，宽达 1 毫米，长达 4 厘米，无毛，有长叶柄。头状花序异形，在枝端或茎顶排成复伞房状，梗长达 5 毫米；总苞球形或半球形，直径 4～5 毫米，总苞片约 3 层，顶端圆形；头状花序外围有 1 层管状雌花，顶端有 2～3 裂齿；中央有多数两性花，但不育，花冠管状，顶端 4 齿裂。瘦果压扁，倒卵形，无冠毛。花期 6—8 月。

分布于东北、华北；生于山坡草地或多石沙地。朝鲜、俄罗斯也有。北京西北部山区可见。该种形态较特殊，全属仅此一种。照片 2008 年 7 月 26 日摄于黄草梁。

山马兰

Kalimeris lautureana (Debx.) Kitam.

又称山野粉团花、山鸡儿肠。菊科马兰属。多年生草本，高 50～100 厘米。茎直立，上部分枝。叶互生，质厚，披针形或矩椭圆状披针形，长 3～4 厘米，宽 4～9 毫米，顶端渐尖或钝，基部渐狭无柄，边缘全缘或有疏齿或浅裂，常有短粗毛。头状花序直径 2～2.5 厘米，单生于顶端，排成伞房状；总苞直径 10～12 毫米；苞片近革质，边缘膜质，有睫毛；舌状花 1 层，舌片浅紫色；管状花黄色，长 3～4 毫米，5 裂。瘦果倒卵形，扁平；冠毛淡红色，长 0.5～1 毫米。花期 7—9 月。

分布于东北、华北、陕西、河南、山东及江苏；生于草原、山坡草地、灌丛。照片 2016 年 8 月 23 日摄于门头沟双龙峡（头状花序枝尚未展开）。

马兰属 菊科。约 20 种，分布于亚洲南部至东北部；中国有 7 种；北京有 3 种。多年生草本；叶互生，全缘或有齿及羽状分裂。头状花序较小，单生于枝端或疏散伞房排列；头状花序外围舌状花雌性，中央两性花管状钟形。瘦果冠毛极短或膜片状。

狗娃花

Hetoropappus hispidus (Thunb.) Less.

又称狗哇花。菊科狗娃花属。一年生或二年生直立草本，高30～50厘米，有时可达150厘米。多少被粗毛。叶互生，狭矩圆形或倒披针形，长4～13厘米，宽0.5～1.5厘米，顶部渐尖或钝，基部渐狭，通常全缘，有疏毛，上部叶小，条形。头状花序直径3～5厘米，单生于枝顶或排成伞房状；总苞片2层，草质，内层边缘膜质，有粗毛；舌状花可达30多个，舌片浅红色或白色，条状矩圆形；筒状花有5裂片，其中1裂片较长。瘦果扁，倒卵圆形，有细边肋，被密毛；冠毛在舌状花极短，白色，膜片状或部分带红色，糙毛状，在筒状花糙毛状，白色后变红色，与花冠近等长。花期6—10月。

广布于北部、西北部及东北部，也见于湖北、四川、安徽、江西、浙江、台湾等地；生于山野。朝鲜、日本、蒙古和俄罗斯东部地区也有。照片2016年10月10日摄于平谷西北部浅山地带（上、下）。

狗娃花属 菊科。30种，产于亚洲东部及中部；中国有12种，广布。一年生、二年生或多年生草本；叶互生。头状花序疏散伞房状排列或单生于枝顶；总苞片2～3层；缘花雌性，舌状，一层，舌片蓝色或紫色，顶端有微齿；盘花两性，管状，黄色，顶端5齿裂，通常有1裂片较长；有时无舌状雌花；花药基部钝，全缘；花柱枝顶端三角形。瘦果；舌状花的冠毛短或无冠毛，管状花的冠毛长1～4毫米，糙毛状。属名 Heteropappus 来自希腊词 heteros（意为“不同的”）与 pappos（意为“冠毛”）的组合，即表明其冠毛异形的特征。

阿尔泰狗娃花

Heteropappus altaicus (Willd.) Novopokr.

又称铁杆蒿。菊科狗娃花属。多年生草本，高 20～60 厘米，稀 100 厘米。被腺点和毛。叶互生，条形、矩圆状披针形、倒披针形或近匙形，长 2.5～6（～10）厘米，宽 0.7～1.5 厘米，两面或下面被毛，常有腺点。头状花序直径 2～3.5 厘米，单生于枝顶或排成伞房状；总苞片 2～3 层，被毛和腺体，边缘膜质；舌状花约 20 个，舌片浅蓝紫色，长 10～15 毫米；筒状花有 5 裂片，其中 1 裂片较长。瘦果扁，倒卵状矩圆形，被绢毛，上部有腺点；冠毛污白色或红褐色，有不等长的微糙毛。花期 6—11 月。

广布于东北、华北、西北及湖北、四川等地；生于草原、荒漠地、沙地、山坡、路旁。俄罗斯西伯利亚、蒙古及中亚也有。该种耐旱、耐瘠薄，花期极长，适于作园林地被植物应用。照片 8～9 月摄于西山一带路旁。

紫　菀

Aster tataricus L.f.

菊科紫菀属。多年生草本，高 40～150 厘米。茎直立，粗壮，被疏粗毛，基部有纤维状残叶片和不定根。基部叶矩圆状，连柄长 20～50 厘米，宽 3～13 厘米，花期枯萎；上部叶狭小；厚纸质，两面有粗短毛，中脉粗壮，有 6～10 对羽状侧脉。头状花序直径 2.5～4.5 厘米，排列成复伞房状；总苞半球形，宽 10～25 毫米，总苞片 3 层，外层渐短，紫红色；舌状花 20 多个，雌性，蓝紫色，中央有多数两性筒状花。瘦果倒卵状椭圆形，紫褐色，长 2.5～3 毫米，有疏粗毛，冠毛污白色或带红色。花期 7—9 月。

分布于东北、华北、河南、西北；朝鲜、日本、俄罗斯西伯利亚东部也有。生于山坡草地和林缘。北京山区较常见。照片 2017 年 7 月 29 日摄于雾灵山近顶峰路边（上）；2014 年 8 月 5 日摄于百花山东部山脊（下）。

紫菀属 菊科。约 600 种，分布于北温带，北美尤盛；中国有约 100 种，各地均有。有一定观赏价值，园林中已引种栽培。多为多年生草本，叶互生。头状花序异性，多排成伞房状或圆锥状，稀单生；总苞片数层，外层常较短；边缘舌状花 1 列，雌性，结实；盘花两性，管状，通常黄色，间有带紫色者。瘦果压扁状，冠毛粗糙，1～2 裂。属名 Aster 源于希腊词 aster（意为“星”），指头状花序舌状花放射状，似星光闪烁。

三脉紫菀

Aster ageratoides Turez.

菊科紫菀属。多年生草本，高40～100厘米。茎直立，有毛。叶互生，具离基三出脉；下部叶宽卵形，具长柄，早落；中部叶椭圆形或矩圆状披针形，长5～15厘米，宽1～5厘米，顶端渐尖，基部楔形，边缘有3～7对浅或深锯齿；上部叶渐小，有浅齿或全缘。头状花序直径1.5～2厘米，排成伞房状或圆锥伞房状；总苞倒锥状或半球形，宽4～10毫米；总苞片3层，条状矩圆形，上部绿色或紫褐色，下部干膜质；舌状花10多个，舌片紫色、浅红色或白色。瘦果长2～2.5毫米；冠毛浅红褐色或污白色。花果期夏秋季。

分布几乎遍及全国各地。有数个变种。照片2007年9月5日摄于海坨山南坡。

一年蓬

Erigeron annuus (L.) Pers.

菊科飞蓬属。一年生或二年生草本，高30～100厘米。茎直立，上部有分枝，全株被上曲的短硬毛。叶互生，基生叶矩圆形或宽卵形，长4～17厘米，宽0.5～4厘米，边缘有粗齿，基部渐狭成具翅的叶柄；中部和上部的叶较小，矩圆状披针形或披针形，长1～9厘米，宽0.5～4厘米，具短柄或无柄，边缘有不规则的齿裂；最上部叶条形，全缘，具睫毛。头状花序排列成伞房状或圆锥状；总苞片3层，革质，密被长毛；舌状花2层，白色或淡蓝色，舌片条形；两性花筒状，黄色。瘦果披针形，压扁。花期6—9月。

原产于美洲，在我国已驯化，广布于南北各地。全草入药，有可治疟疾的报道。

狗舌草

Tephroseris kirilowii (Turcz.)Holub

菊科狗舌草属。多年生草本。茎直立，高 20～60 厘米，被白色蛛丝状密毛。基生叶在花后生存，矩圆形或倒卵状矩圆形，长 5～10 厘米，宽 1.5～2.5 厘米，顶端钝，下部渐狭成鞘状的柄，边缘有浅齿或近全缘，两面被蛛丝状密毛；茎生叶少数，条状披针形至条形，基部抱茎。头状花序 5～12 个，伞房状排列，有长 1.5～5 厘米的梗；总苞筒状，长约 8 毫米，直径达 11 毫米；总苞片 1 层，条形或矩圆状披针形，背面具蛛丝状毛，边缘膜质；舌状花 1 层，黄色，矩圆形；筒状花多数。瘦果圆柱形，有纵肋，被密毛；冠毛白色。花期 4—6 月。

广布于我国东北至华北、华中、华东及广东、贵州、四川、陕西、甘肃等地；常生于山坡草地和疏林中。俄罗斯远东地区、朝鲜、日本也有。模式标本采自河北。北京山区可见。照片 2007 年 4 月 27 日（上）和 5 月 15 日（中、下）分别摄于延庆西大庄科疏林下。

狗舌草属 菊科。约 50 种，北温带至北极地区广布；中国有 14 种左右，产于北部、东部至西南各地。草本；常被蛛丝状毛；单叶，不分裂，基生及茎生。头状花序多再排成顶生伞房状聚伞花序；总苞片 1 层，多数；舌状花雌性；管状花两性，裂片 5。瘦果圆柱形，具肋；冠毛细毛状，同形。

林荫千里光

Senecio nemorensis L.

又称黄菀。菊科千里光属。多年生草本。根状茎短粗。茎单生或有时数个直立，高达 1 米，上部有稍斜生的花序枝。基生叶和下部茎生叶在花期凋落；茎中部叶多数，近无柄，披针形或长圆状披针形，长 10～18 厘米，宽 2.5～4 厘米，顶端渐尖或长渐尖，基部楔状渐狭或多少半抱茎，边缘具密锯齿，稀粗齿；上部叶渐小，线状披针形至线形，无柄。头状花序具舌状花，多数，在茎端或枝端或上部叶腋排成复伞房花序；花序梗细，有条形苞叶；总苞近圆柱形，长 6～7 毫米，具外层苞片；苞片 4～5，线形，短于总苞。总苞片 12～18，长 6～7 毫米，顶端三角状渐尖。舌状花 5（8～10），管部长 5 毫米，舌片黄色，线状长圆形，长 11～13 毫米，宽 2.5～3 毫米，顶端具 3 细齿，具 4 脉；管状花 15～16，黄色。瘦果圆柱形，长 4～5 毫米；冠毛白色，长 7～8 毫米。花期 6—12 月。

欧亚温带广布种。除华南外，我国大部分省区均有；多生于较阴湿的林中草地或溪边，海拔 770～3000 米。本种全草含大叶千里光碱、瓶千里光碱等活性物质，可入药。照片 2017 年 7 月 29 日摄于雾灵山。

千里光属 菊科。约 1000 种，广布于世界；中国有 63 种，各地均有，主产于西南。草本；叶茎生或基生；基生叶通常具柄，无耳，三角形、提琴形，或羽状分裂；茎生叶互生，通常无柄，大头羽状分裂，稀不分裂，边缘多少具齿，基部常耳状。头状花序少数至多数，排成顶生伞房或复伞房花序或圆锥聚伞花序，稀单生于叶腋；头状花序具异形小花，具舌状花，或同形，无舌状花；总苞片 5～22；无舌状花或舌状花 1～17（～24），舌片黄色，顶端通常具 3 细齿；管状花黄色，裂片 5。瘦果圆柱形，具肋；冠毛毛状。

旋覆花

Inula japonica Thunb.

菊科旋覆花属。多年生草本，高 30 ~ 70 厘米，被长伏毛。叶狭椭圆形，基部渐狭或有半抱茎的小耳，无叶柄，边缘有小尖头的疏齿或全缘，下面有疏伏毛和腺点。头状花序直径 2.5 ~ 4 厘米，排成疏散伞房状，梗细；总苞片 5 层，条状披针形；舌状花黄色，长约 2 厘米，顶端有 3 小齿；筒状花黄色，长 5 毫米。瘦果长 1 ~ 1.2 毫米，圆柱形；冠毛白色，有二十余条微糙毛，与筒状花近等长。花期 6—8 月。

广布于东北、华北、华东、华中及四川、广东等地；朝鲜、日本、蒙古和俄罗斯东部也有。北京城区至远郊区均有。根和花可入药；头状花序较大而鲜艳，花期长，具有一定观赏价值。照片 2007 年 7 月 25 日摄于松山保护区路边（上）；2009 年 7 月 29 日摄于门头沟小龙门路边（下）。

旋覆花属 菊科。约 100 种，分布于欧、亚、非三大洲；中国有二十余种，各地广布。草本，罕有灌木；叶互生。头状花序单生或排成伞房花序式或圆锥花序式；总苞片多列，长短不等；小花异性：缘花（边花）雌性，结实，花冠具显著的舌片，顶端具 3 小齿；盘花两性，结实，管状，顶端 5 齿裂，花药基部箭形，具长尾。瘦果近圆柱形；冠毛几等长。

大丁草

Gerbera anandria (L.) Sch.-Bip.

菊科大丁草属。多年生草本。有春秋二型：春型株高5～10厘米，秋型株高达30厘米。叶基生，莲座状，宽卵形或倒披针状长椭圆形，春型的叶较小，秋型的叶较大，长2～15厘米，宽1.5～5厘米，顶端圆钝，基部心形或渐狭成叶柄，提琴状羽状分裂，顶端叶片宽卵形，有不规则的圆齿，齿端有凸尖头，背面和叶柄密生白色绵毛。花茎直立，密生白色蛛丝状绵毛，后渐脱毛；苞片条形；头状花序单生，直径约2厘米，春型的有舌状花和管状花，秋型的只有管状花；总苞筒状钟形；总苞片约3层，外层条形，较短，内层条状披针形；舌状花1层，雌性，舌片长矩圆形，长6～8毫米，背面紫红色，内面近白色；管状花两性，5裂，2唇形。瘦果纺锤形，具纵棱，长约5～6毫米；冠毛污白色。花期4—9月。

广布于除青藏高原和新疆外的南北各地；生于海拔2600米以下的山坡路旁、林缘、草地。俄罗斯、朝鲜、日本也有。照片2007年4月22日摄于北京西山（上）；2008年4月24日摄于延庆营盘村旧址路旁（下）。

大丁草属 菊科。70种，分布于非洲和亚洲；中国有10种左右，各地广布。多年生草本，被绵毛；叶簇生于茎的基部，全缘或分裂。头状花序单生于花茎顶端，异性，放射状，或稀有同性而盘状；总苞片覆瓦状，数列；花序托裸露；缘花若存在时为舌状，雌性，1～2列；盘花管状，两性，顶端5齿裂或近似于二唇形。瘦果压扁，5棱；冠毛丰富。

腺梗豨莶

Siegesbeckia pubescens Makino

菊科豨莶属。一年生草本，高30～110厘米。茎直立，粗壮，被灰白色长柔毛和糙毛。基部叶卵状披针，花期枯萎；中部叶卵圆形，长3.5～12厘米，宽1.8～6厘米，基部宽楔形，下延成具翼而长1～3厘米的柄，先端渐尖，边缘有尖头状粗齿；上部叶渐小，披针形或卵状披针形；全部叶基出三脉，两面被毛。头状花序于枝端排列成疏松的圆锥花序；总花梗较长，密被紫褐色有柄腺毛（或无腺毛）和长柔毛；总苞宽钟状；总苞片2层，叶质，背面密被紫褐色头状有柄腺毛，外层线状匙形或宽线形，长7～14毫米，内层卵状长圆形，长3.5毫米。舌状花黄色，管部长1～1.2毫米，舌片先端2～3（5）齿裂；两性管状花长约2.5毫米，顶端4～5裂。瘦果无冠毛。花果期5—10月。

分布于吉林至西南及长江中下游各地；生于山地林缘、溪旁湿地、旷野、田边。全草入药，有祛风湿、利筋骨、降血压等功效。照片2005年9月摄于北京西山。

豨莶属 菊科。5种，分布于热带和温带地区；中国有3种，分布极广。一年生草本，多少被腺毛；叶对生。头状花序异性；缘花舌状，雌性；盘花两性，管状，4～5齿裂；总苞片2列，外面的线状匙形，有腺毛，内面的鳞片状，半抱瘦果。瘦果无冠毛。属名 **Siegesbeckia** 源于德国医生兼植物学家 John George Siegesbeck（1686—1755）的姓氏。

牛膝菊

Galinsoga parviflora Cav.

又称辣子草。菊科牛膝菊属。一年生草本，高 10～80 厘米。茎不分枝或从基部分枝，分枝斜升，被贴伏短柔毛。叶对生，卵形或长椭圆状卵形至披针形，长 1.5～5.5 厘米，基部圆形或楔形，基出 3 脉或不明显 5 出脉，叶面粗糙，被白色贴伏短柔毛，边缘具疏锯齿或近全缘。头状花序半球形，有长梗，多数在茎枝顶端排成疏松的伞房花序；总苞宽 3～6 毫米，总苞片 1～2 层，5 枚；舌状花 4～5 朵，舌片白色，顶端 3 齿裂；管状花黄色，5 裂。瘦果长 1～1.5 毫米；舌状花冠毛毛状，脱落；管状花冠毛膜片状，白色，边缘流苏状。花果期 7—10 月。

外来归化种，原产于南美洲，现各地广布；生于林下、水边、荒野、路旁。全草可入药，有止血、消炎等功效。照片 2017 年 8 月摄于西山樱桃沟路边草丛。

鳢　肠

Eclipta prostrata L.

又称旱莲草、墨草、墨旱莲、莲子草。菊科鳢肠属。一年生草本，高约 50 厘米。有黑色汁液。茎细弱，斜上或直立，一般由基部分枝，有贴生糙毛。单叶对生，基部叶有短柄，上部叶无柄；叶片披针形或椭圆状披针形，长约 8 厘米，宽约 2 厘米，先端渐尖，基部楔形，全缘或有细锯齿，两面均有白色糙毛。头状花序顶生或腋生；总苞片 5～6 枚，有毛；花杂性；舌状花雌性，白色，舌片较细小，全缘或 2 裂；筒状花两性，有 4 裂片。筒状花的瘦果 3 棱形，舌状花的瘦果 4 棱形；瘦果表面有瘤状突起，无冠毛。花果期 6—9 月。

分布于全国各地；世界热带、亚热带广布。生于水边湿地、田边、路旁。全草入药，有凉血、止血、补肾、益阴等功效。

三叶鬼针草

Bidens pilosa L.

又称鬼针草。菊科鬼针草属。一年生草本，高30～100厘米。中部叶对生，叶柄长1.5～5厘米，无翅，羽状复叶，多具3小叶，很少为5（～7）小叶，两侧小叶椭圆形或卵状椭圆形，边缘有锯齿，顶生小叶较大，长可达7厘米，上部叶较小，3裂或不分裂，条状披针形。头状花序直径8～9毫米，有长花序梗；总苞基部被短柔毛，外层总苞片7～8枚，条状匙形，上部稍宽；花金黄色，全为两性管状花。瘦果黑色，条形，略扁，具棱，长7～13毫米，宽约1毫米，冠毛芒刺状，（2）3～4枚，长1.5～2.5毫米，具倒刺毛。花果期8—10月。

分布于西南、华南、华东、华中至河北、陕西等地；多生于村旁、路边及荒地中。热带、亚热带地区广布。全草入药。

鬼针草

Bidens bipinnata L.

又称婆婆针。菊科鬼针草属。一年生草本，高50～100厘米。中部和下部叶对生，二回羽状深裂，裂片顶端尖或渐尖，边缘具不规则齿，具长叶柄；上部叶互生，羽状分裂。头状花序直径5～10毫米，总花梗长2～10厘米；总苞片条状椭圆形，顶端尖或钝，被细短毛；舌状花黄色，通常1～3（4）朵，不发育，筒状花数朵，黄色，发育，长约5毫米，裂片5。瘦果条形，长1～2厘米，宽约1毫米，有3～4纵棱，顶端冠毛芒状，2～4枚，长2～5毫米。花果期8—10月。

各地广布；生于路旁荒地、山坡及田间。亚洲、欧洲、北美洲及大洋洲均有。全草入药。照片2017年9月摄于百望山森林公园。

狭苞橐吾

Ligularia intermedia Nakai

菊科橐吾属。多年生草本。茎高40～80厘米，上部被蛛丝状毛。基生叶有长20～55厘米的柄，叶片肾状心形或心形，长达19厘米，宽达21厘米，或较小，边缘有细锯齿，顶端圆形或稍有小尖头，基部有圆耳，掌状叶脉；茎生叶渐小，有渐短而下部鞘状抱茎的短柄；上部叶渐转变为披针形或条形的苞叶。花序总状，长达50余厘米；头状花序极多，花开后下垂，有短梗及条形苞叶；总苞圆柱形，长9～11毫米；总苞片约8个；舌状花雌性，结实，4～6个，舌片黄色，矩圆形；盘花两性，结实，管状，7～12个。瘦果圆柱形；冠毛污褐色。花期7—8月。

广布于除华南和华东以外的云南至东北各省区；生于山坡林缘、山谷溪边。喜光照充足、空气湿润的环境。北京中高海拔山地较常见。本种叶片宽大，总状花序高耸，头状花序多数，舌瓣亮黄色，十分抢眼，具有一定的观赏价值。

照片2014年8月5日摄于百花山（上）；2009年7月30日摄于东灵山（下）。

橐吾属 有约130种，绝大多数分布于亚洲；中国有111种，广布于西南部至东北部。多年生草本，叶互生或全部基生，头状花序再排成伞房状或总状，舌状花舌片长而狭，雌性，多为黄色。

款 冬

Tussilago farfara L.

又称款冬花。菊科款冬属（仅款冬一种）。多年生草本。根状茎横生地下。基生叶叶片阔心形，长 3～12 厘米，宽 4～14 厘米，边缘波状且具顶端增厚的疏齿，叶脉掌状，下面被白色绒毛；叶柄长 5～15 厘米，被白色密绵毛。早春叶前抽出数个花葶，高 5～10 厘米，密被白色绒毛，有鳞片状淡紫色互生的苞叶。头状花序单生花葶顶端，直径 2.5～3 厘米，初时直立，花后下垂；总苞钟状，结果时长 1.5～1.8 厘米，总苞片 1～2 层，线形，顶端钝，常带紫色，被白色柔毛；头状花序边缘有多层舌状花，雌性，黄色，舌片狭长，子房下位，柱头 2 裂；中央有少数管状两性花，花冠管顶端 5 裂，花药基部尾状，柱头头状，通常不结实。瘦果圆柱形，长 3～4 毫米；冠毛白色，长 10～15 毫米。花期 2—4 月。

分布于东北、华北、华东、西北、华中及贵州、云南、西藏；常生于山谷湿地及林下。印度、伊朗、巴基斯坦、俄罗斯、西欧、北非也有。北京见于西北部较低海拔山区山谷溪水边，是北京野花中开花最早的种类之一。该种为传统中药材“款冬”的原植物；花蕾及叶入药，有止咳、润肺、化痰等功效。各地药圃广泛栽培。

苍 耳

Xanthium sibiricum Patrin.

菊科苍耳属。一年生草本，高达 90 厘米。叶三角状卵形或心形，长 4～9 厘米，宽 5～10 厘米，常 3 浅裂至中裂，边缘有不规则齿裂，基出三脉，两面被贴生的糙伏毛；叶柄长 3～11 厘米。头状花序单性同株：雄花序球形，多花；总苞片小，单列；花管状，5 齿裂。雌花序卵形，仅有 2 朵花；总苞片 2～3 列，其内面 2 枚大，固结成一个 2 室的囊状体，外面有刺；小花每室 1 朵，无花冠，子房长卵形，花柱 2 裂，丝状。瘦果倒卵形，无冠毛；成熟时囊状总苞变坚硬，绿色、淡黄色或红褐色，外面疏生具钩的总苞刺。花果期 8—10 月。

广布于全国各地；生于平原和低山丘陵。俄罗斯、朝鲜、日本、伊朗、印度等国也有。其瘦果含油，可供工业用；亦可药用。苍耳果实可借助总苞上的刺附着于人的服装上和兽类的皮毛上远离母体，是无冠毛类菊科植物靠动物携带传播的范例之一。

紫苞风毛菊

Saussurea iodostegia Hance

菊科风毛菊属。多年生草本，高达70厘米。根状茎平展。茎直立，带紫色，被白色长柔毛。基生叶条状矩圆形，长达30厘米，渐尖，基部渐狭成长柄，边缘有细齿；上部叶渐小，披针形或卵状披针形，无柄，基部稍下延，半抱茎，有疏细齿，两面被白色疏长柔毛；最上部叶椭圆形，苞叶状，紫红色，全缘。头状花序4～7个在茎顶密集成伞房状，直径1～1.5厘米，有短梗；总苞卵状矩圆形，长约1.5厘米，总苞片4层，卵形或卵状披针形，顶端或全部紫色，被白色长柔毛或腺毛；头状花序全为管状花，花冠紫色；聚药雄蕊紫黑色。瘦果矩圆形，长约4毫米；冠毛污白色，外层短，糙毛状，内层羽毛状。花期7—9月。

分布于东北、华北及陕西、宁夏、甘肃；生于山顶或山坡草地。模式标本采自小五台山。照片2007年7月26日（上）和2007年9月4日（下）摄于海坨山小海坨梁。

风毛菊属 菊科。约400种，分布于北温带；中国有260种以上，各省区均产。多年生、无刺草本；叶互生，有齿或分裂。头状花序全部由管状花组成，单生或排成圆锥花序式；总苞片覆瓦状排列；花序托有刺毛。瘦果或具冠毛1层，由长羽毛状毛组成，或具2层冠毛而外层毛极短。

篦苞风毛菊

Saussurea pectinata Bunge

菊科风毛菊属。多年生草本，高40～100厘米。茎直立，有分枝，被毛。基部叶花期常凋落；下部叶和中部叶有长柄，卵状披针形，羽状深裂，裂片5～8对，裂片边缘深波状或具缺刻状钝齿，上面和边缘有短糙毛；上部叶有短柄，裂片较狭，全缘。头状花序通常数个在茎枝端排成疏伞房状，直径10～15毫米，梗长1～3.5厘米，被短柔毛；总苞半球状，总苞片约5层，被疏毛和短微毛，外几层卵状披针形，有篦齿状的附片，常反折，内层条形，渐尖，顶端和边缘粉紫色，全缘；头状花序均由管状花组成，花冠管粉紫色或粉红色，长约12毫米；雄蕊5，花药聚合成筒状，紫色；花柱伸出花药筒，柱头2裂，向外反曲。瘦果长5～6毫米；冠毛污白色。花期8—9月。

分布于吉林、辽宁、华北、陕西、甘肃、山东、河南等地；生于山谷溪水旁、路边及山坡草地。北京较低海拔山地即可见到。模式标本采自北京。

银背风毛菊

Saussurea nivea Turcz.

又俗称羊耳白背。菊科风毛菊属多年生草本，高 30～45 厘米。茎直立。基生叶在花期常凋落；下部叶具长柄，披针状三角形或卵状三角形，长 10～12 厘米，宽 4～6 厘米，顶端尖，基部戟形或心形，边缘有具小尖的疏锯齿；上部叶渐小，狭披针形，顶端尖，有短柄，上面无毛，下面被银白色密绵毛。头状花序在枝端排成疏伞房状，直径 1 厘米，梗长 5～15 厘米，有条形苞叶，被蛛丝状毛；总苞筒状钟形，长 10～13 毫米，总苞片 5～7 层，被白色绵毛，外层卵形，顶端尖，黑色，内层条形；头状花序均由管状花组成，花冠筒粉紫色，长 10～12 毫米，5 裂。瘦果长约 5 毫米；冠毛白色。花期 7—9 月。

分布于华北及陕西、甘肃；生于疏林下或灌丛中。朝鲜也有。模式标本采自北京。照片 2014 年 8 月 5 日（上）和 2008 年 9 月 3 日（下）摄于百花山。

风毛菊

Saussurea japonica (Thunb.) DC.

菊科风毛菊属。二年生草本，高 50～150 厘米。茎粗壮，上部分枝。基生叶和下部叶有长柄，矩圆形或椭圆形，长 20～30 厘米，羽状分裂，裂片 7～8 对；茎上部叶渐小，披针形或条状披针形，羽状分裂或全缘。头状花序多数，排成密伞房状，直径 1～1.5 厘米；总苞筒状，长 8～12 毫米，宽 5～8 毫米，被蛛丝状毛，总苞片 6 层，外层短小，卵形，中层至内层条状披针形，先端有膜质圆形具小齿的附片，常紫红色；头状花序均为管状花，花冠紫红色，长 10～14 毫米。瘦果长 3～4 毫米；冠毛淡褐色。花期 8—9 月。

分布于东北、华北、西北、华东、西南及华南；日本（模式标本产地）、朝鲜也有。常见于山地、平原。照片 2006 年 8 月 24 日摄于延庆西大庄科村旁山谷中。

京风毛菊

Saussurea chinnampoensis Lévl.et Vant.

菊科风毛菊属。一年生或二年生草本，高 10～60 厘米。茎单生，自基部分枝。基生叶基部渐狭成短柄，叶片线形、线状长椭圆形至线状披针形，长 5～12 厘米，宽 0.5～1 厘米，边缘全缘，反卷，两面粗糙，无毛；下部与中部茎叶与基生叶同形，无柄，但渐小。头状花序单生茎端或少数在茎顶排成伞房花序或圆锥花序。总苞宽钟状或半球形，径 1.3～2 厘米；总苞片 4～6 层，外层椭圆形，长 4 毫米，顶端有软骨质小尖头，中层披针形，长 5～7 毫米，上部扩大成草质绿色附片，内层线形或宽线形，长 9 毫米，顶端稍扩大成带紫色的附片。头状花序均为管状花，小花淡紫色，长 13～15 毫米。瘦果圆柱状，长 3 毫米；冠毛淡褐色，2 层，外层短，长 3 毫米，内层长，长 7～9 毫米。花果期 7—9 月。

分布于河北、辽宁、内蒙古、陕西；生于沼泽地、草甸、潮湿地，海拔可达 1200 米。朝鲜（模式标本产地）也有。照片 2011 年 7 月 27 日摄于松山保护区。

蓝刺头

Echinops latifolius Tausch.

菊科蓝刺头属。多年生草本，高约 1 米，不分枝或少分枝，上部密生白绵毛，下部疏生蛛丝状毛。叶二回羽状分裂或深裂，下面密生白绵毛，边缘有短刺；基生叶矩圆状倒卵形，长约 20 厘米，有长柄；上部叶渐小，长椭圆形至卵形，长 10～20 厘米，基部抱茎，无柄。复头状花序球形，直径约 4 厘米；小头状花长近 2 厘米，外总苞刚毛状；内总苞片外层的匙状，顶端渐尖，内层的狭菱形至矩圆形，顶端尖锐；花冠均为筒状，裂片 5，条形，初开蓝色，逐渐变浅，筒部白色。瘦果圆柱形，密生黄褐色柔毛；冠毛长约 1 毫米。花期 8—9 月。

分布于东北、华北、河南、陕西、甘肃、山东；朝鲜、蒙古、俄罗斯也有。生于林缘或较干燥的山坡。北京西部和北部山区较常见。照片 2008 年 7 月 26 日摄于黄草梁（上、中）；2008 年 9 月 3 日摄于百花山（下）。

蓝刺头属 菊科。约 120 种，分布于南欧、非洲至亚洲；中国有 17 种，主产于西北至东北。粗壮草本，茎和叶背多少被白色绵毛；叶互生，常羽状齿裂或深裂，齿和裂片有刺；头状花序仅有 1 个小花，总苞由刺状外苞片和线形或披针形内苞片组成，全部花聚合成一稠密、圆球状的复头状花序，其下有俯垂而藏于花序底的叶状苞片；花冠管状，两性。瘦果倒圆锥形，常被长柔毛，顶端有短冠毛。

祁州漏芦

Rhaponticum uniflorum (L.) DC.

又称漏芦、大花蓟。菊科漏芦属。多年生草本。主根圆柱形，直径 1～2 厘米，上部密被残存叶柄。茎直立，高 30～80 厘米，不分枝，单生或数个同生一根上，有条纹，具白色绵毛或短毛。叶羽状深裂至浅裂，长 10～20 厘米，叶柄被厚绵毛，裂片矩圆形，长 2～3 厘米，具不规则齿，两面被软毛。头状花序单生茎顶，直径约 5 厘米，均为管状花；总苞宽钟形，基部凹；总苞片多层，具干膜质的附片，外层短，卵形，中层附片宽，成掌状分裂，内层披针形，顶端尖锐；花冠淡紫色，长约 2.5 厘米，下部条形，上部稍扩张成圆筒形。瘦果倒圆锥形，棕褐色，具四棱；冠毛刚毛状，具羽状短毛。花期 5—6 月；果期 6—7 月。

分布于东北、华北、西北、山东、河南、四川等地；生于山坡草地、路边。

飞　廉

Carduus crispus L.

菊科飞廉属。二年生草本。茎直立，高70～100厘米，有条棱和绿色翅，翅有齿刺和针刺。叶互生，椭圆状披针形，长5～20厘米，下部叶较大，上部叶渐小，羽状深裂，裂片边缘有刺，刺长3～10毫米，叶下面初时有蛛丝状毛。头状花序2～3个生枝端，直径1.5～2.5厘米；总苞钟状，长约2厘米，宽1.5～3厘米，总苞片多层，外层逐渐变短，中层条状披针形，顶端长尖，成刺状，向外平展或反曲，内层条形，膜质稍带紫色；花均为管状，紫红色。瘦果长椭圆形，顶端平截，基部收缩；冠毛白色或灰白色，刺毛状。花期5—7月。

广布于全国各地；欧洲、俄罗斯、蒙古、朝鲜及北美洲也有。常见于荒野、路旁、田边。照片2009年5月30日摄于怀柔西南部杏树台村旁路边（上、下）；2007年7月27日摄于松山保护区路边（中）。

魁　蓟

Cirsium leo Nakai et Kitag.

菊科蓟属。多年生草本。茎直立，高 1～1.5 米，多分枝，有纵棱，被皱缩毛。茎生叶无柄，披针形至宽披针形，长 15～30 厘米，宽 5～11 厘米，顶端尖，基部稍抱茎，边缘有小刺，羽状浅裂至深裂，裂片卵状三角形，顶端尖，具刺，两面被皱缩毛，脉上较密。头状花序单生枝端，均由管状花组成，直立；总苞宽钟形，直径达 4 厘米，有蛛丝状毛；总苞片约 8 层，条状披针形，长 2～3 厘米，宽 2～3 毫米，边缘有小刺，顶端成长尖刺；花紫色或红色，长 2.5 厘米，檐部长 1.4 厘米。瘦果长椭圆形，长 4～5 毫米，扁；冠毛污白色，长约 2 厘米，羽毛状。花果期 6—10 月。

分布于河北、山西、河南、陕西、宁夏、甘肃、四川；生于山坡草地、林缘、河滩。北京较高海拔山地可见。模式标本采自雾灵山。

蓟属 菊科。约 250～300 种，分布于北半球温带地区和北非、中美洲；中国有 50 种以上，广布于全国各地。直立草本，很少近无茎的；叶互生，有锯齿或羽状分裂，裂片常有利刺。头状花序均由管状花组成，单生或聚生或成圆锥花序式排列于茎顶，或沿茎顶排成穗状花序；花全部两性，结实；总苞多列，覆瓦状，外面的渐短，有刺；花序托有刺毛；花冠管纤细，5 深裂；花药基部矢形，有尾，花丝常有长毛。瘦果秃净，倒卵形或长椭圆形，多少压扁或棱形；冠毛多列，羽毛状。

刺儿菜

Cirsium setosum (Willd.) MB.

又称小蓟、大蓟。菊科蓟属。多年生草本。茎直立，高 30～80（100～120）厘米，上部有分枝，无毛或有薄绒毛。单叶互生，叶片椭圆形或长椭圆状披针形，长 7～10 厘米，宽 1.5～2.5 厘米，顶端钝尖有针刺，基部狭或钝圆，全缘而有细密的针刺或有刺齿及齿裂，齿及裂上有刺，两面被蛛丝状毛；无柄或有极短的柄。头状花序单生或数个生枝端而呈伞房状。雌花与两性花异株：雌株头状花序较大，总苞长约 22 毫米，全部小花雌蕊发育，雄蕊退化，结实；两性花头状花序较小，总苞长约 18 毫米，雌雄蕊均发育，但不结实。总苞片多层，外层短，内层长，顶端渐尖成针刺；花冠紫红色或淡紫红色至白色。瘦果椭圆形，略扁平；冠毛羽毛状，污白色。花果期 4—10 月。

分布于全国绝大多数省区；多生于平原旷野和低山地带，田边、路旁、河岸常见。欧亚广布种，模式标本采自波兰。该种花色较艳丽，花期长，可作地被植物在非农耕区推广；全草可入药，有凉血止血、解毒消肿等功效。照片 2014 年 10 月 25 日摄于京顺路旁草地（上）；2007 年 5 月 19 日摄于十三陵长陵外路边（下）。

烟管蓟

Cirsium pendulum Fisch.

菊科蓟属。多年生草本，高 1～3 米。茎直立，粗壮，上部分枝，被蛛丝状毛。基生叶和茎下部叶花期凋落，宽椭圆形，长 40～50 厘米，宽 20 厘米，顶端尾尖，基部渐狭成具翅的柄，羽状深裂，裂片上侧边缘具长尖齿，齿端具刺；茎中部叶狭椭圆形，长 15～25 厘米，无柄；上部叶渐小。头状花序生于枝端，下垂，直径 3～5 厘米；总苞卵形，基部微凹；总苞片约 10 层，条状披针形，外层短，顶端刺尖，外反，背部中肋带紫色；花冠紫色或红色，长 1.7～2.2 厘米，全部由管状花组成。瘦果矩圆形，长 4 毫米；冠毛灰白色，羽毛状，长达 2.2 厘米。花果期 6—9 月。

分布于东北、华北及陕西、甘肃；生于河岸、草地、山坡林缘、溪畔、村旁。朝鲜、日本、俄罗斯也有。北京山区较常见。照片 2009 年 7 月 29 日摄于门头沟小龙门路边。

绒背蓟

Cirsium vlassovianum Fisch. ex DC.

菊科蓟属。多年生草本。具块状根。茎直立，高 25～90 厘米，被柔毛，上部分枝。叶披针形或椭圆状披针形，长 3～7 厘米，宽 0.5～2 厘米，不裂，顶端渐尖，上部叶无柄，基部稍抱茎，下部叶有短柄，边缘密生长约 1 毫米的针刺状缘毛，上面绿色，被疏毛，下面密被灰白色绒毛。头状花序单生枝端及上部叶腋，直立；总苞长卵形，直径 2 厘米；总苞片约 7 层，披针状条形，顶端锐尖；花冠紫红色，长近 2 厘米，全部为管状花。瘦果矩圆形，长 3～4 毫米，冠毛羽状，淡褐色，长约 1.5 厘米。花果期 5—9 月。

分布于东北、华北；生于河岸、山坡草地、林下。朝鲜、俄罗斯、蒙古也有。模式标本采自西伯利亚中部。照片 2006 年 8 月 24 日摄于松山保护区峡谷中。

麻花头

Serratula centauroides L.

菊科麻花头属。多年生草本。茎直立，高 30～60 厘米，不分枝或上部少分枝，有棱，下部具软毛。基生叶有长柄，常残存于茎基部，叶片椭圆形，长 8～12 厘米，宽 2～5 厘米，羽状深裂，裂片全缘或有疏齿，两面无毛或仅下面脉上及边缘被疏柔毛；上部叶无柄，裂片狭细。头状花序数个，单生于茎及枝端，具长梗；总苞卵形，直径约 2 厘米；总苞片 5 层或更多，外层较短，卵状三角形，锐尖，内层披针形，顶端有膜质附属物；花冠红色、紫红色或白色，长约 2.5 厘米，筒部与檐部近等长。瘦果有棱，长约 5 毫米，褐色；冠毛数层，刚毛状，不等长，长达 7 毫米，褐色或略带土红色。花果期 6—7 月。

分布于东北、华北、陕西、甘肃、山东；生于路旁荒野或山坡林缘。俄罗斯、蒙古也有。照片 2017 年 6 月 8 日摄于西山。

麻花头属 菊科。约 70 种，分布于欧亚大陆至北非；中国有 17 种，产于西南、西北至东北部。多年生草本；叶互生，有齿或羽状分裂。头状花序伞房花序式排列，稀单生茎顶；花全部为管状花，两性，冠管纤细，5 裂；总苞卵状或球形，总苞片多层，内层顶端有附片；花序托有刺毛。瘦果冠毛同型多层，刺毛状，有小锯齿，外面的常极短。

泥胡菜

Hemistepta lyrata Bunge

菊科泥胡菜属。一年生草本。无刺。茎直立，高 30～80 厘米，无毛或有蛛丝状白毛。基生叶莲座状，具柄，倒披针形或倒披针状椭圆形，长 7～21 厘米，提琴状羽状分裂，顶裂片三角形，较大，有时 3 裂，侧裂片 7～8 对，长椭圆状倒披针形，下面被蛛丝状白毛；中部叶椭圆形，无柄，羽状分裂；上部叶片条状披针形至条形。头状花序多数；总苞球形，长 12～14 毫米；总苞片约 5～8 层，外层较短，卵形，中层椭圆形，内层条状披针形，背面顶端下具一紫红色鸡冠状附属体；头状花序均为管状花，紫色。瘦果圆柱状，长 2.5 毫米，有 15 条纵肋；冠毛白色，2 层，羽状。花果期 5—8 月。

几乎分布于全国各地；生于平原荒地和低山草地，田边、路旁常见。朝鲜、日本、东南亚、南亚及澳大利亚广布。模式标本采自我国东部。花期照片 2007 年 5 月 19 日摄于十三陵路边（上）；果期后照片 2015 年 6 月 2 日摄于香山附近路边（下）。

泥胡菜属 为 19 世纪俄国植物学家邦奇（Bunge）建立，仅泥胡菜 1 种。有人曾将其并入风毛菊属，但泥胡菜的瘦果有纵棱 15 条，总苞片背面有鸡冠状附属体等特征，为其特有，与风毛菊属相关种类有所不同。

苍　术

Atractylodes lancea (Thunb.) DC.

又称术、赤术。菊科苍术属。多年生草本。根状茎肥大呈结节状。茎高30～50厘米，不分枝或上部稍分枝。叶革质，无柄，倒卵形或长卵形，长4～7厘米，宽1.5～2.5厘米，不裂或3～5羽状浅裂，顶端短尖，基部楔形至圆形，边缘有不连续的刺状牙齿；上部叶披针形或狭长圆形。头状花序顶生，直径约1厘米，长约1.5厘米，基部的叶状苞片与头状花序几等长，羽状裂片刺状；总苞杯状；总苞片7～8层，有微毛；花筒状，白色。瘦果密生银白色柔毛；冠毛长6～7毫米。花期7—8月。

分布于东北、华北、华东、华中、陕西、甘肃、四川；生于山坡林下及草地、灌丛。为传统中药“苍术”的原植物之一，根状茎有健脾、燥湿、解郁等功用。照片2006年8月24日摄于海坨山。

牛　蒡

Arctium lappa L.

菊科牛蒡属。二年生草本。根肉质。茎粗壮，高1～2米，带紫色，有微毛，上部多分枝。基生叶丛生，茎生叶互生，叶片卵形或心形，长40～50厘米，宽30～40厘米，全缘，波状或有细锯齿，顶端圆钝，基部心形，有柄，上部叶渐小。头状花序丛生或排成伞房状；总苞球形；总苞片披针形，长1～2厘米，顶端钩状内弯；花全部筒状，紫色，顶端5齿裂。瘦果椭圆形或倒卵形，长约5毫米；冠毛刚毛状。花期5—7月；果期8—10月。

欧亚大陆广布种，我国南北各地均有分布；常见于湿润的山谷、草地、路旁。根可食用；根、茎、叶、种子均可入药，有利尿之效。照片2006年7月22日摄于东灵山。

山牛蒡

Synurus deltoides (Ait.) Nakai

菊科山牛蒡属。多年生草本，高50～100厘米。茎单生，直立，被密厚绒毛或下部渐无毛，上部稍分枝。基生叶花期枯萎；茎下部叶有长柄，卵形、宽卵形或卵状三角形，长10～26厘米，顶端稍尖，基部稍呈戟形，边缘有不规则缺刻状锯齿，下面密生灰白色毡毛；向上叶渐小，披针形，有短柄。头状花序单生于茎顶或分枝端，花开放后下垂；总苞球形，直径3～6厘米，被稠密而疏松的蛛丝状毛或脱毛而至稀毛；总苞片多数，通常13～15层，向内层渐长，有时紫红色或深紫色，条状披针形，锐尖；全部小花两性，花冠管状，深紫色，长2.5厘米；花药基部结合成管，包围花丝；花柱上部短2裂，贴合。瘦果长椭圆形；冠毛褐色，多层不等长，长1.5～2厘米。花果期6—10月。

分布于东北、华北、河南、湖北、安徽、浙江、江西、四川；生于山坡草地及疏林中。东北亚广布种。北京较高海拔山地较常见。据《中国植物志》78卷1分册记载：山牛蒡属为单种属，仅山牛蒡1种。照片2007年9月5日（上、中）和2006年8月24日（下）摄于海坨山小海坨梁。

绢茸火绒草

Leontopodium smithianum Hand.-Mazz.

菊科火绒草属。多年生草本。茎高 10～45 厘米，被灰白色或白色茸毛或常黏结的绢状毛。单叶互生，无柄，叶片条状披针形，长 2～5.5 厘米，宽 4～8 毫米，上面被灰白色柔毛，下面被同色或白色密茸毛或黏结的绢状毛。苞叶 3～10 个，矩圆形或条状披针形，边缘反卷，两面同样被厚茸毛，头状花序直径 6～9 毫米，常 3～25 个密集在一起或有总花梗而成伞房状；总苞长 4～6 毫米，被白色密绵毛；小花常单性或雌雄异株。瘦果有乳头状短粗毛。花期 7—8 月。

分布于华北、陕西、甘肃；生于山地草坡。照片 2006 年 7 月 14 日摄于海坨山南坡。

火绒草属 菊科。约 50 种以上，分布于欧洲、亚洲和南美洲。中国有 41 种，产于西南、西北至东北部；北京有火绒草等 3 种。多年生草本，被绵毛；茎直立；叶基生或互生，全缘。头状花序较小，盘状，单性或两性，于枝顶密集成球状或伞房花序状，外面被星芒状的苞叶围绕；缘花雌性，丝状，结实；盘花雄性或两性而雌蕊不实，管状，顶端 5 裂；总苞钟状；总苞片多列；花序托凸，裸露。瘦果近圆柱状。

火绒草

Leontopodium leontopodioides (Willd.) Beauv.

菊科火绒草属。多年生草本，地下茎粗壮。花茎高 5～45 厘米，较细，挺直或有时稍弯曲，被灰白色长柔毛或白色近绢状毛，不分枝或有时上部有花序枝。叶互生，下部较密，上部较疏，线形或线状披针形，长 2～4.5 厘米，宽 2～5 毫米，顶端尖，基部稍宽，无柄，上面灰绿色，被柔毛，下面被白色或灰白色密绵毛或绢毛。苞叶少数，较上部叶稍短，常较宽，长圆形或线形，顶端稍尖，两面被白色或灰白色厚茸毛；花雌雄异株或同株；雌株头状花序径 7～10 毫米，常 3～7 个密集，稀 1 个或较多；总苞半球形，被白色绵毛，总苞片约 4 层；头状花序均由管状花组成。瘦果有乳头状突起或密粗毛。花期 5—8 月。

广泛分布于西北至华北、东北及山东等地；生于草原、石砾地和山坡草地，海拔可达 3200 米。俄罗斯西伯利亚、蒙古、朝鲜、日本也有。照片 2017 年 5 月 15 日摄于鹫峰。

香　青

Anaphalis sinica Hance

菊科香青属。多年生草本，高 20～50 厘米，通常不分枝。中部叶长圆形、倒披针长圆形或线形，长 2.5～9 厘米，宽 0.2～1.5 厘米，顶端有小尖头，基部渐狭，沿茎下延成翅；上部叶较小，披针状线形或线形；叶上面被蛛丝状绵毛。头状花序多数密集成复伞房状或多次伞房状；总苞钟状或近倒圆锥状，长约 5 毫米；总苞片 6～7 层，乳白色或污白色。冠毛较花冠稍长。瘦果。花期 6—9 月；果期 8—10 月。

产于我国北部、中部、东部及南部；生于海拔 400～2000 米的灌丛、草地、山坡和溪边。朝鲜、日本也有。

蓍　草

Achillea alpina L.

又称蓍、高山蓍、锯齿草。菊科蓍属。多年生草本，高达 80 厘米。根状茎短。茎直立，被疏贴生长柔毛。单叶互生，无柄，下部叶花期凋落，中部叶条状披针形，长 6～10 厘米，宽 7～15 毫米，羽状浅裂或深裂，基部裂片抱茎，裂片条形或条状披针形，有不等的锯齿或浅裂，齿端和浅裂顶端有软骨质小尖。头状花序直径 7～9 毫米，多数密集成伞房状；总苞半卵形，总苞片 3 层，覆瓦状，宽披针形，草质，具中肋，边缘膜质，褐色，疏生长柔毛；舌状花 7～8 个，舌片白色，卵圆形，顶端有 3 小齿；管状花白色。瘦果长 2～4 毫米，有翅，无冠毛。花期 7—8 月。

分布于东北、华北、西北等地；朝鲜、日本、蒙古、俄罗斯东部地区也有。常见于较高海拔山地。照片 2014 年 8 月 5 日摄于百花山。

林泽兰

Eupatorium lindleyanum DC.

又称白鼓钉、尖佩兰。菊科泽兰属。多年生草本，高 30～150 厘米。茎直立，下部及中部红色或淡紫红色，密被白色柔毛。叶对生，无柄或几乎无柄，叶片长椭圆状披针形或线状披针形，长 3～12 厘米，宽 0.5～3 厘米，不分裂或三全裂，质厚，基部楔形，顶端急尖，三出基脉，边缘有疏锯齿。头状花序在茎端排成紧密的伞房花序；总苞钟状，含 5 个小花；花白色、粉红色或淡紫红色，花冠长 4.5 毫米，顶端 5 裂。瘦果椭圆形，有 5 棱；冠毛白色，长约 5 毫米。花果期 5—12 月。

除新疆未见记录外，遍布其他各省区；生于海拔 200～2600 米的山谷阴湿地、林下湿地或草原上。俄罗斯西伯利亚地区、朝鲜、日本也有。根在某些产地入药。

泽兰属 菊科。约 600 种以上，主产于中南美洲，少数产于欧洲、非洲、亚洲及大洋洲；中国有 14 种及数个变种（包括 3 个“外来入侵种”），各地有分布。草本；叶常对生。头状花序排成伞房状，花少数；总苞圆柱形至半球形，总苞片二至多列；花两性，管状，5 齿裂；花柱长，突出于花冠外。瘦果 5 棱形，有刚毛状冠毛。

毛连菜

Picris hieracioides L.

又称刀枪菜。菊科毛连菜属。二年生草本。具乳汁。茎直立，高可达2米，上部通常分枝，有钩状分叉的硬毛。基生叶花期凋萎；下部叶倒披针形，长8～22厘米，宽1～4厘米，基部渐窄成具翅的叶柄，边缘有疏齿，两面被具钩的硬毛；中部叶披针形，无叶柄，稍抱茎；上部叶条状披针形。头状花序在枝端排成疏伞房状，头状花序梗长，有条形苞叶；总苞筒状钟形；总苞片3层，外层短，条形，内层最长，条状披针形，背面被刺状长硬毛和短毛；头状花序均为舌状花，舌片黄色，顶端具5小齿。瘦果红褐色，长3.5～4.5毫米，具5条纵沟和横皱纹；冠毛污白色，羽毛状。花果期6—9月。

广布于吉林、华北、华中、西北和西南各地；常见于山坡草地、田边、路旁。俄罗斯至西欧也有。照片2011年7月30日摄于延庆野鸭湖旁灌草丛。

毛连菜属 菊科舌状花亚科。40～50种，分布于欧亚大陆温带地区及北非；中国有4种及1（3）亚种，除华南外广布。草本，具乳汁，被钩状分叉粗毛；叶互生，有齿。头状花序均为舌状花，同性；排成不规则伞房花序；总苞片数列，外部2或3列较小；花黄色。瘦果有纵沟与横皱纹或有小凸刺；冠毛羽毛状。属名Picris来自希腊词pikros，意为“苦味”，产地民间即以其“苦”入药。

苦苣菜

Sonchus oleraceus L.

又称苦菜。菊科苦苣菜属。一年生草本，高 30～100 厘米。有乳汁。根纺锤形。茎不分枝或上部分枝，无毛或上部有腺毛。叶柔软无毛，长 10～22 厘米，宽 5～12 厘米，羽状深裂，或大头状羽状全裂或羽状半裂，少有叶不分裂的，边缘有刺状尖齿，下部的叶柄有翅，基部扩大抱茎，中上部的叶无柄，基部宽大成戟耳形。头状花序在茎顶排成伞房状；梗或总苞下部初期有蛛丝状毛，有时有疏腺毛；总苞钟形，长 10～12 毫米，宽 6～10（～25）毫米，暗绿色；总苞片 2～3 列；舌状花黄色，两性，结实。瘦果长椭圆状倒卵形，压扁，两面各有 3 条高起的纵肋；冠毛白色。花期 4—11 月。

世界广布种，全国各地均有分布。可做野菜食用。根、花及种子可供药用，有清热、凉血、解毒功效。

苦苣菜属 菊科。约 50 种，主产于欧亚大陆及大西洋岛屿，数种分布于热带地区；中国有 8 种，南北均产。草本，有乳汁；叶互生，有齿或分裂。头状花序再组成疏散的圆锥花序或伞房状圆锥花序；总苞片数列；花全部舌状，黄色，两性，舌片有 5 齿。瘦果卵形或圆柱形，无喙，冠毛白色。

苣荬菜

Sonchus brachyotus DC

又称曲荬菜、取麻菜。菊科苦苣菜属。多年生草本，高 30～80 厘米。全株有乳汁。地下根状茎匍匐。地上茎少分支，直立，平滑，下部常带紫色。叶披针形或长圆状披针形，长 8～20 厘米，宽 2～5 厘米，先端钝，边缘有疏缺刻或浅裂，缺刻及裂片都具尖齿；基生叶具短柄，茎生叶基部耳状抱茎，无柄。头状花序顶生，单一或数个呈伞房状排列，直径 2～4 厘米；花序梗与总苞均被白色绵毛；总苞钟形，总苞片 3～4 层；头状花序全由舌状花组成，约达 80 多朵，鲜黄色；雄蕊 5 枚，花药合生；雌蕊 1，子房下位，花柱纤细，柱头 2 裂，花柱与柱头都有白色腺毛。瘦果长圆形，有棱，侧扁，具纵肋，先端具多层白色细软冠毛。花果期 6—10 月。

广布于东北、华北、西北、华中、华东、西南等全国大部分省区；多见于农耕地、田边、路旁、沟边、山坡、旷野。东亚其他国家和地区也有。

抱茎苦荬菜

Ixeris sonchifolia Hance

又称苦荬菜。菊科苦荬菜属。多年生草本，高 30～80 厘米，具乳汁，无毛。茎生叶多数，矩圆形，长 3.5～8 厘米，宽 1～2 厘米，顶端急尖或圆钝，基部下延成柄，边缘具锯齿或不整齐的羽状深裂；茎生叶较小，卵状椭圆形，长 2.5～6 厘米，宽 0.7～1.5 厘米，顶端尖，基部耳形或戟形抱茎，全缘或羽状分裂。头状花序密集成伞房状，有细梗；总苞长 5～6 毫米，外层总苞片 5，极小，内层总苞片 8，披针形，长约 5 毫米；头状花序均由舌状花组成，黄色，长 7～8 毫米，先端 5 齿裂。瘦果黑色，纺锤形，长 2～3 毫米；冠毛白色。花期 4—7 月。

分布于东北和华北；常见于荒野、山坡草地、疏林下，路边、河岸。俄罗斯远东地区、朝鲜也有。春季北京城乡的重要野花之一，可作地被植物推广。照片摄于北京郊区。

山苦荬

Ixeris chinensis (Thunb.) Nakai

又称苦菜。菊科苦荬菜属。多年生草本，高 10～40 厘米，有乳汁，无毛。基生叶莲座状，条状披针形或倒披针形，长 7～15 厘米，宽 1～2 厘米，基部下延成窄叶柄，叶片全缘或具疏小齿或不规则羽裂；茎生叶 1 至 2 枚，无叶柄，稍抱茎。头状花序排成疏伞房状聚伞花序；总苞长 7～9 毫米；外层总苞片卵形，内层总苞片条状披针形；舌状花黄色或白色，长 10～12 毫米，顶端 5 齿裂。瘦果狭披针形，稍扁平，红棕色，长 4～5 毫米；喙长约 2 毫米；冠毛白色。花期 4—6 月。

分布于我国东部南北各地；生布于山地、旷野。嫩根及叶可食用或作饲料。亚洲东部广布。

山莴苣

Lactuca indica L.

菊科莴苣属。二年生草本，高 80～150 厘米。具乳汁。茎直立，无毛，上部分枝。叶互生，长圆形，羽状深裂或全裂，裂片三角形，边缘有齿，或有时不分裂；基部具翼状柄，半抱茎。头状花序多数成狭圆锥状；总苞筒状，总苞片 3～4 层，外层短；头状花序全为舌状花，小花可达 25 朵以上，舌片长 7～10 毫米，顶端有 5 齿裂。瘦果长圆形，具短喙；冠毛白色，长 7～8 毫米。花期 6—9 月。

分布于全国大多数省区；生于山坡草地、路边和水边。日本、朝鲜、蒙古、俄罗斯远东地区、印度、东南亚等国家和地区也有。照片 2014 年 9 月 5 日摄于凤凰岭。在《中国植物志》中，该种被置于翅果菊属 Pterocypsela，中文名翅果菊。

北山莴苣

Lactuca sibirica (L.) Benth.ex Maxim.

菊科莴苣属。多年生草本。具乳汁。高 30～70 厘米。茎单生，无毛，带浅红色，上部伞房状分枝。单叶互生，叶披针形或长椭圆状披针形，茎下部叶长达 16 厘米，宽 2～3 厘米，无柄，基部心形或扩大为耳状抱茎，全缘或有时有锯齿或浅裂，无毛。头状花序均由舌状花组成，在茎顶枝端排成疏伞房花序或伞房状圆锥花序；总苞长 8～10 毫米，宽 3～5 毫米，总苞片 3～4 层，带紫色，背部有短柔毛或微毛；小花红紫色，长 1.2～1.5 厘米。瘦果长椭圆状条形，有 5 条纵肋，喙短或近无喙；冠毛污白色，长约 1 厘米。花果期 6—8 月。

分布于东北、华北、河南、西北等地；生于林缘、山坡草地、路旁、田边、草甸。日本、朝鲜、蒙古、俄罗斯西伯利亚至欧洲也有。照片 2008 年 6 月 13 日摄于东灵山西坡。

蒙山莴苣

Lactuca tatarica (L.) C.A.Mey.

又称乳苣。菊科莴苣属。多年生草本，具乳汁。具长根状茎。根圆锥形，棕褐色。茎直立，高 30～80 厘米，单生或数个丛生，具纵棱，不分枝或上部分枝。春季只具基生叶，初夏抽出花葶并开花。基生叶与茎下部叶灰绿色，稍肉质，长椭圆形、矩圆形或披针形，基部渐狭成具翅的短叶柄，柄基半抱茎，叶片具不规则的羽状或倒羽状浅裂或深裂，侧裂片三角形，边缘具细小的刺齿；茎中部叶少分裂或全缘；茎上部叶较小，披针形或条状披针形，无柄，有时全缘。茎顶为展开的圆锥花序，上生多数头状花序，梗不等长；总苞片 3 层，带紫红色，边缘狭膜质；花全为舌状，两性，紫色或淡紫色。瘦果长椭圆形，长约 5 毫米，具 5～7 条纵肋，并有 1 毫米长的短喙；冠毛白色。花期 5—6 月。

分布于东北、华北、西北等地；生于沙荒地、河岸、路边。欧亚大陆北部广布。照片 2008 年 6 月 1 日摄于百花山北坡路边砂地。

莴　苣

Lactuca sativa L.

菊科莴苣属。一年生或二年生草本，具乳汁。茎粗，厚肉质，高 30～100 厘米。基生叶丛生，向上渐小，圆状倒卵形，长 10～30 厘米，全缘或卷曲皱波状；茎生叶椭圆形或三角状卵形，基部心形，抱茎。头状花序多数在茎枝顶端排成伞房状圆锥花序；头状花序均由黄色舌状花组成，小花 15 朵，舌片顶端平截，5 齿裂。瘦果长椭圆状倒卵形，微压扁，每面有纵棱 7～8 条，上部有开展的柔毛，喙细长与果身等长或稍长；冠毛白色。花期 8—9 月。

各地普遍栽培，栽培品种多，主要供食用；亦有野生种群。照片 2014 年 9 月 5 日摄于西山凤凰岭路边多石山坡。

桃叶鸦葱

Scorzonera sinensis Lipsch.et Krasch.

菊科鸦葱属。多年生草本。根圆柱状；根衣稠密而厚实，纤维状，褐色。茎单生或3～4个聚生，高5～13厘米，无毛，有白粉。基生叶披针形或宽披针形，长5～20厘米，无毛，有白粉，边缘深皱状弯曲，叶柄长可达8厘米，宽鞘状抱茎；茎生叶鳞片状，长圆形或长椭圆状披针形。头状花序单生茎顶，均为舌状花；总苞卵形或矩圆形，长20～30毫米，宽8～13毫米，外层苞片宽卵形或三角形，极短，最内层苞片披针形；舌状花黄色，同型，两性，舌片顶端截形，具5齿。瘦果圆柱形，有纵沟，长12～14毫米；冠毛白色，羽状。花果期4—7月。

分布于东北、华北、山东、江苏、安徽、河南、陕西、甘肃、宁夏；生于山坡草地。北京低山区较常见。模式标本采自北京。开花照片2007年4月22日摄于北京西山。

鸦葱属 菊科。约175种，分布于地中海地区、欧洲和亚洲；中国有23种，除华南外广布。有些种可入药。多年生草本，稀一年生；叶全缘，禾草状或稍阔，有时多少分裂。头状花序有长梗，单生于茎顶或枝端，或再排成伞房状花序；总苞片数列，覆瓦状排列；头状花序全部由舌状花组成，两性，黄色、玫瑰色或青紫色。瘦果无喙，多棱；冠毛羽毛状，柔软。属名Scorzonera来源于西班牙语scorzonera，意为“蛇草”，指该属某个种可用来医治蛇咬伤。

蒲公英

Taraxacum mongolicum Hand.-Mazz.

菊科蒲公英属。多年生草本。植物体具乳汁。叶全部基生，平展，叶片矩圆状倒披针形或倒披针形，长 5～15 厘米。宽 1～5.5 厘米，常为羽状深裂，侧裂片 4～5 对，裂片矩圆状披针形或斜三角形，顶裂片较大，三角形或戟形，有时叶片为羽状浅裂或仅具波状齿。花葶一至数个，与叶近等长或长于叶，上端被密蛛丝状毛；每花葶具 1 头状花序；总苞淡绿色，长 12～14 毫米，总苞片 2～3 层，外层总苞片卵状披针形至披针形，长 8～10 毫米，边缘膜质，内层总苞片条状披针形，长 10～16 毫米，顶端具小角状突起；头状花序均由舌状花组成，黄色，舌片长约 8 毫米。瘦果倒卵状披针形，暗褐色，长约 4～5 毫米，上部具小刺，下部具成行排列的小瘤，顶端逐渐收缩为长 1 毫米的喙基，喙长 6～10 毫米，纤细；冠毛白色，长约 6 毫米。花果期 4—10 月。

分布于东北、华北、华东、华中、广东、云南、贵州、四川、陕西、甘肃、青海等地；常见于平原至山区草地、路边、田边、河滩等地。朝鲜、蒙古、俄罗斯也有。照片 2014 年 10 月 25 日摄于京顺路旁（上）；2008 年 4 月 19 日摄于北京教学植物园（中）；2007 年 5 月 15 日摄于延庆西大庄科村路边（下）。

东北南星

Arisaema amurense Maxim.

又称东北天南星。天南星科天南星属。多年生草本。块茎近球形，直径1～3厘米。鳞叶2，线状披针形，内面的鳞叶长9～15厘米。叶1枚，叶柄长17～30厘米，下部1/3具鞘，紫色；叶片鸟足状分裂，裂片5，倒卵形、倒卵状披针形或椭圆形，先端短渐尖或锐尖，基部楔形，中裂片具长0.2～2厘米的柄，长7～11厘米，宽4～7厘米，侧裂片具长0.5～1厘米共同的柄，与中裂片近等长，全缘或具不规则齿。花序柄短于叶柄，长9～15厘米。佛焰苞长约10厘米，管部漏斗状，白绿色间淡紫色条纹，长5厘米，粗2厘米，喉部边缘斜截形，狭外卷；檐部直立，卵状披针形，渐尖，长5～6厘米，宽3～4厘米，绿色或紫色具绿白色条纹。肉穗花序单性，等高于或稍伸出佛焰苞喉部，下部1.5～2.5厘米部分具花，附属体圆柱状，具短柄，基部平截；雄花具2～3花药；雌花柱头大，盘状，具短柄。浆果红色，直径5～9毫米；种子4，红色，卵形。肉穗花序轴常于果期增大。花期5月；果期9月。

分布于东北、华北、陕西、宁夏、山东、河南；生于林下和山谷溪边。朝鲜、日本和俄罗斯远东地区也有。模式标本采自黑龙江。有毒植物。照片2009年5月5日摄于双龙峡。

天南星属 天南星科。约150种，主产于亚洲热带和温带地区，少数产于非洲，中美洲和北美洲也有数种；中国有80种以上（其中59种为特有种），分布于南北各地，以西南为主产地。天南星、一把伞南星等多种可入药，但普遍有毒，不可直接食用。多年生草本，有块茎；叶3裂或叉指状分裂，有时鸟足状或放射状全裂，裂片5～11或更多，多与花序同时抽出。肉穗花序单性或两性，外被佛焰苞；花序顶部有各式长线形附属体；佛焰苞檐渐尖或尾尖；雄花多数，较疏松，花药2～5个簇生；雌花密集，子房1室，有胚珠1～9颗；结果时佛焰苞脱落，浆果倒卵圆形或倒圆锥形；种子一至多颗，有锥尖。

一把伞南星

Arisaema erubescens (Wall.)Schott

又称天南星。天南星科天南星属。多年生草本。块茎扁球形，直径达6厘米。叶1枚，叶柄长40～80厘米，中部以下具鞘，鞘上有时具褐色斑块；叶片放射状分裂，裂片无定数，幼株少则3～4枚，多年生植株有多至20枚的，披针形、长圆形至椭圆形，长6～24厘米，宽0.6～3.5厘米，先端长渐尖，具线形长尾或否。花序柄比叶柄短，直立，结果时常下弯。佛焰苞绿色，背面有清晰的白色条纹，或淡紫色至深紫色而无条纹，管部圆筒形；喉部边缘截形或稍外卷；檐部三角状卵形至长圆状卵形，长4～7厘米，先端渐狭，略下弯，顶端细丝状。肉穗花序单性，雄花序长2～2.5厘米，花密；雌花序长2厘米，粗6～7毫米；花序上部有棒状、直立的附属器，长2～4.5厘米，稍伸出佛焰苞口外。浆果红色。花期5—7月；果9月成熟。

分布在除东北、华北北部、华东北部、新疆外的我国各省区；生于阴湿林下、溪畔。北京山谷阴湿处多有分布。本种与同属的天南星等是古已闻名的药用植物，块茎入药，但其药用部分和果实等均有较大毒性，用时应注意。

天南星

Arisaema heterophyllum Blume

又称异叶天南星、南星、半边莲、虎掌。天南星科天南星属。多年生草本。块茎扁球形，直径2～4厘米。叶常单1，叶柄长30～50厘米，下部3/4鞘筒状；叶片鸟足状分裂，裂片9～21，披针形至长圆形，中裂片比侧裂片短1/2左右；侧裂片长6～30厘米，向外渐小，排列成蝎尾状。花序柄长30～55厘米，从叶柄鞘筒内抽出。佛焰苞管部圆柱形，粉绿色，喉部截形，外缘稍外卷；檐部卵形或卵状披针形，下弯似盔状。肉穗花序两性和雄花序单性。两性花序下部为雌花序，上部为雄花序；花序上部附属器长10～20厘米，至佛焰苞喉部外呈“之”字形上升。浆果黄红色至红色，圆柱形，长约5毫米。花期4—5月；果期7—9月。

分布于中东部多省区；生于林下、溪畔、灌丛、草地。本种块茎含淀粉28%，但有毒，不可直接食用；入药称“天南星”，为历史悠久的中药之一。

掌叶半夏

Pinellia pedatisecta Schott

又称虎掌、狗爪半夏。天南星科半夏属。块茎近球形，直径可达4厘米。一年生时叶不裂，心形；多年生的叶片鸟足状分裂，裂片5～11，披针形，长6～15厘米，叶柄长20～70厘米，下部具鞘。花序柄长20～50厘米，直立。佛焰苞淡绿色，管部长圆形，长2～4厘米，直径约1厘米，向下渐收缩，檐部长披针形，锐尖，长8～15厘米。肉穗花序雌花序长1.5～3厘米；雄花序长5～7毫米；附属器黄绿色，细线形，长10厘米以上。浆果卵圆形，绿色至黄白色，小，藏于宿存的佛焰苞内。花期6—7月；果期9—11月。

分布于河北、山西、陕西、华中、华东及广西、云南、四川、贵州等地；生于海拔1000米以下林下、山谷或河谷阴湿处。模式标本采自北京。块茎为传统中药，但有较大毒性，需慎用。照片2017年7月25日摄于鹫峰。

野慈姑

Sagittaria trifolia L.

泽泻科慈姑属。多年生直立水生草本。有地下匍匐枝，枝端有球茎。叶基生，叶片箭头形，长8～30厘米，宽5～10厘米，裂片全缘，顶端裂片三角状披针形，长达15厘米，先端锐尖，下部裂片披针形，向下伸展；叶柄长达60厘米。花单性，雌雄同株；总状花序，常3朵轮生于节上，每轮有3枚苞片，上部为雄花，下部为雌花；花被6，2轮排列，外轮萼片状，卵形，长4～5毫米；内轮花被花瓣状，白色，近圆形，大于外轮花被；雌花心皮多数，聚生于隆起的花托上；雄花多数。聚合果由多数带翅而侧扁的瘦果组成，背翅具齿；宿存花柱短喙状，位于果顶。花果期夏秋季。

分布于全国大部分省区；生于池塘、湖泊岸边的浅水中，水田和水沟边也常见。亚洲热带和温带广布，也分布于欧洲和北美洲。北京湿地可见。其球茎可食用和药用，已有多个栽培品种；叶形奇特，花洁白可人，可作湿地景观植物应用。

慈姑属 泽泻科。30种，分布于温带和热带地区；中国有9种，广布。水生草本；叶变异大，沉水的带状，出水的卵形或箭头形。花单性或两性，为总状或圆锥花序式排列的花轮，上部的为雄花，下部的为雌花；花被片6，2轮排列；雄蕊六至多数；心皮多数，分离，集于一球形或长椭圆形的花托上，侧向压扁，有胚珠1颗。聚合果由多数瘦果组成。

鸭跖草

Commelina communis L.

鸭跖草科鸭跖草属。一年生披散草本。茎下部匍匐生根，茎长可达 1 米。叶片披针形至卵状披针形，长 3～8 厘米。总苞片佛焰苞状，有 1.5～4 厘米的长柄，与叶对生，心形，稍镰状弯曲，先端短急尖，长近 2 厘米，边缘常有硬毛；聚伞花序有花数朵，略伸出佛焰苞；萼片膜质，长约 5 毫米，内面 2 枚常靠近或合生；花瓣蓝色，有长爪，长近 1 厘米；雄蕊 6 枚，3 枚能育而长，3 枚退化，顶端成蝴蝶状。蒴果椭圆形，长 5～7 毫米，2 瓣裂。花期 6—9 月。

产于云南、甘肃以东的南北各地；喜生于阴湿处。东亚和北美洲广布。本种可作耐阴地被植物栽培；全草入药，可治流感、扁桃体炎。照片摄于北京西山。

饭包草

Commelina bengalensis L.

又俗称火柴头。鸭跖草科鸭跖草属。多年生匍匐草本。茎披散多分枝，长可达 70 厘米，被疏柔毛。叶鞘有疏而长的睫毛。叶有明显的叶柄，叶片卵形，长 3～7 厘米。总苞片佛焰苞状，与叶对生，常数个，集于枝顶，下部边缘合生成扁的漏斗状，长 8～12 毫米，疏被毛；聚伞花序有花数朵；花瓣 3，蓝色，具长爪，长 4～5 毫米；雄蕊 6 枚，3 枚能育。蒴果椭圆形，常 4～6 毫米，3 室 3 瓣裂。花期 7—9 月。

亚洲及非洲热带、亚热带广布种。分布于河北至南方各地；生于较温暖阴湿的环境中。北京偶见于较低海拔的山谷林下。

鸭跖草属 鸭跖草科。约 100 种，主要分布于热带和亚热带地区；中国有 7 种，各地都有，东南部尤盛。鸭跖草等可药用。草本，茎多少肉质，直立或基部匍匐状；叶互生，有鞘。花蓝色，2 朵生于 1 佛焰苞内；佛焰苞顶生、压扁、折叠状；开花时 1 朵突出于苞外；萼片 3，膜质，内方 2 片基部常合生；花瓣 3，分离，其中 1 片较大而有柄；雄蕊 3 枚发育，2～3 枚为退化雄蕊。蒴果 2～3 室，其中有胚珠 2 颗的室开裂，1 颗的室常不裂。

竹叶子

Streptolirion volubile Edgew.

鸭跖草科竹叶子属。缠绕草本。茎长1～6米，常无毛。叶有长柄，叶片心形，长5～15厘米，宽3～15厘米，顶端尾尖，上面多少被柔毛。蝎尾状聚伞花序常数个，生于穿鞘而出的侧枝上，有花一至数朵；下部的总苞片叶状，长2～6厘米，上部的小而卵状披针形；下部花序的花两性，上部花序的花常为雄花；无花梗；萼片3，舟状，顶端急尖，长3～5毫米；花瓣3，白色，条形，略比萼长；雄蕊6，全发育，花丝密被绵毛；子房3室。蒴果卵状三棱形，长约4毫米，顶端有长达3毫米的芒状突尖。花期7—9月。

分布于辽宁、河北、山西、陕西、甘肃、浙江、华中、西南等地；生于草地中、疏林下、溪水边。在北京多生长于海拔1000米以下的山谷溪流边。该种较耐阴湿，可作耐阴地被和垂直绿化植物在园林中栽培。照片2014年8月20日摄于鹫峰（上、中）；2008年7月3日摄于十渡孤山寨（下）。

竹叶子属 鸭跖草科。仅竹叶子1种，分布于亚洲东部，中国是其主产地。较柔软的缠绕茎，宽大的心形叶片，茎节上具鞘，蝎尾状聚伞花序，是其主要识别特征。北京松山塘子沟、门头沟双龙峡等处溪流边不难见到。

黑三棱

Sparganium stoloniferum (Graebn.) Buch.-Ham.

黑三棱科黑三棱属。多年生水生直立草本。根状茎横走，具球形的地下茎。植株挺出水面，茎单生或分枝，高50～100厘米。叶片线形，与茎近等长，宽1～1.5厘米，背面中肋略凸出，在基部呈扁三棱形。花枝由叶腋抽出，有3～5分枝；花单性，雌雄同株，密集成球形花序；雄花序位于上部，雌花序位于下部。雄花花被膜质，长1～2毫米，雄蕊3枚，长3.5～5毫米；雌花花被长约5毫米，花柱长2～3毫米，柱头长3～4毫米，有时2叉，子房1室，1胚珠。果实倒圆锥状4棱形，长6～8毫米，先端有喙，多数聚成球形。花果期6—8月。

分布于东北、华北、西北、华东及湖北、云南等地；生于湿地浅水中。中亚至东北亚广布。根状茎可入药。照片2008年7月摄于圆明园。

黑三棱属 黑三棱科唯一的属。约20种，分布于北温带和大洋洲；中国有11种，产于西南至东北。水生草本，有根状茎；茎具叶；叶狭长，无柄，直立或浮水，基部鞘状。花单性，雌雄同株，密集成圆球状花序；雄花序生于上部，雌花序生于下部；花被由数枚膜质、延长的鳞片组成；雄蕊3或更多；子房无柄，基部狭，1室、1下垂胚珠。果不开裂，密挤，外果皮海绵质。

雨久花

Monochoria korsakowii Regel et Maack

雨久花科雨久花属。水生草本。根状茎粗壮，匍匐，下生纤维根。茎直立或斜上，高 40 ~ 80 厘米或更高。全株光滑无毛。基生叶纸质，卵形至卵状心形，长 3 ~ 8 厘米，宽 2.5 ~ 7 厘米，顶端尖，基部心形，全缘，具弧形脉，叶柄长达 30 厘米；茎生叶叶柄较短，基部扩大成鞘，抱茎。总状花序由最上部的叶鞘内抽出，有少数至多数花；花梗长 5 ~ 10 毫米；花被裂片 6，蓝色，卵形，长 10 ~ 12 毫米；雄蕊 6，其中 1 枚较大，其花丝一侧有一细小分枝；子房 3 室，有多数胚珠。蒴果卵形，直径约 1 厘米。花果期 7—10 月。

广布于东北至华南的东部各省区；生于池塘、湖边和稻田等较浅水域。俄罗斯西伯利亚地区、朝鲜、日本、东南亚也有。全草可作家禽、家畜饲料；亦可入药。照片 2017 年 8 月 17 日摄。

雨久花属 雨久花科。5 种，分布于亚洲东部至澳大利亚；中国有 3 种，常见的为雨久花和鸭舌草 **M.vaginalis**（Burm. f.）Presl 2 种。挺水草本；有匍匐根状茎；叶丛生或单生茎上。花两性，总状花序；花被片 6，离生，两轮排列；雄蕊 6，其中 1 枚较大，花丝一侧有一细小分枝；子房 3 室。蒴果室背开裂。

山 丹

Lilium pumilum DC.

又称细叶百合。百合科百合属。鳞茎直径1.8～3.5厘米。茎高40～60厘米。叶条形，长3～10厘米，宽1～3毫米，无毛，有1条明显的叶脉。花一至几朵生于茎上部，下垂，鲜红色或紫红色；花被片6，长3～4.5厘米，宽5～7毫米，反卷，2轮排列，内轮稍宽；蜜腺两边密被毛；雄蕊6枚，花丝长2.5～3厘米；子房圆柱形，长9毫米，花柱比子房长1.5～2倍。蒴果近球形，直径约2厘米。花期7—8月。

分布于东北、华北、西北、山东、河南。生于向阳山坡。北京山区较常见。花大而艳丽，是北方山野花中的“明星”。照片2006年7月13日摄于延庆西大庄科路旁灌丛草地。

百合属 百合科。有80种左右，分布于北半球温带地区；中国有40种左右，全国各地均有分布，尤以西南部和中部最多。大部分种类花大色艳，有较高的观赏价值，经园艺家多年培育，已形成了许多优良品种，在园林中广为栽培，并作为重要的切花资源享誉世界；百合鳞茎具有丰富的营养成分，有食用和药用等多种用途。多年生草本，有鳞茎，鳞瓣肉质；茎具叶，不分枝；花大，单生或排成总状花序；花被6片，同型，基部有蜜槽；雄蕊6，花药丁字着生；柱头头状或3裂；蒴果，革质，室裂，有种子极多数。

有斑百合

Lilium concolor var. **pulchellum** (Fisch.) Regel

百合科百合属，渥丹的变种。鳞茎卵球形，直径 1.5～3.5 厘米。茎高 30～80 厘米，无毛（渥丹有毛）。叶条形，长 5～7 厘米，宽 2～7 毫米，边缘有小突起。花 1～10 朵生于茎顶部，直立；花被片 6，2 轮排列，不反卷，长圆形至矩圆形，长 3～4.5 厘米，宽 6～7 毫米，红色，有紫色斑点（渥丹无斑点）；雄蕊 6 枚，向中心镊合，花丝长仅为花被片的 1/2；子房长 1～2 厘米，花柱短于子房。蒴果矩圆形。花期 6—7 月。

分布于东北、华北及山东；生于山坡草丛及石缝中。北京山区多有分布。鳞茎含淀粉，可食用或药用。照片 2007 年 6 月 23 日摄于东灵山西坡。

卷　丹

Lilium lancifolium Thunb.

百合科百合属。多年生高大草本。鳞茎宽卵状球形，直径4～8厘米。茎高可达1.5米，具白色绵毛。叶矩圆状披针形至披针形，长3～7.5厘米，宽1.2～1.7厘米，无柄，上部叶腋具珠芽，叶脉3～5条。花3～6朵或更多，橙红色，下垂；花梗长6.5～8.5厘米，具白色绵毛；花被片6，长5.7～10厘米，宽1.3～2厘米，反卷，2轮排列，内轮花被片常较宽，内面具紫黑色斑点，蜜腺有白色短毛，两边具乳头状突起；雄蕊6枚，上部外张，花丝钻形，长5～6厘米，花药长约2厘米。花期6—7月。

广布于全国多数省区；生于林缘、路旁及山坡草地；喜光照较充足的湿润环境。北京山区有少量分布。花朵观赏价值较高。已被列为北京市重点保护植物。

小黄花菜

Hemerocallis minor Mill.

百合科萱草属。多年生草本。具短的根状茎和绳索状须根。叶基生，条形，长30～50厘米，宽5～10毫米。花葶长40～60厘米，具1～3朵花；花黄色，有香气；花梗短或无；花被长7～9厘米，下部1～2厘米合生成花被筒，裂片6，2轮排列，内轮裂片较宽，盛开时裂片反曲，花径可达7.2厘米；雄蕊6，伸出，上弯；花柱上弯，比雄蕊长而略短于花被裂片。蒴果椭圆形。花期7—8月。

分布于我国北部各地；生于山坡草地。北京各山区常见。花可食用，但新鲜的花朵有毒，需干后熟食。目前已普遍栽培，供观赏和食用。照片摄于海坨山南麓。

轮叶贝母

Fritillaria maximowiczii Freyn

又称一轮贝母。百合科贝母属。多年生草本。鳞茎直径约 1 厘米，由多数肥厚的鳞瓣组成。茎高 20～40 厘米，光滑，茎上部近 1/3 处具 3～6 枚呈轮生状态的叶，稀有 2 轮者，最上部具 1 枚叶状苞片。叶无柄，条形至条状披针形，长 6～8 厘米，宽 3～10 毫米，全缘。单花顶生，俯垂；花被宽钟形；花被片 6，矩圆状椭圆形，两端渐狭，长 4～5 厘米，宽 1.2～1.5 厘米，暗紫红色，具黄绿色斑块，边缘略皱曲，内面基部上方具椭圆形的蜜腺；雄蕊 6，长约为花被片的 1/2；花柱长约为子房的 1 倍，柱头 3 深裂。蒴果椭圆形，具翅。花期 5—6 月。

分布于内蒙古东北部、黑龙江、吉林、辽宁、河北北部。生于山坡草地。俄罗斯西伯利亚和远东地区也有，种加词 maximowiczii 源于 19 世纪德籍俄国彼得堡植物园植物学家马克西莫维茨的姓氏。北京境内仅见于密云东北部坡头林区，北京市一级重点保护植物。照片 2017 年 5 月 29 日摄于雾灵山近顶峰处。（衷心感谢张春莲导游的指点！）

贝母属 百合科。约 60 种，分布于北温带；中国约有 20 种，广布于华南外的各省区。有药用和观赏价值。多年生草本，有鳞茎；叶互生、对生或轮生。花单生或排成伞形或总状花序，有苞片，花俯垂；花被钟状或漏斗状，花被片 6，分离，基部有蜜腺孔；雄蕊 6。蒴果。

七筋姑

Clintonia udensis Trautv. et Mey

百合科七筋姑属。多年生草本。根状茎短，质硬。叶较大，3～4 枚基生，椭圆形至倒卵状矩圆形，长 8～25 厘米，宽 3～16 厘米，纸质至厚纸质，直脉较细而多数，有横纹，中脉处明显下凹，顶端骤短尖，基部楔形下延成鞘状抱茎或成柄状。花葶直立，密生短柔毛，长达 20 厘米，果期可达 60 厘米。总状花序顶生，有花 5～12 朵；花梗密生柔毛；花白色，漏斗状；花被片 6，斜出，长 7～12 毫米，顶端圆钝；雄蕊 6 枚，白色。果蓝色或蓝黑色，球形至短矩圆形，长 7～14 毫米，熟后自顶端开裂。花期 5—7 月。

分布于东北至西南；生于高山天然林下较阴湿的环境中。北京北部和西部高山林下有分布；由于天然林被破坏，已较少见。北京市重点保护植物。

棋盘花

Zigadenus sibiricus (L.) A. Gray

百合科棋盘花属。多年生草本。鳞茎仅稍膨大，外层鳞茎皮黑褐色，撕裂成纤维状。开花时植株高30～50厘米。基生叶条形，长12～30厘米，宽2～8毫米，花葶上有1～2枚短叶。总状花序稀疏，或基部具短分枝而略呈圆锥状；花梗长7～20毫米，基部有苞片；花被片6，白色至淡绿色，倒卵状椭圆形至椭圆形，长约7毫米，基部贴生于子房，里面有一顶端2裂的腺体；雄蕊6，稍短于花被片，花药近肾形，会合成一室；子房长圆锥形，长约4毫米，花柱3。蒴果长圆锥形，长约15毫米，室间开裂；种子近矩圆形，有狭翅。花期7—8月。

广布于亚洲北部。在中国间断分布于东北、河北、山西、湖北和四川东部；生于林下或山坡草地。照片2017年7月30日摄于雾灵山莲花池附近林下海拔约1800米处。

棋盘花属 百合科。15种，分布于北美洲和亚洲北部及东部；中国仅有棋盘花1种。多年生，直立草本，有鳞茎或根状茎；叶基生、茎生，线形或条形。花两性或单性，淡绿色或黄白色；排成顶生的圆锥花序或总状花序；花被片6，枯存，与子房下部离生或合生，裂片披针形或卵形，近基部有腺体1～2个；雄蕊6，花药小，肾形；子房3室，花柱3。蒴果3裂，有种子多数。

宝铎草

Disporum sessile D. Don

又称淡竹花、万寿竹。百合科万寿竹属。多年生草本，高 30～80 厘米。根状茎肉质，横走，直径约 5 毫米。叶片椭圆形、卵形，矩圆形至披针形，长 4～15 厘米，顶端渐尖，下面色较浅，脉上和边缘有乳头状突起，有横脉；有短柄至无柄。花钟状，黄色、淡黄色、白色或绿黄色，1～3（5）朵生于分枝顶端，花梗长 1～2 厘米；花被片 6，近于直伸，倒卵状披针形，长 2～3 厘米，下部渐窄而内面有细毛，基部具长 1～2 毫米的短距；花丝长约 1.5 厘米，花药长 4～6 毫米，内藏；花柱长约 1.5 厘米，具 3 裂外弯的柱头。浆果椭圆形或球形，直径约 1 厘米，黑色。花期 4—5 月；果期 5—7 月。

分布于北起辽宁，南到华南及云南的广大地区；生于林下或灌丛中。喜阴湿环境和腐殖质较丰富的土壤。本种花大、典雅，可作耐荫花卉美化环境或盆栽观赏；其根及根状茎入药。北京市重点保护植物。宝铎草因其花形似中国古代皇家用的金制“报喜铃”——“宝铎”而得名。照片摄于 2005 年 5 月初。

万寿竹属 百合科。20 种，分布于亚洲东部和北美洲；中国有 8 种，产于东北至西南。有的种已栽培供观赏。多年生草本，有匍匐根状茎；茎直立；叶互生；花单生或排成伞形花序，生于茎和分枝或短枝顶端；花梗下弯；花被片 6，基部有囊或距；雄蕊 6，花药基着；子房 3 室。浆果。

黄花油点草

Tricyrtis maculata (D. Don) Machride

百合科油点草属。多年生草本，高50～100厘米。叶互生，无柄，矩圆形、椭圆形至倒卵形，长5～14厘米，顶端渐尖，上部叶略呈心形而抱茎。聚伞花序顶生或生于上部叶腋；花梗长1.5～2.5厘米；花被片6，黄色或黄绿色，有紫褐色斑点，矩圆形，长1.5～1.8厘米，外轮3片水平开展，基部具囊；雄蕊6，花丝高于花被片，水平展开；雌蕊柱头3，深2裂，盛开时外翻，具乳头状突起。蒴果矩圆形，具3棱，长2.5～3.5厘米。花期6—7月；果期8—9月。

分布于东北、华北、陕西和甘肃南部、华中、西南等地；生于林下、林缘或湿润的山坡草地。北京西部和北部山区偶见。其叶片上时有深色油渍样斑点，因而得名。花朵奇特，颇具观赏价值。照片2010年6月23日摄。

油点草属 百合科。15种，分布于东亚及印度；中国有4种产于西南部、中部、台湾和北部。花形特殊，耐观赏。多年生草本；根状茎短；茎直立，单生，具叶；叶互生，宽阔，多少卵形，无柄或基部抱茎。花腋生或数朵顶生；花被钟形，内面有斑点，花被片6，外轮3片的基部囊状；雄蕊6，花药背着；子房上位，3室；蒴果，上部室间开裂，有多数种子。属名Tricyrtis源于希腊词treis（意为“三”）与kyrtos（意为“弯曲的”）的组合，指外轮三枚花被基部呈囊状弯曲。

黄 精

Polygonatum sibiricum Delar. ex Redouté

百合科黄精属。多年生草本。根状茎横走，黄白色，圆柱形，一头粗，一头细，直径可达 2.5 厘米。茎圆柱形，单一，直立，高 50 ~ 90 厘米。叶轮生，每轮叶片 4 ~ 6 枚，条状披针形，长 8 ~ 15 厘米，顶端拳卷或下弯成钩，全缘，平行脉明显；无柄。花序腋生，常具 2 ~ 4 花，呈伞形状，俯垂；总花梗长 1 ~ 2 厘米，花梗长 4 ~ 10 毫米，苞片膜质，长 3 ~ 5 毫米，位于花梗基部；花被乳白色至淡黄色，全长 9 ~ 12 毫米，合生成筒状，裂片 6，长约 4 毫米；雄蕊 6，花丝着生于花被筒上；子房上位，长约 3 毫米，花柱长 5 ~ 7 毫米。浆果直径 7 ~ 10 毫米，熟时黑色。花期 5—6 月；果期 7—9 月。

分布于东北、华北、河南、陕西、甘肃、宁夏、山东、安徽、浙江；生于林下、灌丛中或山坡阴处草地上。朝鲜、蒙古、俄罗斯西伯利亚东部也有分布。北京中低海拔山地较常见。根状茎为中国传统中药“黄精”之一，具有补中益气，润心肺，强筋骨等功效。照片 2008 年 6 月 1 日摄于百花山北坡林缘（上）；2007 年 5 月 15 日摄于松山保护区（下）。

热河黄精

Polygonatum macropodium Turcz.

百合科黄精属。多年生草本，高 40～60 厘米，直立，上部稍向一侧倾斜。根状茎横生，圆柱形，直径 1～2 厘米，黄白色，肉质，节上生有白色须状根。叶互生，叶片卵状椭圆形或卵圆形，长 4～8 厘米，宽 2～4.5 厘米，先端尖，全缘或略皱波状，基部阔楔形或楔形，上面绿色，下面灰绿色。花腋生，通常有花 3～12 朵或更多，排成近伞形花序，下垂；总花梗长 3～5 厘米，花梗长 3～10 毫米；花被筒状，长 1.8～2.2 厘米，淡黄绿色或绿白色，先端 6 齿裂；雄蕊 6，着生于花被管下部，花药条形或狭卵形，长 3～4 毫米；子房卵圆形，花柱细长，柱头头状。浆果球形，直径 7～10 毫米，熟后暗绿色至深蓝色。花期 4—6 月；果期 7—8 月。

产于辽宁、河北、山西、山东；生于阴坡，石缝或林下草丛中。根状茎供药用，有生津润肺、补中益气的功效。照片 2009 年 5 月 30 日摄于怀柔西南部杏树台村旁路边。

黄精属 百合科。约 40 种，分布于北温带；中国有 31 种，广布于全国，西南部最盛。有多种可供观赏和药用，著名的如玉竹和黄精。多年生草本；根状茎平生，粗厚，有节和有疤痕；茎上部具叶，叶互生、对生或轮生，无柄。花腋生，单生或排成伞形、伞房或总状花序；花被管状，裂片 6；雄蕊 6；子房上位，3 室，每室有胚珠 2～6 颗。浆果。

玉　竹

Polygonatum odoratum (Mill.) Druce

百合科黄精属。多年生草本。根状茎圆柱形，结节不粗大，直径 5～14 毫米。茎高 20～50 厘米，多斜升。叶互生，椭圆形至卵状矩圆形，长 5～12 厘米，顶端尖。花序腋生，具 1～3 花，总花梗长 1～1.5 厘米，花梗长 0.5～1.5 厘米；苞片微小或不存在；花被白色或顶端黄绿色，合生呈筒状，全长 15～20 毫米，裂片 6，长约 3 毫米；雄蕊 6，花丝着生于近花筒中部处，近平滑至具乳头状突起；子房长 3～4 毫米，花柱长 10～14 毫米。浆果球形，直径约 0.7～1 厘米，熟时蓝黑色。花期 5—7 月。

分布于东北、华北、华中、安徽、江苏、江西、台湾、青海、甘肃；生于林下或山野。本种根状茎是传统中药。其植株可在庭院中片植。照片 2007 年 5 月 15 日摄。

鹿　药

Smilacina japonica A.Gray

又称九层楼、盘龙七、偏头七。百合科鹿药属。多年生草本，植株高 30～60 厘米。根状茎圆柱形，有时具膨大结节。茎中部以上被粗伏毛。叶互生，（4）5～7（～9）枚，卵状椭圆形或狭矩圆形，长 6～13（～15）厘米，宽 3～7 厘米，具短柄。圆锥花序顶生，具花 10～20 余朵，长 3～6 厘米，被毛；花梗长 2～6 毫米；花被片 6，白色，被片长约 3 毫米；雄蕊 6，长约 2 毫米；花柱长 0.5～1 毫米，与子房近等长。浆果近球形，红色。花期 4—7 月；果期 6—9 月。

分布于东北、华北、华中、陕西、甘肃、四川、安徽、江苏、浙江、江西和台湾；生于海拔 900～1950 米山地林下阴湿处。俄罗斯、朝鲜、日本也有。根状茎及根入药。本种可作耐阴地被植物在园林中栽培。照片摄于门头沟双龙峡。

铃　兰

Convallaria majalis L.

百合科铃兰属（单种属）。多年生草本。根状茎长，匍匐。叶基生，通常 2 枚，极少 3 枚；叶片椭圆形或椭圆状披针形，长 7～20 厘米，宽 3～8.5 厘米，顶端近急尖，基部楔形；叶柄长 8～20 厘米，下部呈鞘状互相抱合。花葶高 15～30 厘米，稍外弯；总状花序偏向一侧，有花约 10 朵；苞片膜质，短于花梗；花芳香，下垂，白色，宽钟形，长 5～7 毫米，顶端 6 浅裂；雄蕊 6，花药基着；子房卵珠形，花柱柱状。浆果球形，熟时红色。花期 5—6 月；果期 7—9 月。

分布于东北、华北、山东、河南、陕西、甘肃、宁夏、湖南、浙江等地；生于林下或山谷溪畔、湿草地上。东亚、欧洲广布，美洲也有。北京山区凉爽湿润处有分布。全草含强心甙类有效物质，有毒；花可提取芳香油。照片摄于东灵山。

舞鹤草

Maianthemum bifolium (L.) F. W. Schmidt

百合科舞鹤草属。多年生矮小草本，高 8～25 厘米。根状茎细长匍匐。茎直立，不分枝。基生叶 1 枚，早落；茎生叶 2 枚，互生于茎上部，叶柄长 1～2 厘米，有柔毛，叶片较厚，三角状卵形，长 3～10 厘米，宽 2～5（9）厘米，基部心形，弯缺张开，顶端尖。总状花序顶生，长 3～5 厘米，有大约 20 朵花；花白色，直径 3～4 毫米；花梗细，长约 5 毫米，顶端有关节；花被片 4，长约 2 毫米，广展或下弯；雄蕊 4。浆果球形，红至紫黑色，直径 3～6 毫米。花期 5—6 月。

分布于东北、华北、陕西、甘肃、青海、四川；生于较高海拔林下。东亚其他国家和地区也有。北京森林植被保存较好的山地可见。照片摄于东灵山西坡。

茖 葱

Allium victorialis L.

百合科葱属。草本。具根状茎。鳞茎柱状圆锥形，单生或数枚聚生；鳞茎外皮黑褐色，网状纤维质。花葶圆柱形，高25～80厘米，1/4～1/2具叶鞘。叶2～3枚，长8～20厘米，宽3～10厘米，披针状矩圆形至宽椭圆形，顶端短尖或钝，向叶柄渐狭；叶柄为叶片长的1/4～1/2。总苞2裂，宿存；伞形花序球形，多花，花梗等长，为花被的2～3倍长，无苞片；花白色，花被片6，长4～6毫米，椭圆形，内轮的比外轮的略长而宽，外轮的舟状；雄蕊6，花丝比花被长1.5倍，基部合生并与花被贴生；子房具短柄，3室，每室有1胚珠。花果期6—8月。

分布于东北、华北、河南、陕西、甘肃、四川、湖北、安徽等地；生于较阴湿的山坡林下。从欧洲经亚洲东部到北美洲都有。北京市重点保护植物。照片2008年7月26日摄于黄草梁。

葱属 百合科。约500种，分布于北温带；中国有110种，南北各地均有分布。其中数种为常见蔬菜，如葱、洋葱、蒜、韭菜等，广为栽培；有些种可供观赏。多年生草本；鳞茎有膜被；叶扁平或圆柱状而中空。花多朵排成伞形花序，下有总苞片数枚；花被片6，分离或下部合生；雄蕊6；子房上位，3室。蒴果。有些种类（如蒜）花为珠芽所代替。

小根蒜

Allium macrostemon Bunge

又称薤白。百合科葱属。草本。鳞茎近球形，粗 1～2 厘米。花葶高 30～60 厘米，1/4～1/3 具叶鞘。叶 3～5 枚，半圆柱形或条形，长 15～30 厘米。总苞约为花序的 1/2 长，宿存；伞形花序半球形或球形，密聚珠芽，间有数朵花或全为花；花梗等长，为花被的几倍长；花被宽钟形，红色至粉红色；花被片 6，同形，2 轮排列，花被片长 4～5 毫米，矩圆形至矩圆状披针形，中间具 1 条深色脉；雄蕊 6，2 轮排列，花丝长 5～6.5 毫米，基部三角形，向上渐狭成锥形，仅基部合生，并与花被贴生，内轮基部比外轮基部宽；花柱伸出花被。花期 5—6 月。

分布于长江流域及以北各省区；生于山谷林下及山坡湿草地。俄罗斯远东地区、朝鲜、日本也有。照片 2007 年 6 月 10 日摄于海坨山南麓山谷。

长梗韭

Allium neriniflorum (Herbert) Baker

又称长梗葱。百合科葱属。草本。鳞茎近球形，单生，直径 1～2 厘米。花葶高 10～50 厘米，圆柱形，有时从 1 个鳞茎发出 2 枝花葶。叶基生，2～6 枚，中空的柱形，具纵条，与花葶近等长，宽 1～3 毫米。伞形花序簇生状，疏散；花梗随花的长大而伸长，长 4.5～10 厘米；花被片 6，2 轮排列，淡红色或淡紫色，中肋色深，狭倒卵形，长 7～10 毫米，下部约 1/3 与雄蕊花丝愈合而呈假合生状；雄蕊 6，花丝长约为花被片的 1/2，花丝长的 1/2 合生成管并与花被愈合；子房卵球形，绿色，花柱短于花丝，柱头 3 裂。花期 7—9 月。

分布于内蒙古、东北、河北；生于山坡草地。蒙古、俄罗斯东部也有。照片 2017 年 9 月 7 日摄于门头沟京西古道路旁。

野 韭

Allium ramosum L.

百合科葱属。草本。具根状茎。鳞茎狭圆锥形，簇生，鳞茎外皮黄褐色，网状纤维质。花葶圆柱形，高25～60厘米。叶基生，为中空的三棱形，长达30厘米，宽可达7毫米。伞形花序簇生状或为球状，多花；花梗为花被的2～4倍长，具苞片；花白色或微带红色；花被片6，2轮排列，狭卵形至矩圆状披针形，长7～11毫米；雄蕊6，花丝基部合生并与花被贴生，长为花被片的1/2，狭三角状锥形；子房外壁具细的疣状突起。蒴果瓣近圆形。花期7—9月。

广布于我国北方各地，常生于山地草坡或疏林中。北京山区较常见。

长柱韭

Allium longistylum Baker

百合科葱属。草本。鳞茎圆柱形，向基部渐粗，常数枚聚生；鳞茎外皮褐色，干膜质，后期条形。花葶较细，圆柱形，中空，具细纵棱，中部以下具叶鞘。叶4～6枚，狭条形，与花葶近等长或略长，宽2～3毫米。总苞2裂，宿存；伞形花序球形，多花；花梗长为花被的2～3倍，基部具苞片；花被钟状，红色至紫红色；花被片6，长4～5毫米，外轮的矩圆形，舟状，内轮的卵形；花丝单一，锥形，仅基部合生并与花被贴生，长7～8毫米；子房倒卵形，基部有3个有盖的凹穴；花柱长5～6.3毫米。花期7—8月。

分布于河北、山西；生于1500～3000米的山坡草地。照片2017年7月底摄于雾灵山。

球序韭

Allium thunbergii G. Don

百合科葱属。鳞茎常单生，卵形至长卵形，粗 0.7 ~ 2 厘米。叶三棱状条形，中空或基部中空，背面具 1 纵棱，呈龙骨状隆起，短于或略长于花葶，宽 2 ~ 5 毫米。花葶中生，圆柱状，中空，高 30 ~ 70 厘米，1/4 ~ 1/3 被疏离的叶鞘；总苞单侧开裂或 2 裂，宿存；伞形花序球状，具多而极密集的花；小花梗近等长，比花被片长 2 ~ 4 倍，基部具小苞片；花紫红色至蓝紫色；花被片 6，椭圆形至卵状椭圆形，先端钝圆，长 4 ~ 6 毫米，外轮舟状，较短；花丝等长，约为花被片长的 1.5 倍，锥形，无齿，仅基部合生并与花被片贴生；子房倒卵状球形，花柱伸出花被外。花果期 8 月底至 10 月。

分布于东北、华北、陕西（南部）、河南、湖北（东部）、山东、江苏和台湾；生于海拔 1300 米以下的山坡、草地或林缘。俄罗斯远东地区、蒙古、朝鲜、日本也有分布。照片 2007 年 9 月 5 日摄于松山保护区山谷草地。

山　韭

Allium senescens L.

百合科葱属。鳞茎圆锥形，粗可达 2 厘米，常数枚聚生，外皮黑色或灰白色，膜质。叶基生，条形，长为花葶的 1/2 或略长于花葶，宽 2 ~ 10 毫米。花葶高 20 ~ 65 厘米，圆柱形，或有时具 2 条很窄的纵翅而成二棱形；总苞宿存；伞形花序半球形或近球形；花梗长为花被的 2 ~ 4 倍；花被片 6，淡红色或淡紫色，长 4 ~ 6 毫米，内轮的矩圆状卵形至卵形，外轮的舟状卵形；雄蕊 6，花丝比花被片略长或长为花被片的 1.5 倍，基部合生并与花被贴生，内轮基部较宽；雌蕊花柱伸出花被。花果期 7—9 月。

分布于东北、华北、河南西北部、甘肃东部和新疆；生于海拔 2000 米以下的草原、山坡草地和路旁砂石地。欧洲经中亚至东北亚均有。照片 2006 年 8 月摄于延庆西南。

藜　芦

Veratrum nigrum L.

又称山葱。百合科藜芦属。多年生草本。鳞茎不明显膨大。植株（连同花序）高60～100厘米。基部枯死叶鞘撕裂成网状纤维。叶互生，抱茎，有强脉而具折皱；基生叶4～5枚，椭圆形至矩圆状披针形，长12～25厘米，宽4～18厘米，两面无毛。大型圆锥花序顶生，长达50厘米，主轴至花梗被丛生卷毛；花杂性，生于主轴上的花常为两性，其余则多为雄性；花被片6，宽椭圆形或卵形，长5～7毫米，黑紫色，开展或稍向下反；雄蕊6，花药肾形，背着，合为1室；子房上位，3室，三角状卵形，长与宽近相等，花柱3，平展而似偏向心皮外角生出，宿存。蒴果长1.5～2厘米，成熟时由上向下3瓣开裂；种子具翅。花期7—8月；果期9—10月。

分布于东北、华北、山东、河南、陕西、甘肃、新疆、四川、贵州；生于山谷或山坡疏林下及草丛中。欧洲中部和亚洲北部广布。藜芦是传统中药，有活血祛痰、解毒杀虫等功效。但其全株含多种生物碱，有毒，尤其根状茎及根毒性最大，不可食用。照片2014年8月5日摄于百花山东部山脊。

北重楼

Paris verticillata M. Bieb.

百合科重楼属。多年生草本，高25～60厘米。根状茎细长，横走。茎单一，直立。叶6～8枚轮生于茎顶，披针形、狭矩圆形、倒披针形或倒卵状披针形，长（4）7～13（15）厘米，宽1.5～3.5厘米，先端渐尖，全缘，基部楔形，主脉3条；叶柄短或近无柄。花1朵顶生；花柄自叶轮中心生出，长4.5～12厘米；花被2轮，外轮花被片（或称萼片）4或5枚，绿色，叶状，宽大而平展，内轮花被片（或称花瓣）狭条形，长约1～2厘米，短于外轮花被片；雄蕊8枚，花丝长约5.7毫米，花药条形，长1厘米，药隔延伸6～10毫米；子房近球形或近方形有4棱，紫黑色或棕色，花柱分枝4或5，分枝细长并向外反卷。蒴果浆果状，不开裂；种子多数。花期5—7月；果期8—9月。

分布于东北、华北、陕西、甘肃、安徽、浙江等地；朝鲜、日本、俄罗斯也有。喜凉爽湿润的环境，生于海拔900～2300米的山坡林下或峡谷中。北京较高海拔深山中有分布。照片2009年6月22日摄于百花山山谷林下（上）；2014年6月12日摄于百花山山顶路旁（中）；2006年6月28日摄于雾灵山莲花池附近林下（下）。

野鸢尾

Iris dichotoma Pall.

又称白花射干。鸢尾科鸢尾属。多年生草本。根状茎为不规则的块状；须根发达。叶基生或在花茎基部互生，灰绿色，剑形，长15～35厘米，宽1.5～3厘米，顶端常侧弯，基部抱茎。花茎高40～75厘米，上部二歧状分枝，花序生于分枝顶端；苞片4～5枚，披针形，长1.5～2.3厘米，内包含3～4朵花；花白色、浅蓝色或蓝紫色，有紫褐色斑，直径4～4.5厘米，外轮3花被上部宽大，向外平展，基部渐狭成爪，有黄褐色横纹；内轮3花被裂片较小，倒椭圆状披针形，直立；花柱分枝3，花瓣状，顶端2裂，裂片狭三角形。蒴果狭矩圆形。花期7—9月；果期8—10月。

分布于东北、华北、山东、安徽、江苏、江西、河南、陕西、甘肃、宁夏、青海；生于砂质草地、山坡石隙等处。俄罗斯、蒙古也有。照片9月初摄于延庆西南部（上）和北京西山（中、下）。

鸢尾属 鸢尾科。约300种，产于北温带；中国有60种13变种，主要分布于西南、西北及东北。多观赏花卉。多年生草本，具根状茎；叶多基生，相互套叠成2列，剑形，叶脉平行；多数无地上茎。花茎顶端分枝或不分枝；花较大，蓝紫色、红紫色、黄色或白色；花被裂片6，2轮排列，外轮3枚较大；雄蕊3；花柱3分枝，扁平，花瓣状。蒴果。

矮紫苞鸢尾

Iris ruthenica var. **nana** Maxim.

又称紫石蒲。鸢尾科鸢尾属，紫苞鸢尾的变种。多年生草本。植株基部围有短的鞘状叶。叶条形，长 8 ~ 15 厘米，宽 1.5 ~ 3 毫米，顶端长渐尖，基部鞘状，有 3 ~ 5 条纵脉。花茎高 5 ~ 5.5 厘米；苞片 2 枚，长 1.5 ~ 3 厘米，宽 3 ~ 8 毫米；花淡蓝色或蓝紫色，直径 3.5 ~ 4.5 厘米；花被管长 1 ~ 1.5 厘米，外花被裂片 3，外展，倒披针形，长约 2.5 厘米，宽 6 毫米，具白色和深紫色条纹及斑点，内花被裂片 3，近直立，长约 2 厘米；雄蕊长约 1.5 厘米；子房狭卵形，柱状，长约 4 毫米。蒴果球形或卵圆形。花期 4—5 月；果期 6—7 月。

分布于东北、华北、河南、陕西、甘肃、宁夏、四川、云南、西藏、山东、江苏、浙江；生于向阳砂质地或山坡草地。北京海拔 1000 米以下山地较常见。照片 2007 年 4 月 27 日摄于延庆西大庄科村（上）；同年 4 月 22 日摄于鹫峰（下）。

马　蔺

Iris lactea var. **chinensis** (Fisch.) Koidz.

又称马莲。鸢尾科鸢尾属。白花马蔺的变种。多年生密丛草本。根状茎短而粗壮，木质，斜伸，外包有大量致密的老叶残留叶鞘及毛发状纤维。叶基生，坚韧条形或狭剑形，长可达 40 厘米，宽 0.6～1.6 厘米，顶端渐尖，基部鞘状，具两面突起的平行脉。花葶高 10～30 厘米，有花 1～3 朵；苞片窄矩圆状披针形，长 6～7 厘米；花蓝色、浅蓝色或蓝紫色；花被管长约 3 毫米，花被 6 片，外花被倒披针形，长 4.5～6.5 厘米，宽 0.8～1.2 厘米，顶端钝或急尖，爪楔形，内花被狭倒披针形，长 4.2～4.5 厘米，宽 5～7 毫米，爪狭楔形；雄蕊长 2.5～3.2 厘米；子房纺锤形。蒴果长椭圆状柱形，长 4～6 厘米，有 6 条肋，顶端有短喙。花期 5—6 月；果期 6—9 月。

分布于东北、华北、西北、华中、山东、江苏、安徽、浙江、四川、西藏；生于荒地、路旁、山坡草地、盐碱化草场。朝鲜、俄罗斯、印度等国也有。该种耐盐碱，耐践踏，可用于水土保持和改良盐碱土，也适于作地被植物推广。

穿龙薯蓣

Dioscorea nipponica Makino

又称穿山龙。薯蓣科薯蓣属。草质缠绕藤本。根状茎粗长，横生。茎左旋，近无毛。单叶互生，叶片掌状心脏形，边缘具不等大的三角形浅裂、中裂或深裂，顶端叶片近于全缘。花小，黄绿色，单性，雌雄异株。雄花无梗，茎部花常2～4朵簇生，顶部花通常单一；花被碟形，顶端6裂；雄蕊6。雌花组成穗状花序，花序常单生，下垂；花被6；子房下位，3室。蒴果，有3翅，每翅长1.5～2厘米，宽0.6～1厘米，熟时开裂为3果瓣；种子有翅。花期5—7月；果期7—9月。

分布于东北、华北、华东、华中至西北东部；生于疏林下、林缘灌丛中或山谷溪流边。俄罗斯东部、朝鲜、日本也有。北京中、低海拔山地较常见。北京市重点保护植物。根状茎含薯蓣皂甙等活性成分，有杀虫和抗菌作用，亦可作为治疗心血管病的药物。照片2006年7月13日摄于延庆西大庄科。

薯蓣属 薯蓣科。600种以上，主产于热带和亚热带；中国有49种，多分布于南方，北方较少。有些种为常见栽培的食用和药用植物，如薯蓣（山药）、参薯。多年生草本，具块茎或根状茎；茎缠绕攀缘；叶互生或对生，单叶或为指状3～7小叶组成的复叶，通常为掌状脉。花小，单性，雌雄异株；穗状或圆锥花序；花被裂片6，2轮；雄蕊6或3枚；子房下位，3室，花柱3，分离。蒴果，有3翅，开裂为3果瓣；种子有翅。

大花杓兰

Cypripedium macranthum Sw.

又称大口袋花。兰科杓兰属。地生草本，高25～50厘米。具3～4枚互生叶，椭圆形或卵状椭圆形，长达15厘米，宽达8厘米。花苞片叶状，椭圆形。花多单生，少为2朵，紫红色、红色或粉红色，具暗色条纹，极少为白色；中萼片宽卵形，长4～5厘米；合萼片卵形，较中萼片短而狭，急尖具2齿；花瓣披针形，较中萼片长，内面基部具长柔毛；唇瓣几乎与花瓣等长，紫红色，囊内底部与基部具长柔毛，口部的前面内弯，边缘宽2～3毫米；退化雄蕊近卵状箭形，色浅；子房无毛。蒴果。花期6—7月。

分布于东北、华北、山东和台湾；生于山地疏林下及林缘、林间草地。朝鲜、日本、俄罗斯也有。定名人为瑞典植物学家斯瓦茨（Olof Swartz，缩写Sw.）。北京市一级重点保护植物。照片2014年6月12日摄于百花山山脊林缘（上）；2005年7月3日摄于雾灵山（下）。

杓兰属 兰科。约50种，主产于北温带。中国有32种，广布于东北至西南山地及台湾高山。绝大多数种类可供观赏。地生草本，具根状茎；叶二至数枚，多具折扇状脉。花大，单朵顶生或少有数朵组成总状花序；中萼片通常宽大；两枚侧萼片多合生；花瓣平展或围抱唇瓣；唇瓣为宽大的囊状，上端有囊口，口部两侧常具内折的裂片，基部常有1对基裂片；蕊柱短，圆柱形，下弯，具2枚侧生的能育雄蕊和1枚巨大的中央退化雄蕊；花丝短；柱头位于退化雄蕊之下；花粉粒粉质，不形成花粉团块。蒴果。

紫点杓兰

Cypripedium guttatum Sw.

又称小口袋花。兰科杓兰属。地生草本，高15～25厘米。根状茎横走，纤细。茎直立，被短柔毛，在靠近中部具2枚叶。叶互生或近对生，椭圆形或卵状椭圆形，长5～12厘米，宽2.5～4.5（～6）厘米，急尖或渐尖，背脉上疏被短柔毛。花单生，白色而具紫色斑点或大片紫色斑块，花朵直径不到3厘米；中萼片卵状椭圆形，长1.5～2.2厘米；合萼片近条形或狭椭圆形，长1.2～1.8厘米，顶端2齿裂；萼片背面被毛；花瓣几乎和合萼片等长，半卵形、近提琴形、花瓶形或斜卵状披针形，长1.3～1.8厘米，内面基部具毛；唇瓣几乎与中萼片等大，近球形，内折的侧裂片很小，囊几乎不具前面内弯边缘；退化雄蕊近椭圆形，顶端近截形或微凹；柱头近菱形；子房被短柔毛。蒴果。花期6—7月。

分布于东北、华北、山东、陕西、宁夏、四川、云南西北部和西藏等地；生于较高海拔山地林缘和林间草地。不丹、朝鲜半岛、西伯利亚、欧洲和北美西北部也有。模式标本采自西伯利亚东部。北京市一级重点保护植物。照片2014年6月12日摄于百花山海拔2000米的林缘（上、右页图）；2005年7月3日摄于雾灵山（下）。

二叶舌唇兰

Platanthera chlorantha Cust.ex Rehb.

兰科舌唇兰属。地生草本，高 30～50 厘米。块茎肉质纺锤形，长 3～4 厘米。茎直立，无毛，近基部具 2 枚大叶，中部具 2～4 枚披针形苞片状小叶。基部大叶椭圆形或倒披针状椭圆形，长 10～20 厘米，宽 4～8 厘米，先端钝或急尖，基部收狭成抱茎的鞘状柄。总状花序具多花，长可达 23 厘米；苞片披针形；子房圆柱状，上部钩曲，连花梗长 1.6～1.8 厘米；花白绿色至白色；中萼片直立，圆心形，长 6～7 毫米，宽 5～6 毫米，侧萼片张开，斜卵形，长 7.5～8 毫米，宽 4～4.5 毫米；花瓣向中上方斜立，狭披针形，长 5～6 毫米；唇瓣长舌状，肉质，长 8～13 毫米，宽约 2 毫米，先端钝圆；距棒状圆筒形，长 25～36 毫米，为子房的 1.5～2 倍长，稍钩曲或弯近“S”形，斜向后方伸展，末端增粗；蕊柱粗，药室明显叉开，药隔顶部宽 1.5 毫米，下部宽近 4 毫米；花粉团椭圆形，具细长的柄和近圆形的粘盘。蒴果直立。花期 6—8 月。

分布于东北、华北、陕西、甘肃、青海、四川、云南、西藏；生于山林下或草丛中。欧洲至东亚广布。北京市重点保护植物。照片 2005 年 6 月 30 日摄于雾灵山；2009 年 6 月 22 日摄于百花山。

舌唇兰属 兰科。约 150 种，分布于北半球；中国有 41 种 3 亚种，南北均有，主产于西南。地生兰，常有块茎；叶基生或茎生，一至数枚。总状花序顶生；中萼片常与花瓣靠合成兜；唇瓣一般不裂，舌状，下方有距，多数距较长；蕊柱贴生于唇瓣基部；药室平行或叉开；柱头 1 个；花粉块 2，有短柄和粘盘。

绶　草

Spiranthes sinensis (Pers.) Ames

又称盘龙参。兰科绶草属。地生草本，植株高 13～30 厘米。根数条，指状，肉质，簇生于茎基部。茎较短，近基部生 2～5 枚叶。叶片宽线形或宽线状披针形，极罕为狭长圆形，直立伸展，长 3～10 厘米，常宽 5～10 毫米，先端急尖或渐尖，基部收狭具柄状抱茎的鞘。花茎直立，长 10～25 厘米，上部被腺状柔毛至无毛；总状花序具多数密生的花，长 4～10 厘米，呈螺旋状扭转；花苞片卵状披针形，先端长渐尖，下部的长于子房；子房纺锤形，扭转，被腺状柔毛，连花梗长 4～5 毫米；花小，紫红色、粉红色或白色，在花序轴上呈螺旋状排生；萼片的下部靠合，中萼片狭长圆形，舟状，长 4 毫米，宽 1.5 毫米，先端稍尖，与花瓣靠合呈兜状；侧萼片偏斜，披针形，长 5 毫米，宽约 2 毫米，先端稍尖；花瓣斜菱状长圆形，先端钝，与中萼片等长但较薄；唇瓣宽长圆形，凹陷，长 4 毫米，宽 2．5 毫米，先端极钝，前半部上面具长硬毛且边缘具强烈皱波状啮齿，唇瓣基部凹陷呈浅囊状，囊内具 2 枚胼胝体。花期 7—8 月。

广布于全国各省区；生于海拔 3400 米以下的山坡林下、灌丛、草地或河滩沼泽草甸中。俄罗斯西伯利亚、蒙古、朝鲜半岛、日本、东南亚、印度、不丹、阿富汗、澳大利亚均有分布。绶草属有 50 种左右，中国仅此 1 种。模式标本采自广东。北京市重点保护植物。照片 2012 年 8 月 11 日摄于延庆玉渡山。

角盘兰

Herminium monorchis (L.) R.Br.

兰科角盘兰属。地生兰，高 5.5～35 厘米。块茎球形，直径约 8 毫米。茎直立，无毛，下部生 2～3 枚叶。叶狭椭圆状披针形或狭椭圆形，长 2.8～10 厘米，宽 0.8～2.5 厘米，基部渐狭略抱茎。总状花序柱状，长达 15 厘米，具多数淡黄绿色小花；苞片条状披针形，长 2.5 毫米；花梗下弯；萼片长 2～2.2 毫米；花瓣近于菱形，向顶端渐狭，或在中部多少 3 裂，中裂片条形，顶端钝，上部稍肉质增厚，较萼片稍长；唇瓣肉质增厚，与花瓣等长，基部凹陷，近中部 3 裂，中裂片条形，长 1.5 毫米，侧裂片三角形，较中裂片短很多；蕊柱短；柱头 2，棍棒状；花粉块 2，粘盘卷成角状，裸露。花期 6—8 月。

广布于东北、华北、西北、西南和华中；生于林下、灌丛中、草地上、沼泽中或水漫地上，海拔可达 4500 米。俄罗斯、日本、喜马拉雅地区、中亚和欧洲均有。北京见于较高海拔的湿草地上。北京市重点保护植物。照片摄于 2016 年 6 月 22 日（上）和 2007 年 7 月 31 日（下）。

角盘兰属 兰科。约 25 种，主要分布于东亚，欧洲和东南亚也有；中国有 17 种，南北均有，主产于西南部。地生兰，地下具肉质块茎；叶茎生或近基生，一至数枚。总状花序顶生，具多数小花；花通常黄绿色；花瓣通常稍肉质；唇瓣先端 3 裂或不裂，通常无距，稀具短距；蕊柱极短；退化雄蕊 2 个，较大；柱头 2，棍棒状；花粉块 2，由许多小块组成，具极短的花粉块柄和粘盘；粘盘卷成角状，裸露。蒴果长圆形。

手　参

Gymnadenia conopsea (L.) R. Br.

兰科手参属。多年生草本。地生兰，高20～60厘米。块茎椭圆形，长约1～2厘米，下部掌状分裂。叶3～5枚，常生于茎的下部，条状舌形或狭舌状披针形，长8～15厘米，宽1～2厘米，渐尖或钝，基部成鞘抱茎。总状花序具多数密生的小花，排成圆柱状；花苞片披针形，长渐尖，顶端近丝状，和花等长或长于花；花粉红色（罕见近白色）；中萼片矩圆形、椭圆形或矩圆状卵形，钝或略呈兜状，长3.5～5毫米；侧萼片斜卵形，反折，边缘外卷，稍长于中萼片或近等长；花瓣较宽，斜卵状三角形，和中萼片近等长，顶端钝，边缘有细锯齿；唇瓣阔倒卵形，长4～5毫米，前部3裂，中裂片稍大，顶端钝；距丝状，细而长，内弯，长明显超过子房。花期6—7月。

分布于东北、华北、西北、四川西北部、西藏东南部；生于海拔3500米以下山坡林下或草地上。朝鲜、日本、俄罗斯西伯利亚地区、欧洲也有。北京高海拔山地有分布。北京市重点保护植物。照片2006年7月14日摄于海坨山。

手参属 兰科。约10种，分布于欧亚大陆温带及亚热带山地；中国有手参、西南手参等5种。地生兰，具掌状的块茎；叶数枚，茎生；总状花序，具较密集的花；中萼片与花瓣分离；唇瓣前部3裂，基部具细长的距；蕊柱短；柱头2，较大，近楔形；花粉块2，由许多小块疏松粘合而成，有花粉块柄与粘盘。蒴果直立。

裂唇虎舌兰

Epipogium aphyllum (F.W.Schmidt) Sw.

兰科虎舌兰属。腐生草本，植株高 10～30 厘米。地下具分枝的、珊瑚状根状茎。茎直立，肉质，无绿叶，具数枚膜质鞘；鞘抱茎，长 5～9 毫米。总状花序顶生，具 2～6 朵花，花苞片狭卵状长圆形，长 6～8 毫米；花梗长 3～5 毫米；子房膨大，长 3～5 毫米；花上下扭转，淡黄色而带粉红色或淡紫色晕（距上色晕较明显），多少下垂；萼片披针形或狭长圆状披针形，长 1.2～1.8 厘米，宽 2～3 毫米，先端钝；花瓣与萼片相似，常略宽于萼片；唇瓣近基部 3 裂，侧裂片直立，近长圆形或卵状长圆形，长 3～3.5 毫米；中裂片卵状椭圆形，凹陷，长 8～10 毫米，宽 6～7 毫米，先端急尖，边缘全缘并多少内卷，内面有 4～6 条带紫红色斑纹且皱波状的纵脊；距粗大，长 5～8 毫米，宽 4～5 毫米，末端浑圆；蕊柱粗短，长 6～7 毫米。花期 8—9 月。

分布于东北、华北、甘肃南部、新疆（布尔津）、四川西北部、云南西北部和西藏东南部；生于海拔 1200～3600 米的天然林下、岩隙或苔藓丛生之地。印度西北部、日本、朝鲜半岛、俄罗斯西伯利亚至欧洲也有分布。模式标本采自西伯利亚。北京西北部高海拔天然林下偶见。北京市重点保护植物。

虎舌兰属仅有 2 种，另一种为虎舌兰 **E. roseum** (D. Don) Lindl.，我国也有，分布于南亚热带和热带地区。

裂唇虎舌兰照片 2009 年 8 月摄。

狗尾草

Setaria viridis (L.) Beauv.

禾本科狗尾草属。一年草本，高20～60厘米，丛生。叶片线状披针形，顶端渐尖，基部圆形，长6～20厘米，宽2～18毫米；叶舌膜质，长1～2毫米，具毛环。圆锥花序紧密，圆柱状，长2～10厘米；小穗长2～2.5毫米，二至数枚成簇生于缩短的分枝上，基部有刚毛状小枝1～6条，成熟后与刚毛分离而脱落。颖果长1.2～1.3毫米。夏秋季生出花序。

世界广布种。我国南北各地都有；生于荒野、路边。为秋熟旱地作物的竞争性杂草；在非农耕区域具有覆盖荒地，美化河岸、路边等作用，是城镇理想的地被植物。照片2017年9月7日摄于门头沟“京西古道”旁的公路护栏边（上）；2006年8月30日摄于海淀区公路旁（下）。

狗尾草属 禾本科。约130种，分布于温带和热带地区；中国有15种3亚种5变种。有古老的粮食作物粟（小米）。一年生或多年生草本。圆锥花序顶生，圆柱状或塔状；小穗无芒，有1～2小花，全部或部分小穗托以一至数枚刚毛，刚毛宿存；颖果。属名Setaria源于拉丁词seta，意为“刚毛”，表明该属植物小穗托以刚毛的特征。

虎尾草

Chloris virgata Sw.

禾本科虎尾草属。一年生草本，秆高 20～60 厘米。叶舌具微纤毛；叶片条状披针形，长 5～25 厘米，宽 3～6 毫米。穗状花序四至十余条簇生于茎顶；小穗排列于穗轴的一侧，长 3～4 毫米，含二小花，第二小花不孕并较小；颖具一脉。第二颖有短芒；外稃顶端以下生芒；第一外稃具 3 脉，二边脉生长柔毛。上部的毛约与外稃等长。花果期 6—9 月。

全球温带和热带广布。我国各地都有；多见于路边、荒野和沙地。该种常大片覆盖荒地和沙丘，初秋果穗变为金黄色，十分夺目，是城郊理想的地被植物。照片 2014 年 8 月 20 日摄于西山脚下路边。

狼尾草

Pennisetum alopecuroides (L.) Spreng.

禾本科狼尾草属。多年生草本，秆高 30～100 厘米，花序以下常密生柔毛。叶片条形，宽 2～6 毫米。穗状圆锥花序长 5～20 厘米，主轴密生柔毛，分枝长 2～3 毫米，密生柔毛；刚毛状小枝常呈紫色，长 1～1.5 厘米；小穗长 6～8 毫米，通常单生于由多数刚毛状小枝组成的总苞内，并于成熟时与其一起脱落；第一颖微小；第二颖长为小穗的 1/2～2/3；第一外稃与小穗等长；第二外稃软骨质，边缘薄，卷抱内稃。花果期 7—10 月。

广布于南北各省区；生于田边、道旁和山坡。亚洲温带其他地区和大洋洲也有。该种植株较高，花序带紫色，颇为显眼，有一定景观价值，目前城市中已作观赏植物栽培。

芒

Miscanthus sinensis Anderss.

禾本科芒属。多年生草本，秆高 1～2 米。叶片条形，宽 6～10 毫米。圆锥花序扇形，长可达 40 厘米，主轴长不超过花序的 1/2，总状花序长 10～30 厘米；穗轴不断落；节间与小穗柄都无毛；小穗成对生于各节，一柄长、一柄短，均结实且同形，长 5～7 毫米，含 2 小花，仅第二小花结实，盘基的毛稍短或等长于小穗；第一颖两侧有脊，脊间 2～3 脉，背部无毛；芒自第二外稃裂间伸出，屈膝；雄蕊 3 枚；柱头自小穗两侧伸出。花果期 7—11 月。

广布于南北各地；生于山坡草地或河边湿地。日本也有。可用作防沙和绿篱植物；幼嫩时可作牲畜饲料；幼茎可入药，有散血祛毒功效；秆皮可造纸。本种植株高耸，入秋后斜出而微垂的花序，是荒山坡和旷野的一道靓丽的风景线，尤其在清风的摇荡下，颇有诗情画意。照片 2016 年 10 月 10 日摄于平谷西北部浅山地带。